U0605853

固相法磷酸铁锂
产业化生产技术与装备

梁广川　刘汉郿
焦昌梅　邹　名　　著

化学工业出版社

·北京·

内容简介

本书针对国内外普遍采用的磷酸铁锂固相法生产工艺进行了系统的介绍，包括磷酸铁锂的合成工艺路线，主要原材料，生产设备与智能化方案，开车前设备清洗，投产前设备调试，工厂安全管理和异物防控管理，高压实、低温磷酸铁锂材料的研发以及新型正极材料技术发展展望等。本书结合生产实际，给出了大量的生产注意事项和设备异常原因分析及相应的解决方法，有助于读者深入了解磷酸铁锂生产过程中影响产品质量和产量的控制要点，对磷酸铁锂生产企业具有极高的参考价值。

本书不仅适用于从事锂离子电池正极材料生产的操作人员、技术人员、研发人员以及管理人员等参考阅读，对想要了解磷酸铁锂材料实际生产过程的相关高校及科研院所的师生亦有很大的参考价值。

图书在版编目（CIP）数据

固相法磷酸铁锂产业化生产技术与装备 / 梁广川等著. — 北京：化学工业出版社，2025. 9. — ISBN 978-7-122-48537-3

Ⅰ. TM912.05

中国国家版本馆 CIP 数据核字第 2025955F6V 号

责任编辑：于　水
责任校对：张茜越　　　　装帧设计：韩　飞

出版发行：化学工业出版社
　　　　　（北京市东城区青年湖南街 13 号　邮政编码 100011）
印　　装：中煤（北京）印务有限公司
710mm×1000mm　1/16　印张 21　字数 374 千字
2025 年 9 月北京第 1 版第 1 次印刷

购书咨询：010-64518888　　　售后服务：010-64518899
网　　址：http://www.cip.com.cn
凡购买本书，如有缺损质量问题，本社销售中心负责调换。

定　　价：**198.00 元**　　　　版权所有　违者必究

前 言

我国的磷酸铁锂产业已经走过了二十余年的路程。2024年，我国磷酸铁锂材料产销量突破了200万吨。在电动汽车领域磷酸铁锂电池占比已经突破了70％。在储能领域，磷酸铁锂电池更是占据了高达98％以上的市场。磷酸铁锂凭借其良好的资源性、低成本、高安全性、易加工性能，成为锂离子电池的首选正极材料。

随着应用端市场规模的扩大，对磷酸铁锂材料的研究也越发深入，对磷酸铁锂提出的要求也越来越高。例如，刀片电池、大圆柱电池对磷酸铁锂正极材料的压实密度提出了达到 $2.6\sim2.7g/cm^3$ 的高要求。电动汽车的"低温焦虑"，促使众多厂家提出了改进磷酸铁锂正极材料低温性能的技术路线。宁德时代、合肥国轩等厂家提出了针对满足快速充电的快充正极材料需求。磷酸铁锂的产品分类越来越细，同时产能规模也在继续放大。2024年，国内单条产线的产能已经达到了1万吨/年。最大的磷酸铁锂生产企业湖南裕能的年产能已经达到了80万吨。保守估计，2024年磷酸铁锂产业涉及的产值已达1万亿人民币。预计今后10年，磷酸铁锂相关产业链仍然是一个不可被替代的产业群体。

经过多年的发展，固相法已经成为磷酸铁锂主要的生产技术。固相法具有配料精准、性能稳定、配套加工设备齐备、能耗低、适用于大规模放大等特点。虽然磷酸铁锂行业发展迅速，但到目前还没有专门、系统地介绍固相法大规模生产磷酸铁锂材料的相关书籍。本书希望填补这方面的空白，给从事磷酸铁锂生产的技术人员提供一些尽可能有用的资料，促进我国磷酸铁锂事业的进一步发展。

本书是编者团队在多年科学研究和产业化推广工作的基础上总结成文的。其中，第1、9章由梁广川编写，第3~6章由刘汉郿、邹名编写，第2、7、8章由焦昌梅编写。全书由梁广川进行审稿。感谢本课题组历届研究生所做的卓有成效的研究和探索工作。

感谢东莞市星辰锂能咨询有限公司、山东埃尔派粉体科技股份有限公司、中宇（天津）新能源科技有限公司、上海弗雷西阀门有限公司、江苏尚金干燥科技有限公司、东莞市亿富机械科技有限公司、江苏博涛智能热工股份有限公司、云南鸿泰博新材料股份有限公司、广东智子智能技术有限公司对本书出版的大力支持。

由于时间仓促和作者水平有限，书中难免存在不足之处，敬请国内外同行批评指正。

著　者
2025 年 4 月

目录

第3章 固相法磷酸铁锂生产设备及智能化方案 69

第 1 章

绪　论

1.1　磷酸铁锂材料

磷酸铁锂的化学分子式为 $LiFePO_4$，又称为磷酸锂铁、锂铁磷，简称 LFP，电压平台 3.2V，放电克容量为 170mAh/g 左右。1996 年日本 NTT 首次发现了 A_yMPO_4（A 为碱金属，M 为 Co、Fe 两者组合，以 $LiFeCoPO_4$ 为代表）橄榄石结构的锂电池正极材料[1]。随后，在 1997 年，美国得克萨斯大学奥斯汀分校的 John B. Goodenough 研究团队报道了 $LiFePO_4$ 的可逆性嵌入/脱出锂的特性[2]，这一发现启发了全球范围内将磷酸铁锂作为锂离子电池正极材料的研究。2001 年至 2012 年间，尽管 A123 公司因拥有麻省理工学院的技术背景和实践验证的技术成果而走红，吸引了大量投资者，但最终因电动车生态缺失和油价不高而申请破产，被中国万向集团收购。2014 年，随着特斯拉宣布免费公开其专利，全球的新能源汽车市场被激活，促进了磷酸铁锂的研究和开发。2019 年至 2021 年，中国开始削减对纯电、混动汽车的补贴，同时宁德时代引入了 Cell-to-Pack 无模组技术，提高了空间利用率，并简化了电池包的设计。比亚迪推出的刀片电池，与宁德时代一同将磷酸铁锂电池包的能量密度提高到与三元 523 体系电池相当的水平。2021 年开始，磷酸铁锂电池在成本和安全性方面具有优势，市场份额首次超过了三元锂电池。自此磷酸铁锂电池的市场占有率逐年增长。2024 年，我国的磷酸铁锂材料产销量已突破 200 万吨。电动汽车装车占比已经突破 70%。在储能领域，磷酸铁锂电池更是占据了高达 98% 以上的市场份额。

1.2 磷酸铁锂材料晶体结构

LiFePO$_4$ 属于橄榄石晶型正交晶系[3]。其中，氧原子以稍微扭曲的六方紧密堆积方式排列，属于 $Pnma$ 空间群，晶胞参数 $a = 1.0329$nm，$b = 0.60072$nm，$c = 0.46905$nm，晶胞体积为 0.29103nm^3，其结构示意图如图 1.1 所示。Fe 和 Li 原子分别位于氧原子八面体的 $4c$ 位和 $4a$ 位形成 FeO$_6$ 八面体和 LiO$_6$ 八面体；P 原子处于氧原子四面体中心位置（$4c$ 位），形成 PO$_4$ 四面体；交替排列的 FeO$_6$ 八面体、LiO$_6$ 八面体和 PO$_4$ 四面体形成层状脚手架结构。在 bc 平面上，相邻的 FeO$_6$ 八面体通过共用顶点的一个氧原子相互连接构成 Z 字形 FeO$_6$ 层。在 FeO$_6$ 层与层之间，相邻的 LiO$_6$ 八面体在 b 方向上通过共用棱上的两个氧原子相连成链，而每个 PO$_4$ 四面体与一个 FeO$_6$ 八面体共用棱上的两个氧原子，同时又与两个 LiO$_6$ 八面体共用棱上的氧原子。Li$^+$ 在 $4a$ 位形成共棱的连续直线链，并平行于 c 轴，从而使 Li$^+$ 具有二维可移动性，在充放电过程中可以脱出和嵌入，而强的 P—O 共价键形成离域的三维立体化学键，使 LiFePO$_4$ 结构稳定。同时，由于没有连续的 FeO$_6$ 共边八面体网络，因此不能形成电子导电。而且八面体之间的 PO$_4$ 四面体限制了体积的变化，从而使得 Li$^+$ 脱出受到影响，造成材料的电子电导率和离子扩散速率较低。

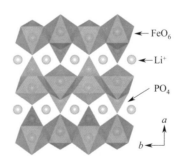

图 1.1 磷酸铁锂晶体结构示意图

1.3 磷酸铁锂材料在电池中的应用

虽然相较于其他锂离子电池正极材料，磷酸铁锂电压平台较低，但由于其晶体结构的稳定性和锂离子在其间的嵌入/脱嵌反应机制，磷酸铁锂表现出优异的循环性能，能经受数千次的反复循环充放电而不明显退化，因此可以有效地减少材料的损耗和容量衰减，展现出了卓越的热稳定性与化学稳定性[4]。这些特质降低了其在极端温度环境或面临过充状况时，热失控风险，避免起火与爆炸等安全隐患的发生。鉴于此，磷酸铁锂材料在业界被视为一种安全性能较为突出的电池材料。此外，磷酸铁锂电池无有害重金属成分，从生产到使用，再到回收处理的全生命周期中，均展现出对环境友好的特性。另外，磷酸铁锂电池工作温度宽泛，使用区间涵盖−20～60℃，确保了在不同气候条件下的稳定运行与优异表现，广泛适配于多元化应用场景。这些优点使磷酸铁锂电池广泛应用于诸多领域，主要包括：

① 新能源汽车行业。磷酸铁锂电池在新能源汽车领域的应用占比最大，广泛应用于乘用车、客车、物流车、低速电动车等。

② 启动电源。磷酸铁锂电池具有瞬间大功率输出能力，可以替代传统的铅酸电池，为发动机提供怠速、启停、滑行与制动能量回收，加速助力爬坡等功能。

③ 储能领域。磷酸铁锂电池具有工况转换快、运行方式灵活、效率高、安全环保、可扩展性强等特点，适合于大规模电能储存，例如可再生能源发电站、发电安全并网、电网调峰等。其分布式储能电源在离网电站、微电网、微轨道交通、UPS，甚至家用应急电源等领域有着良好的应用前景。

④ 二、三轮车领域。这类车辆通常需要满足较高的续航里程、轻量化、长使用寿命和安全性。磷酸铁锂电池在这些方面具有明显优势。现在主要应用于快递物流配送车、电动自行车、休闲车、高尔夫球车、电动推高车、清洁车等。

⑤ 小型设备。医疗设备（电动轮椅车、电动代步车）、玩具（遥控电动飞机、车、船）等。

⑥ 电动船舶领域。主要应用于内河运输船舶、游览船舶、要求高可靠性的军用舰船等领域。

1.4　磷酸铁锂材料及电池的制备

1.4.1　磷酸铁锂材料的合成技术

磷酸铁锂的生产工艺主要分为液相法和固相法。液相法工艺是以水为溶剂，将可溶性锂盐、铁盐及磷酸盐等混合进行水相反应得到前驱体，再经干燥、破碎、烧结等步骤得到磷酸铁锂。优点是原材料可以在溶液中进行分子级别的混合，产品均匀性和一致性较好，但反应过程复杂，合成速率难以控制，存在废水排放等环保问题。固相法工艺通常是将不溶原料体系，通过研磨工序精细混合后进行合成，例如将磷酸铁与碳酸锂、葡萄糖混合，经喷雾干燥、烧结、粉碎等步骤得到磷酸铁锂。固相法具有配料精准、性能稳定、配套加工设备齐备、能耗低、适用于大规模生产等特点。

固相法是目前最为成熟且已实现大规模应用的方法，在目前磷酸铁锂生产体系中占比达到80％以上。固相合成法进一步细化分为高温固相法、碳热还原法、微波烧结法等具体工艺。

(1) 高温固相法

高温固相法生产技术根据前驱体的不同，又分为磷酸铁法、草酸亚铁法和铁红法。磷酸铁法由于具有压实密度高、工艺成熟、投入成本低且周期短等优点而被广泛应用。草酸亚铁法和铁红法因产品电化学性能稍差、能量密度低等缺点而较少应用。磷酸铁是合成磷酸铁锂的重要原料。磷酸铁制备工艺又分为铵法、钠法和铁法。铵法工艺是硫酸亚铁溶液与过氧化氢反应生成硫酸铁[5]，再与磷酸二氢铵反应生成水合磷酸铁（$FePO_4 \cdot H_2O$），经水洗、结晶、过滤、干燥、煅烧后得到无水磷酸铁（$FePO_4$）。反应过程中需要加入过量磷酸，保证磷酸根足量，同时加入氨水中和过量的硫酸及磷酸。钠法工艺是硫酸亚铁溶液和过氧化氢充分搅拌氧化后，将磷酸和液碱按一定比例分别加入反应釜，充分反应后过滤、干燥、焙烧得到磷酸铁[6]。铁法工艺是高纯磷酸与金属铁、双氧水反应，铁为还原剂，双氧水为氧化剂，得到磷酸铁。三种工艺中，铵法和钠法是主流合成工艺，主要原因是使用的硫酸亚铁是钛白粉产业的副产物，成本低廉。其中铵法成本最低，且副产物硫酸铵可作为肥料，具有一定的回收经济价值，但需配套污水处理装置[7]。钠法成本较铵法高1000元/t左右，副产物硫酸钠经济价值较低，且需配套污水浓缩、处理装置。铁法成本高于铵法和钠法，但其产品纯度高，没有钠、硫酸根等杂质，原料磷酸可以回用，排水量低，且污染较少。

(2) 碳热还原法

碳热还原法[8,9]是在前驱体中加入一定量的碳源，利用高温下的碳产生还原气氛将Fe^{3+}还原为Fe^{2+}获得$LiFePO_4/C$。该方法可以有效地避免材料在煅烧过程中发生氧化反应，使制备流程更为合理。碳热还原法是对高温固相法的改进工艺，该方法不仅具备高温固相法的优势，另外多余的碳可以作为分散剂和导电剂,对材料进行碳包覆,能提高磷酸铁锂的电导率,抑制晶粒生长,防止颗粒团聚,有利于制备比表面积大且粒径小的 $LiFePO_4/C$ 正极材料。具体步骤为:将磷酸铁(或氧化铁)、碳源和锂源等按一定的化学计量比混合均匀,将混合后的原料在惰性气氛(如氮气、氩气)或还原气氛(如氢气、天然气)中加热至约 600~800℃,进行碳热还原。将烧结后的产物冷却至室温,得到黑色或深灰色的磷酸铁锂粉末。接着进行粉碎和筛分以获得所需的颗粒尺寸。此方法可以 Fe^{3+} 为铁源,降低了生产成本,有利于大规模工业化生产。

(3) 微波烧结法

微波烧结法[10] 是一种利用微波能量直接加热材料的高效快速烧结技术,其原理是通过微波在材料内部产生热量,将材料加热至其反应或晶化所需的温度,在微波的作用下促进磷酸铁锂材料的合成和烧结。具体来说,微波作用使颗粒间迅速生成均匀致密的材料,并显著改善其电化学性能。具体步骤为:使用传统的前驱体材料混合方法,将磷酸二氢铵($NH_4H_2PO_4$)、铁源(Fe_2O_3、FeC_2O_4 等)和锂源(Li_2CO_3、$LiOH \cdot H_2O$)按照化学计量比精确配料。碳源(如炭黑、葡萄糖、蔗糖)可用于导电性改性,同时在烧结过程中作为还原剂。将上述原料通过球磨或其他方式充分混合,形成均匀分布的原料粉末。将混合均匀的原料置于适合微波加热的容器中(如石英坩埚),放入微波烧结设备内。在微波加热过程中材料会快速均匀升温(温度一般控制在 600~800℃),原料混合物内部分子极化,通过摩擦和碰撞产生热量,并快速完成磷酸铁锂的晶相转化。烧结结束后,将样品原料冷却至室温,得到初步合成的磷酸铁锂。与传统的烧结方法相比,微波烧结法具有升温速率快、烧结时间短、能耗低、产品性能好等优点,但微波烧结设备的技术门槛高,设备投资成本大。微波条件下对反应参数的控制要求严格,升温速率、时间和气氛的变化都对材料性能有较大影响。

纳米高速研磨、喷雾干燥结合高温固相烧结、气流粉碎工艺,是工业化生产 $LiFePO_4$ 正极材料的首选方法。前驱体干燥一般采用高速离心喷雾技术,获得的球形二次颗粒具有粒度均匀、结构紧密且表面光滑的特点。烧结后的磷酸铁锂需要使用气流粉碎机将材料粒度粉碎至一定范围内(D_{50} 为 1~1.5 μm)。

以上是 $LiFePO_4$ 材料的主要固相制备方法,除此之外还有水热法、溶胶凝胶法、共沉淀法等。目前高温固相法合成 $LiFePO_4$ 是工业体系中材料合成的最主要方法,具备生产工艺简便、设备体系完善、易投产和合成材料纯度高的优点。而其他合成方法普遍具有生产成本高和合成条件复杂的问题,目前还很难大规模应用到生产中。

1.4.2 制备磷酸铁锂正极极片的添加剂

① 导电剂。磷酸铁锂材料的导电性很弱。同时在制浆过程中，由于黏结剂不具有导电性，因此，需要添加一定量的导电物质以保证电极颗粒之间具有良好的导电网络，从而达到在正极材料和集流体之间传导电流的目的，减弱活性物质间的界面电阻，加快电子的转移速率[11]。

制浆过程中应根据不同正负极材料、不同使用目的而选择不同特点的导电剂。现如今，市场上使用较多的碳系导电剂主要分为零维点状导电剂、一维纤维状导电剂[12]、二维片层状导电剂[13] 等。导电炭黑为最常使用的零维导电剂，在电极中常以点点接触的形式构成导电网络，平铺在活性物质之间，起到提升极片电导率的作用。炭黑颗粒的结构度与其粒径有关。粒径越小、链枝结构越发达，越容易形成稳定的导电网络。CNTs（碳纳米管）是一维导电剂的主要代表，具有良好的导电性。纤维状结构可在活性物质之间形成发达且连续的导电网络，其高模量和高强度的特性可以消除电极材料因体积变化形成的应力。因此，CNTs 的适量加入可以使电池的循环寿命和放电容量得到提升，内阻降低，目前已经获得较广泛的应用。CNTs 之间存在较强的分子间作用力，导致其容易出现团聚和自身纠缠的问题，需要加入调节剂抑制其团聚。石墨烯也具备较高的导电性，被认为是具有革命性意义的新材料，也常被用作浆料导电剂使用。石墨烯具备蜂窝状结构，在电极中常以点面接触的方式与活性物质保持连接，其作为导电剂时仅需少量添加即可达到良好的导电效果。

虽然导电剂在电池浆料中的占比只为 $1\%\sim10\%$（质量分数），但是导电剂的种类、添加量、添加顺序与时间等工艺参数都对浆料的性能有着较大影响，浆料性能的变化也严重影响着电池的电化学特性。因此，具有协同增效作用的复合导电剂的研发将会成为未来浆料用导电剂的研究热点。

② 黏结剂。黏结剂主要分为天然黏结剂（主要从动植物中获取，例如环糊精、淀粉、明胶等）和人工黏结剂。相较于天然黏结剂，人工黏结剂具有匹配度高、调控强、品质丰富等优势[14]。黏结剂的黏结过程主要分为分散润湿阶段和干燥固化阶段。在制浆过程中根据不同的匀浆方式，黏结剂的加入方式和时间通常不做统一要求。黏结剂加入浆料后，稳定吸附在活性物质表面，形成边界层、固化层和自由层。边界层主要以黏结剂与活性物质间的分子间作用力、共价键等方式形成黏结网络，而自由层均匀地包裹在固化层表面[15]。理想的黏结剂应具有稳定的热学、力学和电学特性，具有强黏结性的同时，在有

机电解液中具有低溶胀率，并承受充放电过程中电化学腐蚀，目前工业生产体系中，PVDF 是 $LiFePO_4$ 正极制浆时最常使用的黏结剂，常以 NMP 作为溶剂。PVDF 分子量和结晶度越高，黏结浆料内活性物质的能力就越强。但是在制浆过程中 PVDF 却很难分散，容易自身形成团聚后阻碍电子的转移。此外，PVDF 的黏结效果还与制浆方式有关。在湿法工艺制浆过程中，PVDF 胶液需要提前配制。搅拌温度对 PVDF 胶液特性影响较大。往往加工环境温度越高，PVDF 胶液越易变为淡黄色，黏结剂的黏结能力也就越低。过快的搅拌速率也会增加 PVDF 分子链被破坏的风险[16]。因此，需要根据所需电池的电化学特性，合理安排黏结剂的用量、添加顺序和添加方式。

黏结剂的选择直接决定了制备正极极片所需的烘干时间、烘干温度等工艺参数，高效黏结剂的合理使用也会更大程度上决定电池的使用寿命。黏结剂普遍不具备导电性，严重地阻碍了电子在极片和外电路之间的转移。因此，导电型黏结剂的研发将是未来黏结剂的主要研究方向。

③ 分散剂。$LiFePO_4$ 一般为纳米级或者亚微米级的粒子。凭借着小尺寸效应，减小了锂离子在活性物质中脱出与嵌入的距离，形成了更多的晶界，提供了更直接的锂离子迁移通道，使得电解液充分地浸入电极材料内部[17]。然而，$LiFePO_4$ 浆料属于非牛顿流体，是一种多相复合悬浮液，高比表面积和高表面能的纳米颗粒会使制浆过程更加困难。浆料中颗粒之间存在各种相互作用，如范德华力、静电斥力和氢键力等，容易导致颗粒在浆料内发生团聚。高速机械搅拌、超声波搅拌和添加表面活性剂被认为是提高浆料稳定性和分散性的最主要手段[18]。实验证明，仅仅提高搅拌机的机械功率并不能完全阻碍浆料内颗粒的团聚。当机械力消失时，浆体中的颗粒仍会由于布朗运动而再次团聚。过高的分散强度也会打断黏结剂分子链，反而使黏结剂失效。因此，实际生产中添加分散剂（即表面活性剂），通过化学改性的方式改善浆料特性具有更大的优势。

然而并不是所有的表面活性剂都可以在不影响浆料原有特性的基础上解决浆料团聚问题。当浆料内离子型表面活性剂含量提高时，溶液内离子浓度增加，PVDF 的 NMP 溶液发生盐析效应的条件明显增强，严重破坏了溶液的稳定性，降低了极片剥离强度。研究发现，水对阴、阳、两性离子型表面活性剂均有强的溶剂化作用，但对阳离子表面活性剂的溶剂化作用要远大于其他两种。因此，浆料内盐析效应的发生更多地表现在添加阳离子表面活性剂之后。非离子表面活性剂的添加不会使浆料发生盐析效应，但是由于非离子表面活性剂分散效果一般，若想要达到优异的分散程度，需要增加使用量。而过多的非离子表面活性剂易形成不导电胶束，阻碍电子迁移。复配表面活性剂具有优异的协同作用，可以修复单一表面活性剂的缺陷，还可以增加单一表面活性剂的分散效率[19]。梁广川课题组[20] 在正极浆料中添加复配表面活性剂聚丙烯酸钠（PAAS）和聚乙烯吡咯烷酮（PVP）（即 0.2%PAAS/0.3%PVP，质量分数），有效地提高了浆料稳定性和分散性。浆料固含量控制在 52%，浆料黏度为 8921.7mPa·s，静置 36h 后，上层溶液黏度仅下降 1325.0mPa·s。使用该浆料制备的正极极片表面光滑，无团聚颗粒出现，内阻较低。使用该正极极片制备的 14500 圆柱电池在 10C 倍率下的放电容量为 0.2C 的 86.1%，放电容量达到 473.5mAh，展现出了优异的倍率性能。因此，未来对于分散剂的研究还是应着重于复配表面活性剂的开发与应用。

1.4.3 磷酸铁锂电池制备工艺

磷酸铁锂正极材料合成后，主要用于制造锂离子电池。正极材料制备成电池的工艺流程也非常复杂，而且为满足不同市场需求，需要把电池做成各种规格、性能和形状。电池厂生产的单体电池基本都是圆柱电池、软包电池、方形铝壳电池。圆柱电池的生产流程如图 1.2 所示。粉碎后的 $LiFePO_4$ 与 NMP（N-甲基-2-吡咯烷酮）、导电剂和黏结剂混合，使用搅拌机搅拌数小时制成浆料。搅拌后的浆料固含量控制在 40%～60%，以使浆料具备最好的流平性和均一性。使用连续涂布机将浆料平整地涂敷在一定厚度的铝箔集流体上，烘干去除溶剂 NMP。烘干后的正极极片还需要进行过辊、制片、卷绕、入壳、干燥、注电解液、化成和分容等工序。因此，锂离子电池的工业化生产是一个庞

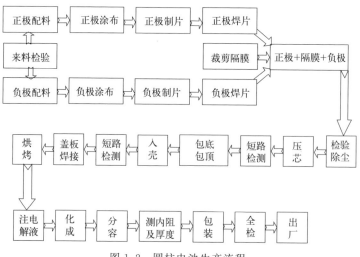

图 1.2　圆柱电池生产流程

大的复杂体系。在锂离子电池的生产体系中，制浆和涂布工艺是电池工艺生产的主要阶段，对电芯的电化学性能影响较大。正极极片经辊压之后的工艺（裁片、焊底、辊槽等）是由电池的型号而决定的。优化制浆工艺和涂布工艺可以提升单体电池工艺水平。

1.5　磷酸铁锂材料及电池的技术改进及发展趋势

虽然磷酸铁锂电池在锂离子电池技术中具有重要地位。然而，其结构缺陷导致其体积能量密度较难提升，在高能量密度使用场合竞争力较低，同时有限的电子和离子电导率又限制了磷酸铁锂材料在低温环境中的应用。

为了解决这些问题，科研界和企业界一直致力于磷酸铁锂材料在高压实密度、低温性能改善和高比能量方面的研究[21-23]。下面就具体的技术改进和发展趋势做简单介绍。

1.5.1　高压实密度

高压实磷酸铁锂是近年来针对提升 LFP 电池体积能量密度和改善其储能性能所开展的重要研究方向之一。通过提高材料的压实密度，可以在单位体积内存储更多的活性物质，从而显著增加能量密度，对于空间受限的应用场景（如电动汽车、电力储能系统）具有重要意义。按照行业内的分类，第 1～5 代的磷酸铁锂粉体压实密度（226MPa 压力下）分别达到 $2.3g/cm^3$、$2.4g/cm^3$、$2.5g/cm^3$、$2.6g/cm^3$、$2.7g/cm^3$。其中前 4 代材料已经成功应用，第 5 代材料正在研发中。高压实磷酸铁锂的改进路径可以归纳为以下几个方面。

① 材料粒子优化设计。通过调控颗粒的尺寸和形态（如球形颗粒）来提高流动性和压实性。研究表明，当颗粒球形度增加、粒径分布均匀时，可有效降低孔隙率，提升压实密度。微米级大颗粒和纳米级小颗粒的混合策略也能够使颗粒在压缩过程中形成"致密堆积结构"，可以提高单位体积内的颗粒含量。

② 晶体结构优化。单晶磷酸铁锂因其更高的体积比容量和优异的力学稳定性，被认为是高压实磷酸铁锂的重要方向。单晶颗粒材料在保持高容量和长循环寿命的同时，可以通过更高的压实密度提高能量输出。另外通过离子掺杂（如锰、镁等金属离子）改变晶格结构，可进一步压缩晶体间的空隙，同时提升材料力学性能。

③ 制造过程优化。通过喷雾干燥、热解法等技术手段制造粒度均匀、形

状可控、结合更紧密的颗粒，从而提高压实后的密度。采用高压设备对电极材料进行二次压实，进一步压缩材料空隙率（＜20％），实现均匀致密的电极结构。

④ 导电网络设计。在保证压实密度的同时，优化颗粒间的导电剂分布，利用超导电炭或特殊纳米材料填充小空隙，避免压实后电导率下降对电池电化学性能的不利影响。

总之，通过研究人员的多方面努力，目前产业化的磷酸铁锂材料的压实密度已达 $2.6g/cm^3$。高压实 LFP 在相同体积的电芯下，能够提升 15％以上的能量密度，已接近甚至部分超越三元锂电池。同时还表现出卓越的高温稳定性和循环寿命。例如，新一代磷酸铁锂电池能量密度已经达到 205Wh/kg，并实现 6000 次充放电保持 80％容量的性能。

1.5.2 低温性能改进

磷酸铁锂电池的低温性能差是制约其广泛应用（如寒冷地区电动车和储能设备）的瓶颈之一。通过原位电化学测试手段和先进表征技术（如 XRD、SEM 等）发现，低温下影响磷酸铁锂性能的主要原因包括锂离子迁移率降低、负极 SEI 膜性能恶化和界面极化加剧。解决这些问题已成为提升电池低温性能的理论和技术依据。近年来，针对磷酸铁锂电池低温性能的研究主要聚焦在材料改性、电解液优化和电池结构设计几方面。

① 材料改性。针对磷酸铁锂正极材料的低温钝化现象，研究者从材料的晶体结构、导电性和化学稳定性入手进行了优化。一次颗粒纳米化使粒径缩小到纳米级别，从而缩短锂离子扩散路径，提高低温下的锂离子迁移速率。表面涂覆高导电材料（如碳、高导电性聚合物），可以提升电子导电性和界面反应活性，有助于维持低温充放电性能。离子掺杂（如铝、镁、钛等离子）可以提高磷酸铁锂的电子电导率和锂离子迁移速率，有助于提高低温性能。

② 电解液优化。低温环境下，电解液的黏度增加和锂盐电离度降低会显著限制离子迁移。因此，当前研究集中在开发适用于低温的电解液配方：增加低黏度溶剂［如碳酸甲酯、甲基乙烯碳酸酯（MVC）等］的比例，降低低温下电解液黏度，提高离子迁移速度。引入低温添加剂（如氟代碳酸乙烯酯、碳酸亚乙烯酯等），可以提高负极表面固态电解质界面（SEI）的稳定性，从而减少极化现象。

③ 电池结构设计。为了提升磷酸铁锂在低温下的电化学性能，研究者致力于电池整体的工程设计：通过优化电极厚度和隔膜孔径，减小离子扩散阻

力，提高低温放电效率。在实际应用中，还可以为电芯设计主动或被动的热管理方案（如加热膜、电流热源等）来提高电池在冷启动条件下的性能表现。

尽管改性和优化措施已经显著提升了磷酸铁锂电池的低温性能，但仍存在一定的挑战。未来研究的重点包括：a. 破解负极电极在低温下的锂枝晶生成问题；b. 开发成本更低且性能更优的低温电解液及添加剂；c. 高效热管理与智能控制技术的进一步推广。

通过新材料、界面化学及系统优化的持续突破，预计磷酸铁锂电池在低温性能方面将达到更高水平，从而扩大其在寒冷地区或极端气候环境下的应用范围。

1.5.3　高能量密度

提升磷酸铁锂电池的能量密度一直是研究人员研究和开发的一个重要方向。影响能量密度的因素有很多，包括活性材料的性能、电池结构的设计、电极的优化以及总体系统设计。其中，提高材料的压实密度可以显著提高电池的能量密度，但仅提高压实密度还不够，还需从其他多个方面入手来进一步提高电池的能量密度。

① 提高正极材料比容量。要进一步提升其能量密度，可采用纳米化材料和活性物质包覆的方法：将磷酸铁锂颗粒制备成纳米级颗粒，提升比表面积，减少锂离子扩散路径，从而提高锂离子活性利用率；也可用适量的阳离子（如 Mg^{2+}、Al^{3+}、Ti^{4+} 等）或阴离子（如 F^-）进行掺杂，来提升磷酸铁锂材料的导电性和离子迁移速率。掺杂可以稳定晶体结构，减少活性物质在充放电过程中的容量衰减。对磷酸铁锂颗粒进行导电碳（如石墨烯、导电聚合物等）包覆，形成导电网络可以改善电子传输效率。

② 优化电极设计。增加活性材料比例：通过减少导电剂（如炭黑）、黏结剂（如 PVDF）的含量，在保证机械强度的前提下提高活性物质的占比；可适当加厚正极片，使单位面积的材料总量增加，但同时要避免极片过厚导致的内部离子扩散缓慢和极化增加。优化双面涂布工艺：在集流体上均匀涂覆正极材料，确保涂布的厚度均匀，并尽量减少非活性部分的使用。

③ 提高导电性和离子扩散能力。开发高离子电导率的电解质：优化液态电解质的溶剂比例（如锂盐浓度等）、添加剂，提升锂离子的扩散能力。开发新型固态电解质：降低体积占比，进一步释放活性材料的性能。

④ 降低非活性组分的比例。优化正极集流体材质与厚度：使用薄型轻质铝箔作为集流体，同时确保机械强度不变；减小集流体的阻抗，提高导电效率。降

低隔膜和电解液的体积占比：采用薄型多孔隔膜，减少对内部空间的占用。

⑤ 开发更高电压的正极体系。通过掺杂改性或表面包覆，提升磷酸铁锂的抗氧化能力，探索提高工作电压的可能性；或者开发磷酸盐体系的多离子化合物（如 $LiMPO_4$，M 为 Co、Ni、Mn、V 等元素的混合）以提高电压。

⑥ 增强电池系统设计。提升电池单体容量：使用更大的单体电池容量，减少电池壳体、极耳等非活性部件的重量和体积占比。优化电芯排列方案：特别是在电动汽车中，可优化模组设计，将高能量密度电芯集成到轻量化模组中。采用轻量化辅助材料：减轻电池壳体、组件和连接条的重量，可间接提升电池系统的能量密度。

⑦ 发展固态电池技术。固态电解质具有更高的电化学稳定性，可支持更薄的电极设计，提升体积能量密度。同时，固态组装技术可减少 PVDF 等黏结剂的使用，进一步释放电极内部空间。另外，先进的涂布与制造技术，例如激光制片、挤压涂布等技术的应用能够均一化极片厚度，提升压实效率。

总之，提升磷酸铁锂电池的能量密度可以从材料、结构、电解质、电极设计、系统等多个层面开展工作。虽然磷酸铁锂的理论比容量和电压平台提升空间有限，但通过改进其微观结构、复合材料技术以及电池设计，在高压实密度、高导电性、高离子迁移能力等方面不断优化，仍然存在显著的性能提升空间。与此同时，结合新兴的全固态电池和纳米技术，磷酸铁锂电池可在循环寿命、安全性和能量密度之间实现更均衡发展，将在储能及电动车等领域具备更大的市场竞争力。

参考文献

[1] Okada S, Arai S, Masashiro T, et al. Non-aqueous electrolytic secondary battery includes phosphoric acid compound containing alkali metal, transition metal as anode active materials：JP7-311688 [P]. 1997-5-20.

[2] Padhi A K, Nanjundaswamy K S, Goodenough J B. Phospho-olivines as positive-electrode materials for rechargeable lithium batteries [J]. Journal of the Electrochemical Society, 1997, 144 (4): 1188-1194.

[3] Jugović D, Uskoković D. A review of recent developments in the synthesis procedures of lithium iron phosphate powders [J]. Journal of Power Sources, 2009, 190 (2): 538-544.

[4] 胡巧梅. 磷酸铁锂/石墨锂离子电池的热稳定性及衰减机制研究 [D]. 武汉：华中科技大学, 2021.

[5] 袁文龙, 王碧侠, 赵瑛, 等. 用钛白副产硫酸亚铁合成磷酸铁前驱体 [J]. 有色金属工程, 2023, 13 (7): 61-68.

[6] 陈胜文, 李洪, 刘利, 等. 磷酸铁的制备工艺及应用展望 [J]. 化纤与纺织技术, 2021, 50 (11):

37-39.

［7］ 张忠朝，薛星原．铵法磷酸铁废水处理副产硫酸铵工艺技术［J］．磷肥与复肥，2023，38（11）：38-39.

［8］ 王瑞林．锂离子电池正极材料磷酸铁锂的碳热还原法制备及电化学性能的研究［J］．中国新技术新产品，2023，（16）：30-32.

［9］ 汪洁，戴英，裴新美．碳热还原法制备 $LiFePO_4$/C 粉体及其电化学性能［J］．现代技术陶瓷，2017，38（03）：204-209.

［10］ Wang L，Huang Y，Jiang R，et al. Preparation and characterization of nano-sized $LiFePO_4$ by low heating solid-state coordination method and microwave heating［J］．Electrochimica Acta，2007，52（24）：6778-6783.

［11］ Park S，Oh J，Kim J M，et al. Facile preparation of cellulose nanofiber derived carbon and reduced graphene oxide co-supported $LiFePO_4$ nanocomposite as enhanced cathode material for lithium-ion battery［J］．Electrochimica Acta，2020，354：136707.

［12］ Zou L，Lv R T，Kang F Y，et al. Preparation and application of bamboo-like carbon nanotubes in lithium ion batteries［J］．Journal of Power Sources，2008，184（2）：566-569.

［13］ 刘宗哲，李培旭，王珊珊，等．石墨烯导电剂的研究和展望［J］．炭素技术，2018，37（05）：1-5.

［14］ Zhao L Z，Sun Z P，Zhang H B，et al. An environment-friendly crosslinked binder endowing $LiFePO_4$ electrode with structural integrity and long cycle life performance［J］．Rsc Advances，2020，10（49）：29362-29372.

［15］ Jeong S S，Boeckenfeld N，Balducci A，et al. Natural cellulose as binder for lithium battery electrodes［J］．Journal of Power Sources，2012，199：331-335.

［16］ Jackel N，Dargel V，Shpigel N，et al. In situ multi-length scale approach to understand the mechanics of soft and rigid binder in composite lithium ion battery electrodes［J］．Journal of Power Sources，2017，371：162-166.

［17］ 梁亚春．纳米化锂电池正极材料磷酸铁锂的研究［D］．成都：电子科技大学，2017.

［18］ 李辉．锂电池浆料高效分散系统与关键部件研究［D］．无锡：江南大学，2011.

［19］ 孙晓宾，吕岩，宫娇娇，等．磷酸铁锂正极浆料分散技术的研究进展［J］．电池，2014，44（04）：241-243.

［20］ Cao J R，Guo H Y，Liu R X，et al. Effect of polyvinyl pyrrolidone/sodium polyacrylate compound surfactants on slurry properties of lithium iron phosphate and electrochemical performance of the battery［J］．Ionics，2022，28：1595-1606.

［21］ Liu H，Liu Y Y，An L W，et al. High energy density $LiFePO_4$/C cathode material synthesized by wet ball milling combined with spray drying method［J］．Journal of the Electrochemical Society，2017，164（14）：A3666-A3672.

［22］ 王长伟．高压实密度磷酸铁锂正极材料的工程技术应用研究与展望［J］．广州化工，2024，52（20）：160-164.

［23］ 孔永科，余菲，洪柳，等．磷酸铁锂电池低温性能优化的研究动态与展望［J］．电源技术，2024，48（12）：2334-2342.

第 2 章

固相法磷酸铁锂工艺介绍

2.1 磷酸铁锂合成工艺路线

磷酸铁锂（$LiFePO_4$，简称 LFP）作为一种重要的锂离子电池正极材料，因其价格低廉、热稳定性好、环境友好、可逆性好以及结构稳定等特点，成为当前最具潜力的正极材料之一。在磷酸铁锂的生产过程中，制备工艺可分为固相法和液相法两大路线。固相法主要有碳热还原法、高温固相法和微波加热法等；液相法主要有水热法、溶胶凝胶法、共沉淀法和喷雾干燥法等。

表 2.1 是两大工艺路线的优缺点对比。表 2.2 为磷酸铁锂固相法/液相法原料对比。

表 2.1　磷酸铁锂固相法/液相法路线对比

制备方法		优点	缺点
固相法	高温固相法	a. 成本较低,步骤简单,流程可靠; b. 铁、磷、锂含量易于通过配料控制; c. 循环和低温性能良好	a. 耗时长,能耗高,需惰性和还原气氛保护; b. 所得产物易出现氧化态; c. 颗粒团聚严重,产物颗粒较大,纯度较低,尺寸分布不均匀; d. 循环和低批次一致性差,电化学性能稍差; e. 出气量大,分压难以保证; f. 表面能高,加工性能不好; g. 存在氨气污染问题
	碳热还原法	a. 原料廉价易得、化学稳定性好; b. 能耗低,制备工艺简单	a. 操作复杂,生产周期长,能耗大,产生废气; b. 对原料要求高,混料的均匀性影响非常大; c. 原料磷酸铁的成分难以控制一致

制备方法		优点	缺点
固相法	微波加热法	a. 能量高效利用； b. 循环性能好、形貌规则； c. 合成温度较低、时间短； d. 避免惰性气体的使用	反应迅速，产物易发生团聚，不利于电化学性能的改善
液相法	水热/溶剂热法	a. 能耗低，合成效率高； b. 粒度均一、稳定性好； c. 可直接合成单晶磷酸铁锂，便于分析本征性质； d. 技术成熟	a. 产品结构不一，堆积密度和压实密度较小； b. 高温高压下，设备要求高； c. 水热法产品易发生替代错位，影响性能； d. 仍需经高温烧结碳包覆； e. 成本高，需投资建设锂回收装置
	溶胶凝胶法	可实现纳米级别的均匀混合，可同时实现碳包覆	a. 耗时长； b. 工艺条件难控制； c. 工业化存在较大难度
	共沉淀法	a. 工艺过程易控制，合成周期短、能耗低； b. 颗粒粒度小且分布均匀	a. 共沉淀过程中 pH 不易控制，且容易出现偏析； b. 合成的材料性能不稳定
	喷雾干燥法	颗粒均匀、粒径小、循环稳定性好	对配料成分有严格要求

表 2.2　磷酸铁锂固相法/液相法原料对比

材料	固相法	液相法
锂源	碳酸锂、氢氧化锂	氧化锂、氢氧化锂、乙酸锂、碳酸锂、硝酸锂、亚硝酸锂、磷酸锂、磷酸二氢锂、草酸锂、氯化锂、钒酸锂、钼酸锂
铁源	硫酸亚铁、氧化铁、磷酸铁	磷酸铁、磷酸亚铁、焦磷酸亚铁、碳酸亚铁、氯化亚铁、氢氧化亚铁、硝酸亚铁、草酸亚铁、氯化铁、氢氧化铁、硝酸铁、柠檬酸铁、三氧化二铁
磷源	磷酸铁、磷酸二氢铵、磷酸	磷酸、磷酸氢铵、磷酸铁、磷酸二氢锂

在实际生产中，考虑到产品品质、工艺流程长短、设备及能耗成本等方面，比较成熟的工艺路线根据生产工艺＋铁源可以大致分为磷酸铁固相法、草酸亚铁固相法、铁红固相法、硝酸铁液相法这几种路线，下面逐一进行介绍。

2.1.1 固相法工艺

所谓的固相法是指主要的原料是固态粉体，不溶解于所用的水、乙醇等溶剂。虽然需要水作为研磨介质进行研磨，但是粉体自始至终都是以固体形式存在。研磨仅仅是将固体的粉体粉碎，实现原料的进一步精细混合。按照目前产业界的现状，将固相法分为以下几种工艺类型。

（1）磷酸铁固相法

磷酸铁工艺是目前最成熟、也是应用最广的磷酸铁锂生产路线，代表企业为湖南裕能、龙蟠科技、湖北万润、安达科技等。磷酸铁固相法工艺流程如图2.1所示。

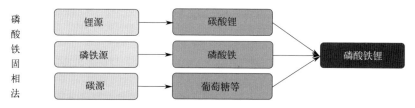

图 2.1　磷酸铁固相法工艺流程图

工艺采用磷酸铁同时作为铁源和磷源，碳酸锂或氢氧化锂作为锂源，葡萄糖、PEG 等作为碳源，有机物（如蔗糖、淀粉等）作为辅料。通过将磷酸铁与碳酸锂和有机碳均匀混合，利用碳在高温环境下的还原性，将三价铁还原成二价铁，同时使热解的碳包覆在磷酸铁锂上，起到增强导电性的作用。

这种方法主要分为磷酸铁前驱体的制备和二次加工两部分，磷酸铁的品质对产品影响较大。

磷酸铁工艺分为铵法和钠法，主要是按照加入的原料不同来区分工艺路线。铵法采用的原料主要为磷酸一铵、高纯磷酸、双氧水、七水硫酸亚铁。钠法原料为氢氧化钠、高纯磷酸、双氧水、七水磷酸亚铁。两种方式均先通过原料反应混合、沉淀得到磷酸铁。再加入碳酸锂和葡萄糖等，经过研磨、干燥、烧结等步骤得到磷酸铁锂。从生产流程而言，核心控制点在于配料、研磨和烧结工序。

优点：工艺成熟，占目前磷酸铁锂合成工艺产量的 80% 以上，工艺易于控制，产品压实密度、克容量较高，已经成为固相法的主流路线。

缺点：相比液相法物料混合不均匀，颗粒聚团严重，纯度较低，一致性较差。较为依赖前驱体磷酸铁性能和一致性，生产周期长，能耗高。

（2）草酸亚铁固相法

草酸亚铁固相法是最早出现的一种 $LiFePO_4$ 制备方法，代表企业为江西升华（富临精工）、北大先行等。草酸亚铁固相法工艺流程如图 2.2 所示。

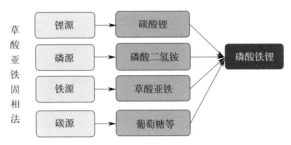

图 2.2　草酸亚铁固相法工艺流程图

草酸亚铁固相法所采用的锂源通常为碳酸锂、氢氧化锂或醋酸锂，铁源通常采用草酸亚铁盐，磷源常采用磷酸二氢铵、磷酸氢二铵或磷酸二氢锂。草酸亚铁固相法优点是设备简单，操作容易，制备的材料性能稳定，制成材料压实密度高，循环寿命长，可用于规模生产。缺点是需要用甲醇或者乙醇作为研磨介质，增加了危险性和生产成本。同时烧结过程中会产生大量的氨气、水、二氧化碳，生产风险较高，环保问题难以控制，且成品粒径不容易控制，分布不均匀，形貌不规则，合成过程需要惰性气体保护。材料热处理温度高，合成周期较长，能耗大。

（3）铁红固相法

铁红固相法工艺以三氧化二铁为铁源，与磷酸二氢锂（LiH_2PO_4）、碳源经湿法研磨混合。混合后的物料经过喷雾干燥、煅烧、气流粉碎制成磷酸铁锂成品。采用铁红固相法工艺的单位有南京久兆、重庆特瑞等公司。利用铁红制成的磷酸铁锂压实密度较高，加工性能较好。但是目前高品质的铁红产品供应量不足，杂质含量偏高，且单质铁的成本相对较高。铁红颗粒的硬度较高，研磨效率偏低，造成产品的电化学性能不足。图 2.3 为铁红固相法工艺流程。

这种工艺相对小众，反应条件简单，对原材料的适应性强，氧化铁工艺相比其他工艺成本相对较低，且原料更易获得。因大多原料品质一般，产品多数应用于中低端储能市场，产物综合性能较差。

2.1.2　液相法工艺

液相法，顾名思义，是选用可以溶解于水的原料，通过一定的工艺条件进

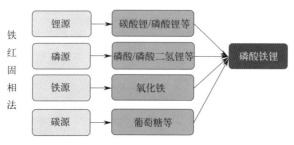

图 2.3　铁红固相法工艺流程图

行合成。所用的材料基本都是水溶性的，例如硫酸亚铁、硝酸铁、氢氧化锂、葡萄糖等。

液相法合成的主流工艺路线为水热合成法，制备过程以水作为溶剂，同时在真空或惰性气氛下将氢氧化锂、硫酸亚铁、磷酸按照一定的摩尔比例混合，同时在 120～160℃的条件下进行水热反应 2～8h，得到磷酸铁锂产物。其优点是材料混合均匀，产品一致性好，循环次数多，质量相对更佳。缺点是水热法由于锂、铁原子排布混乱，大概 7%的铁原子占据锂的位置，制备的产品克容量不够高，同时水热法对高温高压的控制条件要求高，生产制备较复杂，成本较高，量产难度大，生产壁垒高。图 2.4 为相应的液相法工艺流程图。

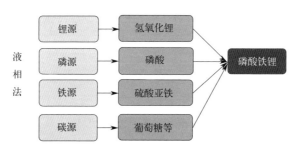

图 2.4　液相法工艺流程图

德方纳米自主研发的自热蒸发液相合成法是液相法中的一种，也是国内少数采用液相法量产磷酸铁锂的企业。自热蒸发液相法所需要的锂源为碳酸锂，铁源为硝酸铁、铁块与硝酸（外购浓硝酸和生产回收的稀硝酸进行配制）生产硝酸铁，磷源为磷酸二氢铵。将原料锂源、铁源、磷源和辅料混合后即可自发反应，反应放热后快速蒸发水分而自动停止反应，得到纳米磷酸铁锂的前驱体。而后在烧结过程中加入碳源，进行两次高温分解，得到非连续的碳包覆磷酸铁锂颗粒。

这种工艺有如下优势：生产方面，显著降低生产能耗，同时液相法使得各原料混合均匀，对于低品位原材料兼容性高，可降低原材料成本。性能方面，液相法能够实现原子级混合，且烧结温度低，避免了材料团聚，产品的粒径更小，分布更均匀，一致性和循环寿命突出。

液相法与固相法优劣势对比见表 2.3。

表 2.3　液相法/固相法优劣势对比

项目	自热蒸发液相合成法	固相法
能耗	a. 前驱体制备中，原材料形成均匀溶液，且借助自身化学能实现纳米化，工序简单，能耗较低； b. 烧结时，温度相对较低，一般为 650～680℃，能耗较低	a. 前驱体制备中，采用物理研磨的方式混合原材料，需要反复研磨、分选、喷雾干燥等工序，相对烦琐，能耗较高； b. 烧结温度 700～730℃，能耗较高
产品性能	a. 反应产物均匀，微观结构稳定性好。反映在电池上，循环寿命更长，产品性能稳定； b. 烧结温度较低，减少颗粒团聚，低温性能和大倍率充放电性能更好。反映在电池上，可以在更低的温度下使用，大电流充放电性能好； c. 采用改善的化学气相沉积法，碳包覆更为均匀，碳的导电性和导热性优，内阻小，体现在电池上，安全性更好	a. 反复研磨均匀性也可以达到较高水平，但是过度研磨对材料有一定的影响，且对电池寿命影响较大； b. 烧结温度较高，易造成团聚，需要后续增加粉碎工艺，也影响产品的低温性能和倍率性； c. 采用有机物热解包覆，热解可能不充分，且包覆难以均匀，导致内阻较大，电池容易发热，也影响电池安全性
批次稳定性	液相合成法将原材料全部溶解，根据溶液的"均一性"原则，能够实现分子级的结合，有利于提高产品的稳定性，不同批次产品的稳定性也好	固相合成法借助机械混合破碎实现原材料的混合和纳米化，由于混合不充分，颗粒细化的程度不同，产品性能不稳定，一致性较差
生产成本	a. 制备前驱体和烧结环节的能耗均较低，制造成本较低； b. 工艺简洁，生产工序少，成本较低； c. 仅对原材料纯度有要求，成本较低	a. 能耗较高，制造成本偏高； b. 工艺复杂，增加了生产成本； c. 对原材料种类、纯度、粒度等均有要求，原材料成本较高

2.2　固相法合成磷酸铁锂主要原材料

2.2.1　磷酸铁

（1）磷酸铁概述

磷酸铁又名磷酸高铁、正磷酸铁，分子式为 $FePO_4$，是一种白色、灰白色单斜晶体粉末，是铁盐溶液和磷酸化合物作用生成的盐，其中的铁为正三价，其主要用途在于制造磷酸铁锂电池材料、催化剂及陶瓷等。一般经过沉淀反应制成的磷酸铁含有结晶水。实际使用时，需要在高温下将结晶水脱除，以实现配料准确并提升产品性能。

磷酸铁产品中，以二水磷酸铁（$FePO_4 \cdot 2H_2O$）最为普遍，其分子量为186.82。磷酸铁几乎不溶于水、乙醇，但在 pH 小于 1 的酸液中可以溶解，磷酸铁较易溶解于盐酸和硫酸，因此实验室常用盐酸和硫酸溶液清洗磷酸铁合成设备。磷酸铁在自然界中一般以蓝铁矿形式存在。采用磷酸铁作为原料，加入锂源和碳源一次烧结 3～4h 时，即可形成单一的磷酸铁锂晶体。

磷酸铁材料制备的关键是选择合适的原料体系和工艺条件。磷酸铁的纯度、铁磷比是衡量磷酸铁品质最关键的指标，也是决定磷酸铁锂品质最关键的因素。根据制备工艺的不同，磷酸铁的振实密度有较大的差异，纳米磷酸铁振实密度为 0.3～0.5g/cm³，而微米球状磷酸铁振实密度达到 1.3～1.5g/cm³。有文献提出制造的高密度纯球形磷酸铁振实密度可以达到 2.0g/cm³。

用于磷酸铁锂行业的磷酸铁有明确的标准，要求的铁磷比例、纯度、形貌、放电容量、杂质含量、磁性物质等指标都比较严格，只能通过精细化工设备生产。一般利用三价铁和磷酸根在酸性溶液中混合，通过逐渐增大 pH，控制结晶速度制成磷酸铁沉淀物。沉淀物经过过滤、反复洗涤，去除其中的硫酸根、钠离子、钾离子等杂质后，进一步烘干、粉碎制成磷酸铁成品。此时制成的磷酸铁含有两个结晶水，可以在 400～700℃ 煅烧，进一步脱掉结晶水，制成无水磷酸铁。需要说明的是，磷酸铁是一种非确定化学计量比的化合物，其中的铁磷物质的量的比（Fe/P）可以在一定的范围内调节。不同厂家提供的磷酸铁具有不同的性能指标，检验标准也不尽相同。

（2）磷酸铁合成工艺路线

磷酸铁合成工艺路线有很多，按生产控制过程可分为一步法和两步法。所谓一步法生产工艺，是指氧化合成和陈化转晶在同一工序完成。两步法生产工艺，即先进行磷酸铁合成，经过过滤、洗涤后再进行陈化转晶，最后进行分离、干燥、破碎、包装等。其氧化合成工序和陈化转晶工序分开。

按调节 pH 值的碱种类分主要有钠法和铵法；按铁源不同又可分为硫酸亚铁法、铁法。

目前市面上主要路线包括钠法、铵法、铁法、氧化铁红、磷酸氢钙等几种工艺。从工艺路线看，其差异主要体现在原材料（磷源、铁源）、产品品质、能耗和三废等方面。而较为成熟的磷酸铁生产路线为铁法、钠法和铵法。铁法、钠法和铵法的本质都是磷酸＋铁源进行反应制取磷酸铁。

① 铵法。铵法磷酸铁工艺流程见图 2.5。该方法成本相对较低，副产物硫

酸铵可以作为复合肥的填充料，具有一定的市场价值，而且生产工艺较为稳定，选择的企业较多。

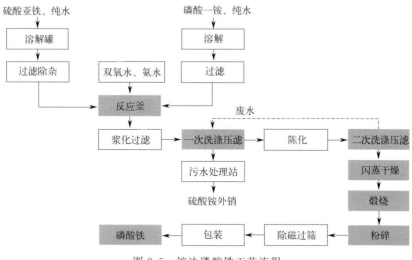

图 2.5　铵法磷酸铁工艺流程

② 钠法。钠法磷酸铁工艺流程见图 2.6。由工业级精制磷酸＋双氧水＋硫酸亚铁＋液碱（氢氧化钠溶液）等混合，最后得到磷酸铁。钠法生产过程中会产生硫酸钠。如果得到的硫酸钠浓度较高，排放时还需要支出额外的环保费用。总体上，钠法的生产成本介于铵法和铁法之间。钠法产生的副产物硫酸钠由于价值不高，社会消纳量不足，制约了磷酸铁产品的生产。

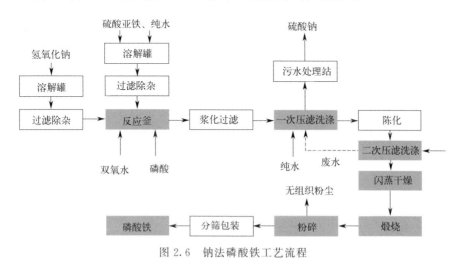

图 2.6　钠法磷酸铁工艺流程

③ 铁法。铁法磷酸铁工艺流程见图 2.7。该方法生产过程中没有副产物，

且得到的磷酸铁杂质较少，但其成本较高。一般以纯铁粉或者纯铁棒为原料，要严格控制其中的杂质，如锰、铝、锌等，产品后续除杂难度较大，产品指标控制难度大，生产过程中会产生大量氢气和微量硫化氢气体，危险性大。

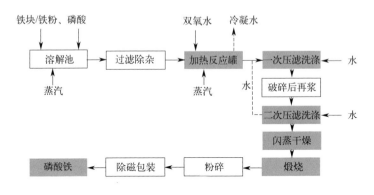

图 2.7　铁法磷酸铁工艺流程

目前国内 80% 左右的磷酸铁生产厂家都采用铵法工艺，18% 左右的生产厂家采用钠法工艺，少数生产厂家采用铁法工艺。

下面以铵法合成磷酸铁完整工艺步骤为例进行详细介绍。

① 磷酸一铵溶解配制。磷酸一铵、纯水投加到溶解釜，溶解为磷含量为 7% 的溶液，溶解过程加入 20% 氨水调节 pH，pH 值控制在 3～5。溶液经过精密过滤器过滤后将滤液泵入储罐中备用，全过程均为密闭输送。滤渣冲洗形成的含盐废水进入厂区污水处理站处理。

② 亚铁溶解、除杂。将七水硫酸亚铁人工投入溶解釜中加纯水溶解，同时通入蒸汽进行直接加热升温，维持温度在 40～50℃，溶解后的料液泵入除杂桶，加入铁粉去除氧化形成的三价铁离子，为确保硫酸亚铁不发生氧化反应，此工艺过程中铁粉投加量为过量状态。原料溶解处理过程中会产生硫酸亚铁溶解渣（主要成分为钛铝、锰等金属化合物），含杂质的亚铁溶液经板框压滤机过滤，滤液（含 20% 硫酸亚铁）进入澄清罐进一步净化澄清待用。滤渣属于第Ⅱ类一般工业固废，由原料供应商回收，回用于钛白的生产。

该溶解过程的主反应为：

$$Fe_2(SO_4)_3 + Fe \longrightarrow 3FeSO_4 \qquad (2.1)$$

由于硫酸亚铁原料含一定量的残酸（硫酸），在通入蒸汽加热的还原过程中会有氢气逸出（按照每吨磷酸铁 15kg 铁粉，2 万 t 磷酸铁产能，氢气产生量最大为 1.35kg/h）和少量硫酸雾挥发，通过在亚铁还原釜上方设置集气管道对氢气、硫酸雾进行收集，收集后的硫酸雾经碱喷淋吸收塔处理达标后经排气筒排放。

③ 氧化合成。先将配制得到的 7% 磷酸一铵溶液（按含 P 量计算）、储罐内 27.5% 双氧水和纯水分别泵入高位槽，配制得到磷酸盐溶液；再将精制得到的 20% 硫酸亚铁溶液从罐区打入氧化合成反应釜中，加入纯水配制得到 12% 硫酸亚铁溶液，高位槽中的磷酸盐溶液通过计量罐投入氧化合成反应釜，在常温常压、搅拌混合下反应，反应 pH 值控制在 2～3，得到四水磷酸铁产品。

④ 一次压滤洗涤。反应结束后生成的四水磷酸铁料浆进入板框压滤机进行一次压滤，压滤产生的合成母液进入合成母液罐，压滤后的四水磷酸铁料浆用纯水进行一次洗涤，洗涤后再经板框压滤机压滤后得到滤饼（即含水量约 70% 的四水磷酸铁），洗水则进入合成洗水罐，滤饼进入下一工序。压滤产生的合成母液和合成洗水分别进入厂区污水处理站处理后回用。

⑤ 老化（转化、陈化）。一次漂洗后的滤饼经皮带输送进入一洗浆化槽，加入纯水搅洗，后泵入转化釜加入 85% 磷酸，调节 pH 值在 1～2，为转化反应提供酸性环境，对四水磷酸铁进行转化，生成二水磷酸铁沉淀。在搅拌作用下，用纯水将二水磷酸铁沉淀配制成溶液，固液比控制在 0.8 左右，经再浆泵泵入二次压滤洗涤工序。

转化工序反应方程式为：

$$FePO_4 \cdot 4H_2O \longrightarrow FePO_4 \cdot 2H_2O + 2H_2O \qquad (2.2)$$

⑥ 二次压滤洗涤。转化后所得二水磷酸铁产品料浆经与一次压滤洗涤相同的工艺步骤洗涤、压滤后得含水量约 50%～60% 的磷酸铁滤饼，然后进入闪蒸干燥工序。压滤的滤液和二次洗涤水分别进入厂区污水处理站处理后回用。

⑦ 闪蒸干燥。环境的空气经空气过滤器过滤后进入鼓风机，进入预热器预热至 140℃（预热气体来自回转窑夹套加热干燥尾气），然后经天然气加热至 500℃ 从旋转闪蒸干燥机的进风口进入干燥室。固液分离后的湿二水磷酸铁滤饼通过进料螺旋均匀地进入旋转闪蒸干燥机内，湿二水磷酸铁滤饼在搅拌器和热风的共同作用下，湿物料被迅速打散、干燥。干燥合格后的物料随热风从干燥机顶部进入布袋除尘器进行回收。分离布袋除尘器收集下来的二水磷酸铁粉末经旋转卸料阀进入回转窑进料缓存罐。布袋除尘器回收半成品后的闪蒸干燥尾气采用水膜除尘处理后经排气筒排放。天然气燃烧废气与用于空气预热的回转窑天然气燃烧废气合并，经排气筒排放。

⑧ 回转窑烧结。预干燥后的二水磷酸铁在回转窑 600℃ 左右的高温条件下，先蒸发残余的游离水，之后结晶水蒸发，得到无水磷酸铁。焙烧后的物料

进入冷却段，通过外壁喷淋冷却水的方式进行间接冷却，降温后的产品通过出料箱排出，进入后续工段。

回转窑干燥反应方程式：

$$FePO_4 \cdot 2H_2O \longrightarrow FePO_4 + 2H_2O \qquad (2.3)$$

回转窑炉筒内的气体从炉头引出，混合冷风降温后进入回转窑布袋除尘器除尘后，经引风机引到闪蒸干燥环节，经水膜除尘处理后排放。一般回转窑干燥由天然气燃烧热气进行夹套加热干燥，干燥后的天然气燃烧尾气引入闪蒸干燥系统用于预热空气。

⑨ 粉碎包装。烧结后得到的物料经粉碎机粉碎后得到磷酸铁产品，磷酸铁产品通过输送管道进入吨袋包装机进行包装，包装后放入成品库待进入磷酸铁锂生产线。粉碎包装产生的颗粒物经收集后引至回转窑布袋除尘器处理后，经引风机引到闪蒸干燥环节，经水膜除尘处理后通过排气筒排放。

⑩ 母液洗水处理。合成母液经过滤和高压反渗透后淡水与转化洗水合并，浓水经机械蒸发成盐，制成硫酸铵和磷酸一铵副产品；合成洗水经过滤和反渗透后，淡水与合成洗水合并后处理回用，浓水与合成母液合并处理；1/3 陈化母液返回磷酸一铵配制工段回用磷酸，2/3 陈化母液和转化洗水经过滤和二级反渗透后，淡水作为洗涤水回用，浓水与转化母液合并处理。

(3) 磷酸铁产品指标

电池级磷酸铁分为动力型和储能型两类。电池级磷酸铁的规格与性能指标对其下游产品磷酸铁锂影响重大。各厂家之间的磷酸铁产品差异主要体现在铁磷比、振实密度、比表面积、磁性物质含量、粒度等方面。表 2.4 为通用的磷酸铁产品指标列表。

表 2.4　电池级磷酸铁产品指标

序号	项目			标准	检测方法
1	物理指标	粒度/mm	D_{10}	≥0.50	激光粒度仪
			D_{50}	1.0～3.5	激光粒度仪
			D_{90}	12.00	激光粒度仪
			D_{max}	30.00	激光粒度仪
		振实密度/(g/cm³)		≥0.60	振实密度仪
		pH		2.8～3.5	pH 计
		比表面积/(m²/g)		4.00～9.00	动态比表面积测试仪

续表

序号		项目	标准	检测方法
2	化学成分	铁/%	≥35.50	滴定管/烧杯:化学滴定
		磷/%	≥20.10	磷钼酸喹啉重量法
		铁/磷	0.965~0.985	计算
		铁+磷/%	>99	计算
		钛/(μg/g)	≤20	ICP
		铝/(μg/g)	≤50	ICP
		镉/(μg/g)	≤10	ICP
		铜/(μg/g)	≤30	ICP
		锰/(μg/g)	≤200	ICP
		铬/(μg/g)	≤20	ICP
		钴/(μg/g)	≤20	ICP
		镍/(μg/g)	≤20	ICP
		钠+钾/(μg/g)	≤20	ICP
		镁/(μg/g)	≤100	ICP
		钙/(μg/g)	≤50	ICP
		铅/(μg/g)	≤10	ICP
		锌/(μg/g)	≤20	ICP
		磁性物质/(μg/g)	≤1.0	磁性物质测试仪
		硫/(μg/g)	≤200	ICP
		氯化物/%	≤0.01	ICP
		水分/%	≤0.5	卡式水分测试
3	产品外观		白色或接近白色粉末, 颜色一致,无杂质,不结块等	目测

2.2.2　草酸亚铁

(1) 草酸亚铁概述

草酸亚铁,也称乙二酸亚铁,分子式为 $FeC_2O_4 \cdot 2H_2O$,含有两个结晶水分子,其分子量为 179.9,淡黄色结晶性粉末,稍有轻微刺激性。熔点 160℃,真空下于 142℃失去结晶水。冷水中的溶解度为 2.2g/L,热水中 0.26g/L,能溶于冷盐溶液。草酸亚铁加热分解为氧化亚铁、一氧化碳、二氧化碳。可用作照相显影剂,也可用于制药工业等。

（2）草酸亚铁合成工艺路线

电池级草酸亚铁制造方法有多种，按原料路线可归纳为三种：第一种是赤铁矿酸溶-光照还原法，优点是原料易得，成本低；缺点是工艺路线长，除杂精制不易，产品质量不高，环境污染较大。第二种是硫酸亚铁-草酸置换法，优点是工艺简单，投资少；缺点是产品分离难度大，质量不高，废水不易处理，环保压力大。第三种是铁-草酸合成法，优点是产品质量好，成本较低，无环境污染。分类中，按反应条件可分为液相法和固相法。按资源综合利用可分为钛白粉副产物回收法和酸洗废液再生法。目前国内 80％ 左右的草酸亚铁生产厂家采用硫酸亚铁-草酸液相置换法生产草酸亚铁，该工艺技术相对较为成熟稳定，但要制备出电池级 99.5％ 以上纯度的草酸亚铁，原材料硫酸亚铁和草酸必须纯度高，另外还需适量分散剂。

采用硫酸亚铁-草酸置换法制备电池级草酸亚铁主要以硫酸亚铁和草酸为原料，采用液相沉淀法制备。合成草酸亚铁的化学反应式为：

$$FeSO_4 + H_2C_2O_4 + 2H_2O \longrightarrow FeC_2O_4 \cdot 2H_2O + H_2SO_4 \qquad (2.4)$$

草酸亚铁合成步骤：取一定量的硫酸亚铁溶解在一次水中，将分散剂加入到硫酸亚铁溶液中搅拌均匀。在搅拌条件下，将一定量的草酸固体以一定速度加入硫酸亚铁溶液中，加入完毕后，搅拌反应一段时间，再静置陈化一定时间后，过滤、洗涤、干燥，即得草酸亚铁产品（图 2.8）。乙二醇作为添加剂可以有效降低草酸亚铁产品粒径。

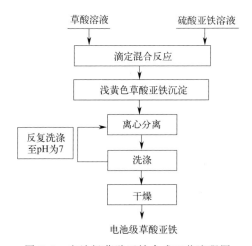

图 2.8　电池级草酸亚铁合成工艺流程图

草酸亚铁制备的优化工艺条件为：乙二醇添加量为 80％，陈化时间为 73min，反应温度为 27℃，硫酸亚铁质量分数为 9％。在这一条件下制备的草酸亚铁产品纯度为 99.80％，粒径为 $1.523\mu m$，优于目前工业生产中的产品纯度和粒径。

（3）草酸亚铁产品指标

电池级特殊要求：需符合《锂离子电池用炭复合磷酸铁锂正极材料》（GB/T 30835—2014）标准，重点控制重金属杂质和粒径分布，确保磷酸铁锂正极材料的电化学性能。电池级草酸亚铁的产品指标见表 2.5。

表 2.5　电池级草酸亚铁产品指标

序号	指标类别	检测项目	检测方法
1	物理指标	粒度（D_{50}）/mm	激光粒度仪
		振实密度/（g/cm^3）	振实密度仪
		外观	目视检查
2	化学纯度	主含量（$FeC_2O_4 \cdot 2H_2O$）/％	高锰酸钾滴定
		硫化合物（以 SO_4^{2-} 计）/％	重量法或离子色谱法
		氯化物/％	硝酸银滴定法
3	杂质控制	重金属（Pb、Cd、Cr 等）/ppm	ICP
		钠＋钾/％	ICP
		锰＋镁/ppm	ICP
		磁性物质（Fe^{3+}）/％	磁性物质测试仪
		水分/％	卡式水分测试
		残留碳均匀性	SEM

（4）草酸亚铁在磷酸铁锂中的作用

草酸亚铁在制备磷酸铁锂的过程中充当了铁源和碳源，在投配料工序被加入，通过球磨混合均匀后在高温烧结段与锂源和磷源进行高温固相反应生成磷酸铁锂，草酸根碳化分解后，一部分可以作为分散剂和导电剂分散在 $LiFePO_4$ 内部，剩余的碳可以留在外表面形成碳包覆，一定程度上提高了磷酸铁锂电池的性能。另外，草酸亚铁的颗粒形貌（如片状、管状）直接影响磷酸铁锂的微观结构。纳米级草酸亚铁可制备出高振实密度、均匀分布的 $LiFePO_4$ 颗粒。高纯度草酸亚铁可减少 $LiFePO_4$ 中的晶格缺陷，延长电池循环寿命。草酸亚铁在磷酸铁锂中的作用不仅限于原料供给，其理化特性与工艺参数的协同优化是提升电池能量密度、安全性和经济性的核心。未来随着新能源汽车和储能需求的增长，草酸亚铁的高纯化、纳米化技术将成为行业竞争的重点。

2.2.3 碳酸锂

（1）碳酸锂概述

碳酸锂（lithium carbonate）为一般无机化合物，化学式为 Li_2CO_3，无色单斜晶系结晶体或白色粉末，密度 $2.11g/cm^3$，熔点 $618℃$（$1.013×10^5Pa$），分子量为 73.89，溶于稀酸，微溶于水，水溶液呈碱性，在冷水中溶解度较热水中大，不溶于醇及丙酮，在真空中加热至 $600℃$ 不分解，于 $1310℃$ 分解成二氧化碳（CO_2）和氧化锂（Li_2O），可用于制陶瓷、药物、催化剂等，是常用的锂离子电池原料。

生产碳酸锂的主要原料是盐湖卤水、锂辉石，而世界范围内锂资源分布不均匀，规模化生产碳酸锂的企业必须拥有锂资源储量较为丰富的盐湖或者矿石资源开采权，这使得该行业具备较高的资源壁垒。盐湖提锂成本较低，但由于全球盐湖绝大多数资源都是高镁低锂型，而从高镁低锂老卤中提纯分离碳酸锂的工艺技术难度很大，之前这些技术仅掌握在少数国外公司手中，使得碳酸锂行业又具备了技术壁垒。因此，造就了碳酸锂行业的全球寡头垄断格局。

目前全球碳酸锂市场集中度非常高。在我国的几个大型项目投产前，全球主要产能集中在 SQM、FMC 和 Chemetall 三家手中。资料显示，碳酸锂产品虽然存在一定的资源和技术壁垒，但我国具备可开采价值的盐湖不少，技术也面临突破。

碳酸锂是制备各种高端锂产品的重要源头，根据加工难度、工艺水平和技术含量等因素，可以分为基础锂产品和高端锂产品两类。基础锂产品包含工业级碳酸锂和工业级氢氧化锂。高端锂产品包含电池级氢氧化锂、电池级碳酸锂、高纯级碳酸锂和医药级碳酸锂。

（2）碳酸锂制备方法

碳酸锂是锂化合物中最重要的锂盐，是制备高纯锂化合物和锂合金的主要原料，在玻璃和陶瓷制造、医药、有色金属冶炼、锂电池电极材料等领域具有广阔的应用前景。目前，生产碳酸锂的原料主要有锂辉石、锂云母、盐湖卤水、海水等，因生产原料不同，生产工艺也有所不同。图 2.9 为碳酸锂的制备技术路线图。

主要的碳酸锂制备技术路线概述如下。

① 矿石提锂-硫酸法。将熔融的锂辉石与硫酸反应，溶解出硫酸锂，经净化后再与碳酸钠反应制得。硫酸法生产碳酸锂收率较高，并可处理 Li_2O 含量仅 $1.0\%\sim1.5\%$ 的矿石。但是相当数量的硫酸和纯碱变成了价值较低的

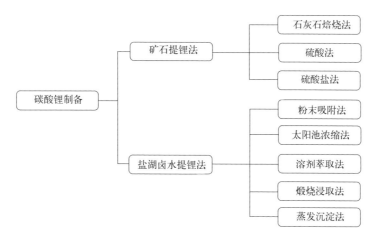

图 2.9　碳酸锂制备技术路线图

Na_2SO_4，应尽可能降低硫酸的用量。此方法最大优点是浸取烧结所得的溶液中含有 $110\sim150g/L$ 硫酸锂，经过浸取即可得到比较纯净的溶液，碳酸锂回收率高，可处理低锂矿石。缺点是成本高，有污染性，硫酸和碱用量大。硫酸法也可用来处理锂云母和磷铝石。其工艺流程如图 2.10 所示。

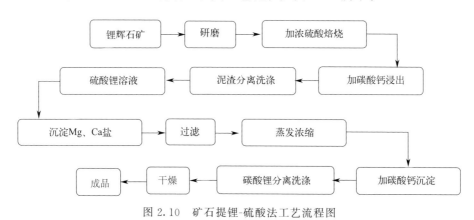

图 2.10　矿石提锂-硫酸法工艺流程图

②盐湖卤水提锂-蒸发沉淀法。在提取氯化钡后的含锂卤水料液中加入纯碱以除去料液内钙、镁离子，加入盐酸酸化，蒸发去除氯化钠，再经除铁工序，然后加入过量纯碱使碳酸锂沉淀，经水洗、离心分离、干燥，制得碳酸锂成品。盐湖卤水提锂-蒸发沉淀法工艺流程如图 2.11 所示。

③矿石提锂-石灰石焙烧法。锂辉石精矿（一般含氧化锂 6%）和石灰石按 1:(2.5\~3)质量比配料。混合磨细，在 $1150\sim1250\ ℃$ 下烧结生成铝酸锂和硅酸钙，经湿磨粉碎，用洗液浸出氢氧化锂，经沉降过滤，滤渣返回或洗涤

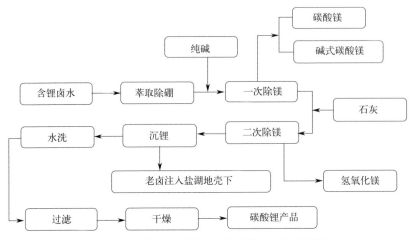

图 2.11　盐湖卤水提锂-蒸发沉淀法工艺流程图

除渣，浸出液经蒸发浓缩，然后加入碳酸钠生成碳酸锂，再经离心分离、干燥，制得碳酸锂成品。此方法的优点是具有普适性，不需要稀缺试剂。缺点是能耗大，回收率低，成本高，设备维护困难。矿石提锂-石灰石焙烧法提锂工艺如图 2.12 所示。

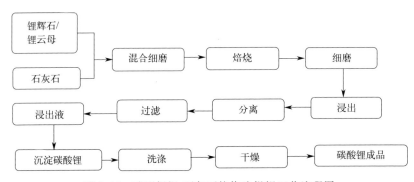

图 2.12　矿石提锂-石灰石焙烧法提锂工艺流程图

用氢氧化锂和二氧化碳为原料反应便可制得高纯度的碳酸锂，也可以用硫酸锂和碳酸钠为反应物制取。但碳酸锂易溶于其他盐溶液，故产率不太高，一般为 75% 左右，而且产物中还会含有少量的硫酸锂。

以工业氢氧化锂为原料，加热水将其溶解后，滤去不溶物，趁热向滤液中通入干净二氧化碳气体至不再生成沉淀为止，趁热过滤，甩干，用热蒸馏水洗涤至合格，于 110℃ 烘干即可得到工业级碳酸锂。将工业碳酸锂溶于冷水中，过滤后，滤液煮沸，停止加热，趁热过滤，热水洗涤、甩干、干燥，能制得电池级和试剂级纯度的碳酸锂。

碳酸锂通常作为合成磷酸铁锂的锂源。在投配料过程中加入，进行研磨，然后在辊道窑中高温烧结，与磷酸铁合成生产磷酸铁锂。

(3) 碳酸锂产品指标

碳酸锂执行的标准一般为国标《卤水碳酸锂》(GB/T 23853—2022)，磷酸铁锂行业一般使用电池级碳酸锂和高纯级碳酸锂。对于材料要求不高的场合，厂家一般使用电池级碳酸锂，其纯度一般大于 99.5%，对其中的杂质元素有特殊的要求。主要的性能指标见表 2.6。

表 2.6　电池级碳酸锂性能指标

序号	检测项目	检验标准
1	粒径(D_{50})/mm	≤8
2	含量/%	≥99.5
3	水分/%	≤0.4
4	SO_4^{2-}/($\mu g/g$)	≤800
5	Cl/($\mu g/g$)	≤50
6	Na/($\mu g/g$)	≤250
7	K/($\mu g/g$)	≤10
8	Ca/($\mu g/g$)	≤50
9	Mn/($\mu g/g$)	≤50
10	Ni/($\mu g/g$)	≤30
11	Cu/($\mu g/g$)	≤10
12	Pb/($\mu g/g$)	≤10
13	Zn/($\mu g/g$)	≤10
14	Cr/($\mu g/g$)	≤20
15	Mg/($\mu g/g$)	≤80
16	Fe/($\mu g/g$)	≤10
17	Al/($\mu g/g$)	≤50
18	Si/($\mu g/g$)	≤50
19	磁性物质/($\mu g/g$)	≤1

2.2.4　葡萄糖

(1) 葡萄糖概述

葡萄糖 (glucose) 具有结构和成分稳定、杂质含量少、碳氢含量适中、裂解碳成分稳定、成本低等优点，是磷酸铁锂行业最常用的碳源。葡萄糖的化学分子式为 $C_6H_{12}O_6$，分子量为 180.16，相对密度为 1.54，化学名称为 2,3,4,5,6-五羟基己醛，是自然界分布最广泛的单糖。葡萄糖含五个羟基，一个醛基，具有多元醇和醛的性质。结构简式为 CH₂OH-CHOH-CHOH-CHOH-

CHOH-CHO，与果糖[$CH_2OH(CHOH)_3COCH_2OH$]互为同分异构体。

葡萄糖为无色结晶或白色结晶，呈颗粒性粉末，无臭，味甜，有吸湿性，易溶于水，在碱性条件下加热易分解。在常温条件下，可以 β-D-葡萄糖的水合物（含1个水分子）形式从过饱和的水溶液中析出晶体，熔点为80℃；而在50～115℃析出的晶体则为无水 α-D-葡萄糖，熔点为146℃。

（2）葡萄糖在磷酸铁锂中的作用

葡萄糖常用作磷酸铁锂的碳源，在投配料工序被加入，通过球磨混合均匀后，在高温烧结段发生固相反应，其在惰性气氛中可以分解进行碳包覆，且不会引入杂质，一定程度上提高了磷酸铁锂电池的性能。葡萄糖炭化反应相关方程式如下：

$$C_6H_{12}O_6 \cdot H_2O \longrightarrow 6C + 7H_2O \uparrow [750℃（氮气氛围）] \qquad (2.5)$$

碳可以作为还原剂，可以将磷酸铁中的 Fe^{3+} 还原成磷酸铁锂中的 Fe^{2+}。剩余的碳可以作为分散剂和导电剂。一方面防止 $LiFePO_4$ 颗粒的团聚，有利于得到颗粒较小的产物；另一方面，碳本身具有良好的导电性，可以减小 $LiFePO_4$ 的接触电阻和体相电阻，提高材料的大电流流动力学性能。

（3）葡萄糖产品指标

磷酸铁锂行业常用的碳源为无水葡萄糖或一水葡萄糖，性能见表2.7。

表 2.7　无水葡萄糖和一水葡萄糖性能

项目	指标			
	一水葡萄糖		无水葡萄糖	
	优级品	一级品	优级品	一级品
葡萄糖含量(以干基计,质量分数)/%≥	99.5	99.0	99.5	99.0
比旋光度/(°)	52.0～53.5			
水分/%	≤10.0		≤2.0	
pH	4.0～6.5			
氯化物/%	≤0.01			
硫酸灰分/%	≤0.25			

2.2.5　添加剂

添加剂是指为改善和优化磷酸铁锂材料性能而添加的无机或有机物质，包括表面改性剂、稳定剂、结构剂等。其中，表面改性剂可以提高正极材料的结晶度和纯度，增加材料的理论比容量和比能量；稳定剂则可以提高材料的循环寿命和抗极化性能；结构剂则可以改善正极材料的晶体结构和电子传导性能，提高材料的电化学性能。

在磷酸铁锂材料的生产过程中，常见的添加剂有聚乙二醇、二氧化钛等。

（1）聚乙二醇

聚乙二醇（polyethylene glycol，PEG）是指环氧乙烷的寡聚物或聚合物。根据聚合度的不同分成很多型号，如 PEG800、PEG2000、PEG5000、PEG6000 等，产品也随聚合度的增加从液态变为固态。PEG 系列产品无毒、无刺激性，味微苦，具有良好的水溶性，并与许多有机物组分有良好的相溶性。它们具有优良的润滑性、保湿性、分散性、黏结性、抗静电性及柔软性等，在化妆品、制药、化纤、橡胶、塑料、造纸、涂料、电镀、农药、金属加工及食品加工等行业中有着极为广泛的应用。

聚乙二醇在磷酸铁锂材料制备中的作用。PEG 是一种非离子型表面活性剂，分子链在溶液中呈蛇形。它的水溶性、稳定性极好，不易受酸、碱影响。合成磷酸铁锂时加入 PEG 能阻止前驱体中颗粒的团聚。PEG 分子中大量的氧原子可以和胶体粒子表面的自由羟基通过氢键结合，对胶体粒子表面进行包覆，阻碍粒子的团聚。经过焙烧后 PEG 被逐步除去，留下了细孔，使比表面积增大，颗粒分散，孔分布均匀。添加聚乙二醇制备的磷酸铁锂材料具有更小的粒径、更大的比表面积及较好的充放电倍率性能。

（2）二氧化钛

二氧化钛是一种白色固体或粉末状的两性氧化物。二氧化钛具有无毒、最佳的不透明性、最佳白度和光亮度等特征，其黏附力强，不易起化学变化，熔点很高，也有较好的紫外线掩蔽作用。二氧化钛是一种很优异的锂电池添加剂材料，具有掺杂效果显著、毒性小、稳定性好的优点，有助于提升比容量和循环稳定性，无副反应，环保性好，被广泛应用于磷酸铁锂、锰酸锂、钴酸锂等正负极材料的制备中。

二氧化钛在磷酸铁锂材料制备中的作用。二氧化钛是在烧结前加入的一种添加剂。一般以纳米二氧化钛的形式加入，或者以钛酸四丁酯的形式加入。在高温烧结时分解成细粒度的二氧化钛。二氧化钛的加入量一般为磷酸铁锂成品的 0.1%～0.3%（质量分数）。掺入二氧化钛的作用如下。

① 掺杂纳米二氧化钛后，材料的膜阻抗和电荷传递阻抗都比未掺杂的 $LiFePO_4$ 要小很多，可以降低 $LiFePO_4$ 在充放电循环过程中的电化学阻抗，有利于提高材料的电化学性能。

② 磷酸铁锂表面包覆纳米二氧化钛，使 $LiFePO_4$ 的低温性能有所提升。

③ 在磷酸铁锂材料制备时的烧结过程中，氧化铁在高温还原性气氛下存在被还原成单质铁的可能性。在 $LiFePO_4$ 里掺杂纳米二氧化钛之后，在充放电过程中 $LiFePO_4$ 与纳米二氧化钛接触的界面结构将会发生重排，从而减少氧缺陷的形成，相应的提高材料的结构稳定性。

④ 纯 $LiFePO_4$ 正极材料的室温电导率低，Li^+ 扩散系数小，难以实用化。掺杂或包覆纳米二氧化钛，减小了颗粒尺寸，改变了形貌，可较大程度地缩短 Li^+ 的扩散路径，提高 Li^+ 的扩散速度。

2.3 基于磷酸铁的固相法合成工艺

磷酸铁固相法是目前工业上制备磷酸铁锂的主流工艺。本节将磷酸铁固相法制备磷酸铁锂的工艺过程进行详细介绍。

2.3.1 主要原辅料及能耗

以磷酸铁法合成磷酸铁锂为例，制造烧结过程中，主要的原材料消耗是磷酸铁、碳酸锂和碳源、添加剂；耗品主要是石墨匣钵、氮气、天然气、电力、包装吨袋、喷雾干燥机滤袋等。产品的测算包括原料成本（BOM）、能耗（水电暖气等）、设备折旧费用、研发费用、测试费用、包装和运输成本等。以上成本依赖于生产规模。一般年生产量达到 10 万吨以上才能具有经济规模，可以承担一些较高的成本，例如研发费等。从 2023 年开始，一些小型的磷酸铁锂工厂由于规模效益不够，陷入亏损状态。需要进一步扩大产量，并通过进一步的技术研发和原料更替降低成本。

以年产万吨级生产线的规模进行测算，每吨磷酸铁锂材料成品消耗的原辅料和能耗见表 2.8。

表 2.8 磷酸铁固相法主要原辅料及能耗

序号	名称	单位	吨耗	备注
主要原辅料				
1	碳酸锂	t	0.25	吨袋
2	磷酸铁	t	0.97	吨袋
3	葡萄糖	t	0.098	50kg/袋
4	PEG	t	0.02	25kg/袋
5	纳米二氧化钛	t	0.0051	25kg/袋

续表

序号	名称	单位	吨耗	备注
燃料及动力				
6	天然气	m^3	277	市政供气
7	纯水	m^3	2	市政供水
8	自来水	m^3	3.5	市政供水
9	电	kWh	4000	市政供电
10	氮气	m^3	0.2	纯度 99.999%
11	压缩空气	m^3	0.2	0.8MPa
其他				
12	润滑油	t/a	1.75	175kg/桶
13	机油	t/a	1.75	75kg/桶
14	液压油	t/a	1.75	75kg/桶
15	匣钵	个	750	石墨匣钵 350mm×350mm×250mm
16	包装材料	个	2	吨包(内衬铝塑膜)

2.3.2　主要原辅料标准

采用磷酸铁固相法磷酸铁锂主要原辅料碳酸锂、磷酸铁产品指标见表 2.9 和表 2.10，葡萄糖产品指标见表 2.7。

表 2.9　碳酸锂产品指标

成分	工业级含量/%	电池级含量/%
Li_2CO_3	≥99.5	≥99.9
Ca	≤0.015	≤0.01
K	≤0.0005	≤0
Na	≤0.04	≤0.004
Mg	≤0.01	≤0.0005
Co	≤0.0002	≤0.0001
F	≤0.001	≤0.0005
SO_4	≤0.08	≤0.005
Cr	≤0.0002	≤0.0001
Zn	≤0.0002	≤0.0001
Pb	≤0.0002	≤0.0001
Al	≤0.001	≤0.0005
Fe_2O_3	≤0.01	≤0.002

表 2.10　磷酸铁产品指标

项目	指标	
	Ⅰ型	Ⅱ型
外观	白色、近白色、米黄色粉末	白色、近白色、近粉白色粉末
铁(Fe)/%	35.7～36.7	28.5～30.0
磷(P)/%	20.0～21.1	16.2～17.2
铁磷比(Fe：P)	0.96～1.0	0.96～1.02
钙(Ca)/%	≤0.01	0.005
镁(Mg)/%	≤0.06	0.005
钠(Na)/%	≤0.02	0.01
钾(K)/%	≤0.02	0.01
铜(Cu)/%	≤0.003	0.005
锌(Zn)%	≤0.015	0.005
锰(Mn)%	≤0.1	0.02
铝(Al)/%	≤0.05	0.03
钛(Ti)/%	≤0.18	0.15
钴(Co)/%	—	0.005
铅(Pb)/%	—	0.01
铬(Cr)/%	—	0.005
硫(S)/%	≤0.03	0.03
磁性物质/%	≤0.001	0.001
水分/%	≤0.5	19.0～21.0
振实密度/(g/cm^3)	≥0.6	0.6
粒度(D_{50})/μm	1～9	1～6
比表面积/(m^2/g)	3～16	7～10

2.3.3　设备清单

以磷酸铁固相法生产磷酸铁锂工艺计算，年产 10 万吨磷酸铁锂所需的生产设备清单见表 2.11。

表 2.11　年产 10 万吨磷酸铁锂生产设备清单

工序	序号	设备名称	数量/(台/套)
投料预混研磨工序	1	投配料提升机	8
	2	投配料除尘器	4
	3	投配料投料站	8
	4	投配料螺旋输送机	24

续表

工序	序号	设备名称	数量/(台/套)
投料预混研磨工序	5	投配料水泵	8
	6	预混砂磨/预混均质罐	16
	7	预混砂磨均质泵	8
	8	预混砂磨粗/精磨罐	40
	9	预混砂磨机	32
	10	预混砂磨电动隔膜泵	32
	11	预混砂磨喷雾罐	8
	12	预混砂磨电磁除铁器	8
	13	除铁罐	16
	14	成品罐	8
喷雾干燥工序	15	喷雾干燥引风机	4
	16	喷雾干燥星形出料阀	8
	17	喷雾干燥雾化器冷却风机	4
	18	喷雾干燥雾化器油冷却系统	4
	19	喷雾干燥雾化盘主电机	4
	20	喷雾干燥螺杆泵	8
	21	喷雾干燥送风机	4
	22	喷雾干燥控制柜	4
	23	喷雾段旋转阀	8
	24	喷雾段负压动力机组	8
	25	喷雾段暂存仓	16
烧结窑炉工序	26	窑炉段真空上料器	16
	27	窑炉段暂存仓	16
	28	窑炉段接收仓	16
	29	辊道炉	24
	30	焚烧炉	12
	31	循环线	16
后处理工序	32	粉碎段暂存仓	16
	33	粉碎段直排筛	16
	34	粉碎段旋转式永磁除铁器	16
	35	粉碎段发送罐	8
	36	粉碎段气流磨	8

工序	序号	设备名称	数量/(台/套)
后处理工序	37	包装段接收仓	8
	38	包装段螺带混合机	8
	39	包装段旋转阀	32
	40	包装段暂存仓	8
	41	包装段超声波振动筛	32
	42	包装段电磁除铁器	32
	43	包装段暂存仓	8
	44	包装段吨袋包装机	8
公辅装置	45	冷却水循环系统	1 套
	46	空分装置	1 套
	47	空压机组	1 套
	48	纯水机组	1 套
检测	49	电子天平	20
	50	粉末松装密度测试仪	2
	51	自动电位滴定仪	2
	52	CA-200 卡尔费休水分仪	2
	53	BT-9300Z 型激光粒度分布仪	3
	54	JW-BK400 比表面分析仪	4
	55	BT301 振实密度测试仪	2
	56	HCS-801 型红外碳硫分析仪	2
	57	电子抗压试验机	2
	58	鼓风干燥机	8
	59	半导体粉末电阻率测试仪	2
	60	X-射线衍射仪	2
	61	蓝电测试系统	40
	62	高精度电池极片辊压机	2
	63	顶置式数显定时搅拌机	40
	64	测高仪	2
	65	泡沫镍冲切机(泡沫镍、隔膜、极片类)	8
	66	压力可控电动扣式电池封口机	3
	67	恒温恒湿实验箱	2
	68	超声波清洗机	4

工序	序号	设备名称	数量/(台/套)
检测	69	数显式电加热板	6
	70	马弗炉	2
	71	电热恒温水浴锅	2
	72	滚辊式球磨机	2
环保设备	73	袋式除尘器(用于工艺废气)	12
	74	袋式除尘器(用于喷雾烘干废气)	8
	75	油烟净化器	1
	76	污水处理站	1
	77	隔油池	1

2.3.4　生产工艺流程

磷酸铁锂制备的工艺原理是：以磷酸铁、碳酸锂、葡萄糖为主要原料，采用一步反应法生成 $LiFePO_4/C$ 复合材料；其中葡萄糖作为还原剂和碳源，对磷酸铁中的三价铁进行碳热还原，并对生成的纳米磷酸铁锂进行碳包覆，形成 $LiFePO_4/C$ 复合材料。

生产工艺由投配料、研磨、喷雾干燥、高温烧结、粉碎分级及包装几个工序组成。

主要反应方程为：

$$4FePO_4 + 2Li_2CO_3 + C_6H_{12}O_6 \longrightarrow 4LiFePO_4 + 5C + 3CO_2 + 6H_2O \quad (2.6)$$

主要原料为磷酸铁、碳酸锂和葡萄糖，通过高位拆包、料仓暂存，经自动称量系统，按一定比例投入到配料釜中，与一定配比的纯水进行分散混合均匀后，经砂磨机，粗、细砂磨达到一定细度，浆料经过除铁后，再进入喷雾干燥系统。固体物料送入辊道窑在 $700 \sim 750 \, ^\circ C$ 温度下高温烧结。烧结后的固体物料经气流输送至气流粉碎装置，粉碎至 D_{50} 达到 $1 \sim 2 \mu m$ 后再进行筛分，出来后即为正式成品，再进行包装、密封、标志和储运。整个产品的生产工艺流程图如图 2.13 所示。

整个生产过程的工艺流程包括以下内容。

(1) 原料检验

将检测入库后的磷酸铁、碳酸锂、葡萄糖、添加剂（导电剂）等暂存在原料库。磷酸铁、碳酸锂等原料，原则上应放置在通风、干燥的密封库房中进行

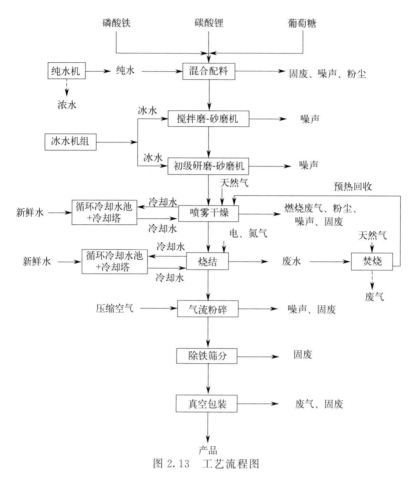

图 2.13　工艺流程图

存储，并采用吨包装方式密封。如有分次取用的物料，每次取料后要重新严格密封。仓库一般要严格注意，不得有漏水、漏雨、存水等隐患，要严格注意仓库存放温湿度等管控要求。

取料过程中，需要严格根据工艺单投料计划，按照先进先出原则按需领用物料。清点后用叉车转运到磷酸铁锂生产车间投料站。

使用纯水前，需要注意检查纯水的电导率或者电阻率要在工艺要求范围内。所用的氮气机也要检查储存和发生的氮气纯度。

表 2.12 为生产磷酸铁锂主要原辅料标准。

表 2.12　生产磷酸铁锂主要原辅料标准

产品	特性值	特性与公差
锂源 Li 含量	▽	≥99.5%
锂源水含量	▽	≤0.2%

续表

产品	特性值	特性与公差
锂源 D_{50}	▽	$3.0\sim8.0\mu m$
锂源杂质含量	▽	Na≤250μg/g、K≤10μg/g、Ni≤10μg/g
锂源磁性杂质含量	▼	≤1.0μg/g
铁源 Fe 含量		35.7%～36.7%
铁源 P 含量		20.4%～20.8%
铁源杂质含量	▽	Na≤40μg/g、K≤40μg/g、Ni≤30μg/g
铁源磁性杂质含量	▼	≤1.0μg/g
碳源 C 含量		≥99.5%
碳源水分		≤10%
碳源杂质含量	▽	Na≤25μg/g、K≤5μg/g、Ni≤5μg/g
碳源磁性杂质含量	▼	≤0.5μg/g
存储环境		防尘，防潮，温度 5～40℃，湿度≤95%RH
		领料单与生产计划需求一致，领用准确
		原材料按照先进先出的原则出库
超纯水 pH 值		5.5～8
超纯水电导率		≤1μS/cm

（2）投配料工序

磷酸铁、碳酸锂和葡萄糖等原料通过提升机（或高架库）运输到投料平台，通过行车或电动葫芦起吊至开袋站上方，通过吨袋拆包站料仓设备内部刀具将吨包下方割破，物料下漏至料仓。小袋装粉体物料（如葡萄糖），则可以人工通过小袋投料口投入高位储料仓。储料仓中的干粉物料通过重力进入称重料仓。

根据工艺配方需求，一般 1t 磷酸铁锂单耗磷酸铁 0.96t、电池级碳酸锂 0.23t、无水葡萄糖 0.09t。各粉料按配方比例分别称取所需的量进入配料罐，葡萄糖和导电剂可直接加入配料罐内。通过计量螺杆均匀进入预混罐。纯水通过称重计量（或质量流量计）按配比加入到预混罐。开启搅拌，搅拌混合为含水量约 52% 的膏状物料，通过泵送入均质罐。

磷酸铁、碳酸锂等物料在料仓下料过程中会产生一定的粉尘。在投料时，抽风口开启，将料口产生的扬尘通过布袋收集。收集后的粉尘返回配料工序，经净化的废气在车间沉降。投料工艺流程如图 2.14 所示。

投配料工序注意各种物料称量计量的精准度要求。吨级配方中，磷酸铁按照偏差 ±0.5kg，碳酸锂、葡萄糖按照偏差 ±0.05kg，添加剂按照偏差 ±0.01kg 要求。投料前要对各计量模块进行校验。另外要注意投料顺序，依次投入锂源、碳源、铁源、添加剂。

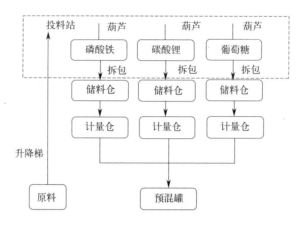

图 2.14　投料工艺流程图

（3）均质研磨

浆料在均质罐搅拌混合，固液两相分散均匀，同时经过均质泵外循环均质，使物料分散均匀。在预混系统按照配比加入纯水进行充分均匀的混合，提高粉体的分散作用和均匀性，后送入粗磨系统。

粗磨采用粗磨机-粗磨罐循环研磨，均质罐的物料混合均匀后，料浆进入粗磨罐，2 个粗磨罐可单罐循环或双罐倒罐操作。在粗磨罐与砂磨机进行循环研磨的同时，另外一个粗磨罐可接收从配料罐的来料。粗磨一般采用 1mm 左右的氧化锆球，把一些团聚体打散，防止后续的细研磨过程中物料堵塞分离筛网。粗磨粒径 D_{50} 为 $0.7\sim1.2\mu m$。物料粗研磨的时间约 $3\sim4h$。物料经粗研磨后，固体颗粒粒径约数微米。粗研磨后料浆从粗磨罐泵送至精研磨系统的细磨罐。

细磨采用细磨机-细磨罐循环，组成一个交替循环研磨系统，砂磨机可并联运行，对物料进行进一步的细化，以分离出符合标准的粒径。细磨设备所有的锆球一般直径为 $0.3\sim0.4mm$，可以实现物料体系 D_{50} 粒径达到 $0.1\sim0.3\mu m$。料浆细研磨的时间一般为 $3\sim6h$。细研磨后，物料的黏度应该有显著上升。

细研磨完成后，料浆进入后续除铁工序。浆料经除铁罐循环进入永磁除铁器或者电磁除铁器。在高通量磁场下，浆料内部裹挟的一些磁性物质会被磁铁吸引并去除。通过电磁除铁后的浆料再泵送至喷雾周转罐，后进入喷雾干燥工序。

研磨工序关键工艺参数见表 2.13。

表 2.13　研磨工序关键工艺参数

设备	过程	特性值	公差
球磨机	加料过程转速		(10 ± 0.5)Hz
	高速球磨转速		(40 ± 1)Hz
	高速球磨搅拌时间 t_1		(1500 ± 60)s
	循环搅拌时间 t_2		(2100 ± 180)s
球磨加水系统	二次加水量		$(X_6\pm0.5)$kg
球磨机	二次加水循环搅拌时间 t_3		(900 ± 60)s
	出料计时 t_4		(750 ± 200)s
永磁磁选	磁棒 GS 值	▼	$\geqslant8000$GS
	磁性物质收集	▼	每 8 批清洗磁选罐一次,排磁含量要求≤500mg
		▼	每 18 批清洗磁选罐排磁一次,每次排磁量≤100mg
球磨罐	搅拌棒及内衬陶瓷片厚度 h		>5mm
球磨锆珠	锆珠装入量		$(X_7\pm1)$kg/罐
	锆珠直径		$(\varphi X_8{}^{+0.5}_{-1.5})$mm
砂磨机组	主机转速		$(X_9\pm30)$r/min
	主机电流		(85 ± 20)A
	隔膜泵进气压力		(0.35 ± 0.05)MPa
	料仓压力		$\leqslant0.3$MPa
	密封液压力		(0.35 ± 0.05)MPa
	密封液液位		$\geqslant60\%$
	料温		$\leqslant50℃$
激光粒度仪	粒径	▽	(出料前)D_{50}:$(X_{10}\pm0.015)\mu m$
pH 计	pH 值		(出料前):8.7 ± 0.75
振实密度仪	密度 ρ		(出料前):$(X_{11}\pm0.5)$g/mL
除磁器	磁棒 GS 值	▼	$\geqslant8000$GS
	磁性物质收集	▼	每 12 批排磁一次,排磁量≤50mg
砂磨锆珠	锆珠直径		$(\varphi X_{12}{}^{+0.05}_{-0.1})$mm
	锆珠加入量		$(X_{13}\pm5)$kg
浆料中转罐	浆料缓存时间		$\leqslant4$h
浆料除铁机组	除铁电流	▼	(45 ± 5)A
	除铁电压		(170 ± 10)V
	除铁器油温		$\leqslant50℃$

设备	过程	特性值	公差
浆料除铁机组	隔膜泵压力		(0.4±0.05)MPa
	单级除铁循环次数		3次
除磁系统	磁棒 GS 值	▼	≥8000GS
	磁性物质收集	▼	每周清洗两次除铁器与磁选,要求排磁量≤200mg
浆料收集罐	浆料缓存时间		≤4h

注:X 为工艺特征参数值。

(4) 喷雾干燥

研磨完成后的料液通过泵送入喷雾干燥机,经塔体顶部的高速离心雾化器,喷雾成极细微的雾状液珠,与 250～300℃ 热空气并流接触,在极短的时间可干燥为半成品(喷雾料)。喷雾干燥机一般采用天然气为热源。热空气通过空气过滤器后,在干燥机内加热,进入设备干燥器顶部空气分配器。热空气呈螺旋状均匀地进入干燥室,使其温度达到预定温度。半成品物料由旋风收尘器收集,废气由引风机引至布袋除尘器除尘。布袋除尘器收集的粉尘可以回用。净化的废气(主要是水蒸气)通过 25m 高排气筒排放。除尘器布袋孔径<0.1μm,废气进出口温度约为 100℃,水汽不凝结为水珠,对布袋除尘器无影响。喷雾干燥机工作过程会产生噪声,需要注意降噪。喷雾干燥流程示意图如图 2.15 所示。

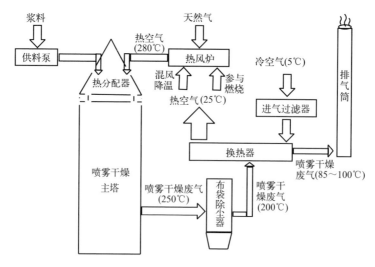

图 2.15 喷雾干燥流程示意图

干燥粉末通过设置在除尘器底部的旋转阀源源不断卸出，收集。通过正压气流输送到辊道窑装钵机上方的料仓。

表 2.14 为一款喷雾干燥设备工序的关键工艺参数，仅供参考。

表 2.14　喷雾干燥设备工序的关键工艺参数

项目	过程	特性值	公差
GEA 喷雾干燥系统	干燥塔生产进风温度	280℃	110～300℃
	进风温度设备报警设定值		HH:290℃,H:280℃,L:100℃
	干燥塔生产排风温度		$(X_{14}\pm2)$℃
	出风温度设备报警设定值		HH:120℃,H:110℃,L:65℃
	雾化器电流		(40 ± 20)A
	雾化器电流设备报警设定值		102A
	雾化器转速		(14600 ± 100)r/min
	雾化器转速设备报警设定值		HH:18000r/min,H:17250r/min,L:8000r/min
	雾化器振幅		0～195μm
	雾化器振幅设备报警设定值		HH:500μm,H:250μm
	雾化器油温		≤80℃
	雾化器油温设备报警设定值		HH:95℃,H:85℃
	塔内压力		(-1 ± 0.5)mbar
	塔内压力设备报警设定值		HH:15mbar,H:-6mbar,L:-10mbar
	袋滤器压差设备报警设定值		HH:15mbar,H:14mbar
	反吹压力		(0.4 ± 0.05)MPa
	振打压力		(1 ± 0.5)bar
	供料泵压力		≤3.5bar
	供料泵压力设备报警设定值		HH:3.50bar,H:3.20bar,L:0.00bar
	供料泵电机电流报警设定值		6.0A
	雾化器冷却风机		HH:65℃,H:50℃
	雾化轮冷却风机		HH:65℃,H:50℃
	进风机电流		H:68A
	排风机电流		H:165A
粒径			≤$X_{15}\mu$m

续表

项目	过程	特性值	公差
水分			$\leqslant X_{16}\%$
含碳量			$(X_{17}\pm1.0)\%$
磁性除铁器	磁棒 GS 值	▼	$\geqslant 8000GS$
	清洗	▼	每班清洗一次磁选罐, 要求排磁量≤1mg

注：X 为工艺参数特征值。

（5）高温烧结

干燥后的喷雾料［含磷酸铁、碳酸锂和碳源（葡萄糖）的干燥混合料］在接收仓内，经重力输送至给料机，通过封闭的装钵机将物料盛装在石墨匣钵内，经加盖封闭、摇匀、打孔后，通过自动线送入已设定温度曲线（温度为 $700 \sim 850℃$）的辊道窑中进行烧结。产品在辊道窑烧结过程中，通入高纯氮气作为保护气。氮气保护下反应 $16 \sim 24h$ 生成磷酸铁锂。反应炉体一般采用电加热升温和保温方式。

烧结是合成磷酸铁锂材料的核心工序。烧结一般采用氮气保护。高温合成磷酸铁锂产品时会放出二氧化碳和水蒸气等气体。这些气体通过烟囱排放至室外。烧结温度设定为 $700 \sim 900℃$，氮气流量依据炉体大小，控制在 $80 \sim 200m^3/h$，保证窑内氧气含量小于 50ppm。

反应烧结过程包括两个步骤。第一步是 $FePO_4$ 和 Li_2CO_3 表面包裹的葡萄糖在高温无氧条件下被脱水炭化，反应最低温度为 $300℃$，反应时间为 $1 \sim 2h$。第二步是烧结，烧结温度一般为 $700 \sim 800℃$，反应时间为 $3 \sim 6h$，确保大部分葡萄糖可完成炭化，并使磷酸铁锂晶粒长大到合适尺寸。葡萄糖炭化形成的 C 先将 $FePO_4$ 还原为 Fe^{2+}，再与 Li_2CO_3 反应生成 $LiFePO_4$ 和 CO_2。反应过程中会产生一些 H_2、N_2、CO、挥发性有机废气及小分子有机物，经过窑炉自带的废气处理装置（燃烧炉）在 $700℃$ 左右进行燃烧处理，将 CO 和小分子有机物再次燃烧生成 CO_2，所以烧成过程产生的废气主要为 CO_2 和 N_2，经排气筒排放。

在烧结阶段，因为要把三价铁还原成二价铁，所以将制氮机制备的高纯氮气通入烧结炉，制造惰性的氮气气氛来进行保护，在高温下合成 $LiFePO_4$ 产品。具体化学反应如下。

主要反应机理为：

a. 碳酸锂分解放出二氧化碳：

$$Li_2CO_3 \longrightarrow Li_2O + CO_2 \tag{2.7}$$

b. 葡萄糖在惰性气氛下分解为碳和水：

$$C_6H_{12}O_6 \longrightarrow 6C + 6H_2O \qquad (2.8)$$

c. 磷酸铁和氧化锂在碳还原下合成磷酸铁锂：

$$2FePO_4 + Li_2O + 6C \longrightarrow 2LiFePO_4 + 5C + CO \qquad (2.9)$$

d. 总反应式为：

$$2FePO_4 + Li_2CO_3 + C_6H_{12}O_6 \longrightarrow 2LiFePO_4 + 5C + CO_2\uparrow + CO\uparrow + 6H_2O \qquad (2.10)$$

e. 烧结过程还会发生葡萄糖分解的副反应，反应方程式如下：

$$C_6H_{12}O_6 \longrightarrow 6C + 6H_2O$$
$$C + CO_2 \longrightarrow 2CO \qquad (2.11)$$

烧结成的物料需要经过窑炉冷却区进行降温（室温）。辊道窑烧结后段采用水循环水夹套进行冷却。循环水采用风冷式的玻璃钢冷却塔冷却后循环使用。烧结成的物料经过窑炉冷却段冷却后，盛装物料的匣钵在辊道窑尾经翻钵机翻倒至气力输送料仓，将物料正压输送至粉碎工序料仓。值得注意的是，磷酸铁锂在高温情况下会氧化，一般需要将温度降低到 $60 \sim 80^\circ C$ 才能出料，接触外界含有氧气的空气。特别是，由于烧结粉体是细粉状的，内部保温较好，有可能外层已经降温，内部温度还很高。因此烧结后的磷酸铁锂物料一定要进行充分、彻底的冷却。

高温烧结工序是合成工序中最关键的一步，要严格管控关键工艺参数。各家窑炉设备参数不一样，仅供参考。炉窑烧结工序需要控制的关键参数见表 2.15。

表 2.15　窑炉烧结工序关键工艺参数

设备	过程	特性值	公差
烧结炉系统	炉温曲线	▽	参照炉温曲线
	排烟机出风温度		$< 250^\circ C$
	冷却进水温度		$\leqslant 15^\circ C$
	冷却出水温度		$\leqslant 35^\circ C$
	冷却水压		$(0.25 \pm 0.15)MPa$
	N_2 进气总压力		$(250 \pm 20)kPa$
	烧成周期		$(X_{18} \pm 0.2)h$
	升温速率设定值		$30^\circ C/h$
	排烟风机开度		排气 $1:(8 \pm 2)$

设备	过程	特性值	公差
烧结炉系统	炉各段打入氮气流量		入口置换室、炉入口:$(20\pm1)m^3/h$
			$1\sim5$ 区:$(7\pm1)m^3/h$
			$6\sim19$ 区:$(5\pm1)m^3/h$
			$20\sim21$ 区:$(7\pm1)m^3/h$
			出口置换室、炉出口、驱动侧:$(15\pm1)m^3/h$
	N_2 总流量		$(200\pm30)m^3/h$
	炉压		$(60+20/-5)Pa$
	炉内 O_2 含量	▽	①空炉$\leqslant30\mu L/L$;②满炉$\leqslant1\mu L/L$
	热电偶校准		$\pm0.75\%t$
	保温区温度	▽	$(X_{19}\pm2)℃$
	保温时间	▽	$(X_{20}\pm0.1)h$
	颜色		①金黄色;②无异物
	装钵机电子秤校准		$d=0.01kg$
	每匣钵装料量		$(X_{21}\pm0.5)kg$
	颜色		松散灰黑色;表面无白色、氧化红色;无异物
	出炉料回收		匣钵内无残留物料
	60kg 电子秤校准		$D=0.02kg$

注:X 为工艺参数特征值。

(6) 粉碎工序

磷酸铁锂烧结完成后需要进行进一步粉碎,以达到工艺要求的颗粒细度。要求磷酸铁锂材料颗粒粒度集中,呈正态分布,细粉和大颗粒都要尽量少。一般典型的磷酸铁锂材料粒度要求是:$D_{10}\leqslant0.5\mu m$,D_{50} 在 $0.8\sim1.2\mu m$,$D_{90}\leqslant8\mu m$。

烧成后的磷酸铁锂采用密闭管道气力输送的方式将磷酸铁锂输送至气流粉碎机进行粉碎。磷酸铁锂由进料斗进入粉碎腔内,压缩空气通过喷嘴高速喷射入粉碎腔,在多股高压气流的交汇点处,磷酸铁锂被反复碰撞、摩擦、剪切而粉碎。粉碎后的物料在风机抽力作用下随上升气流运动至分级区,在高速旋转的分级涡轮产生的强大离心力作用下,使粗细物料分离。粗颗粒下降至粉碎区继续粉碎,符合粒度要求的细颗粒通过分级轮进入布袋除尘器,收集为符合粒径要求的磷酸铁锂。

粉碎后的物料粒径分布、理化性能、电性能参数达到产品的质量要求。气流粉碎机均配套设置了布袋除尘器,气流磨产生的废气(颗粒物)经除尘后通过排气筒排放。

目前各个公司使用的大部分是闭式气流粉碎机。气流采用经过深冷干燥的氮气作为介质，可以保证材料在粉碎过程中不吸水，保证水分达标。排出的氮气气氛经过收集、过滤、干燥和压缩后可以继续重复使用。

气流粉碎工序关键工艺参数见表 2.16，供参考。

表 2.16　气流粉碎工序关键工艺参数

项目	过程	特性值	公差
粉碎系统	分级轮频率		(35 ± 5)Hz
	下料频率		$(X_{22}\pm5)$Hz
	氧含量		$\leqslant50$ppm
	粉碎气压	▽	(450 ± 100)kPa
	气源温度		$100\sim120$℃
	粉碎气露点		$\leqslant-20$℃
	密封气压力		(0.2 ± 0.05)MPa
	保护气压力		(0.2 ± 0.05)MPa
	粉尘浓度		$0.2\%\sim2.4\%$
	分级轮电流		(16 ± 5)A
	过滤器差压		(300 ± 200)Pa
	后气送风机频率		(30 ± 10)Hz
	后气送风机电流		(11 ± 5)A
粒径	D_{10}		$\geqslant0.3\mu m$
	D_{50}	▽	$(1.1\pm0.5)\mu m$
	D_{90}		$\leqslant10\mu m$
	D_{99}		$\leqslant25\mu m$

注：X 为工艺参数特征值。

（7）筛分除铁

粉碎后的磷酸铁锂物料通过超声振动筛和电磁除铁器进行筛分。分离并除去铁磁性杂质后进入包装工段。筛分系统一般采用超声振动筛。绷紧的不锈钢筛网上加上超声振动器，使细颗粒的磷酸铁锂在振动状态下顺利通过筛面，而一些杂质和大颗粒，例如保温材料、滤布纤维、破损的陶瓷球碎片等可以被筛分分离。筛过的粉料通过具有强磁性的电磁除铁器，其中的磁性颗粒物被进一步筛分除去，使物料中的磁性物质进一步降低。

筛分除铁工序注意管控的关键工艺参数见表 2.17，供参考。

表 2.17　筛分除铁工序关键工艺参数

设备	过程	特性值	公差
混料系统	单次进料量		X_{23} kg/h
	混料时间		(25±5)min
除铁系统	除铁器电流	▼	(24±2)A
	除铁电压		(180±11)V
	除铁器温度		≤60℃
温湿度仪	环境温湿度	▽	环境温度 10～30℃;湿度≤15RH%
筛分机	振动筛/筛上物清理		筛上无异物,筛网完整无破损
磁棒	排铁料中磁性物重量	▼	≤1mg/包

（8）包装

随着磷酸铁锂产量的扩大，一般生产厂家都改用吨包进行成品包装。吨包外部为高分子量的聚乙烯编织袋，内衬可以防氧化防水的铝塑膜。包装工序管控关键工艺参数见表 2.18。

表 2.18　包装工序管控关键工艺参数

项目	过程	特性值	公差
外观	包装袋外观		包装袋完好,外观清洁
地磅	地磅校准		
包装电子秤	—		(500±0.2)kg
地磅	—		(500±0.2)kg(复称净重)
吨袋封口机	吨袋封口		吨袋封口均匀,无裂缝,无漏气
导磁网	导磁网清理		干净无残留物
铝箔袋	—		铝箔袋封口均匀,无裂缝,无漏气
	—		外观整洁、标识清晰
筛网			80 目
磁棒 GS 值	—	▼	≥8000GS
电子秤	60kg 电子秤校准		$d=0.02$kg
筛上网			≤0.0015%

续表

项目	过程	特性值	公差
清洁度颗粒	—		≤95pcs/kg
打包	包装外观		托盘完好,包装袋整洁、无破损
	产品标识		标识清晰(含名称、批号、重量)
	检验状态确认		检验合格后入库
	运输工具	▽	干净,整洁
	入库过程	▽	采取非金属的防护措施
	仓库地面	▽	非金属材质
	仓库与外部环境	▽	充分隔离
	托盘	▽	采用非金属材质
铝箔袋、真空包装机	样品包装	▽	铝箔袋封口严密,无破损,无漏气
	样品重量		标准产品重量
	样品标识		外观整洁、标识清晰
	寄送样品登记		寄送样品时需详细登记

　　包装机采用吨袋包装,充气后的包装袋放置在吨袋托盘上,经输送线转运到包装工位,在复检输送平台秤上测皮重,然后手动在包装机上挂袋、夹袋,包装机上升到位稳定后除皮称重。包装物料经缓存料仓由加料机构快速给包装袋粗加料,称重传感器检测送入袋中的物料重量,并经由称重仪表实时显示。加料机构通过仪表反馈数值,适时变频微量给料。当包装袋中的物料达到目标值时,细加料停止,关料门关闭,称量完成。然后夹袋器释袋,并放置于复检输送平台,复检合格后输送到热合封口机进行封口。封口后,经热合输送机输送到输送外线,包装完成。

2.3.5　物料平衡表

　　基于磷酸铁固相法的年产 10 万吨磷酸铁锂正极材料物料平衡表见表 2.19。

表 2.19　年产 10 万吨磷酸铁锂正极材料物料平衡表

输入		输出		
名称	数量/(t/a)	名称		数量/(t/a)
磷酸铁	93815.26	产品	磷酸铁锂	100000
碳酸锂	23000.455	废气	有组织排放颗粒物	24.119
葡萄糖	9356.024		无组织排放颗粒物	1.025
水	200000		二氧化碳	20528.47
			水蒸气	205613.125
		固废	磁选固废	5
合计	326171.739	合计		326171.739

　　基于磷酸铁固相法的年产 10 万吨磷酸铁锂正极材料物料平衡图如图 2.16 所示。基于磷酸铁固相法的年产 10 万吨磷酸铁锂正极材料水平衡图如图 2.17 所示。

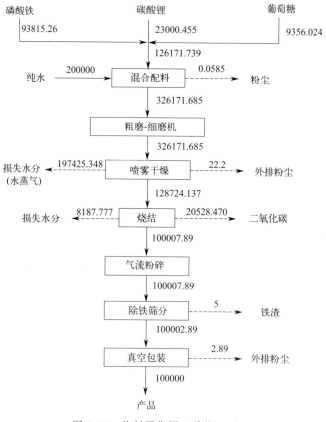

图 2.16　物料平衡图（单位：t/a）

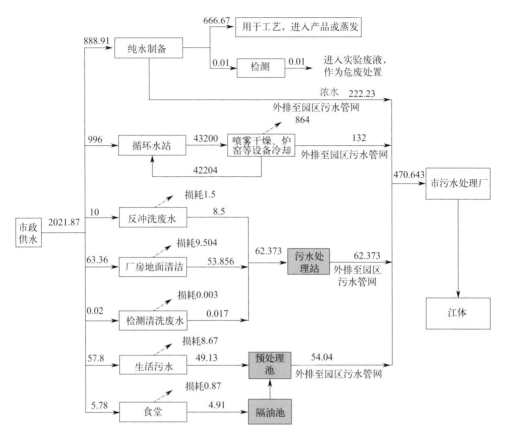

图 2.17　水平衡图（单位：t/a）

2.3.6　产品指标

磷酸铁锂的性能一般用物理性能、化学性能、电化学性能等指标进行评价。采用磷酸铁固相法制造的磷酸铁锂可以达到表 2.20 的性能指标。

表 2.20　采用磷酸铁固相法磷酸铁锂产品指标

项目			单位	规格	典型值	检测方法
物理指标	粒径分布	D_{10}	μm	≥0.3	0.4	GB/T 19077.1—2008 马尔文激光粒度仪
		D_{50}		1.1±0.3	0.85	
		D_{90}		≤5	4.15	
		D_{99}		≤10	9.25	

项目		单位	规格	典型值	检测方法
物理指标	比表面积	m^2/g	12.5±2	12.73	GB/T 13390—2008 比表面积分析仪
	振实密度	g/cm^3	＞0.8	0.86	GB/T 5162—2021 振实密度仪
	水分	$\mu g/g$	≤500	220	卡尔费休水分仪
	电阻率	$\Omega \cdot cm$	≤30	20	半导体粉末电阻率测试仪
化学指标	Li	%	4.4±0.5	4.25	ICP
	Fe	%	34.4～35.4	34.11	重铬酸钾法
	P	%	19.6～21.3	19.75	喹钼柠酮重量法
	C	%	1.5±0.2	1.42	碳硫分析仪
	S	%	≤0.005	0.0084	
	pH	/	9.5±0.5	9.26	pH 计
	磁性物	ppb	≤1000	310	磁子吸附法 ICP
	微量元素 Na	$\mu g/g$	≤200	98	ICP
	Mn		≤200	85	
	Mg		≤100	58	
	Cu		≤10	1	
	Cr		≤50	18	
	Zn		≤30	12	
	Ni		≤50	6	

2.4 基于草酸亚铁的固相法合成工艺

采用草酸亚铁为原料,通过固相法制造磷酸铁锂材料,是较早实现产业化的一种工艺路线。目前,由于草酸亚铁法具有压实性能好的优点,适应了电动车领域对高体积能量密度的要求,有一些工厂还在采用该技术路线。本节将详细介绍草酸亚铁固相法制备磷酸铁锂的工艺。

2.4.1　主要原辅料及能耗

采用草酸亚铁法制造磷酸铁锂，主要的物料是草酸亚铁、磷酸二氢锂、葡萄糖等原料以及水、甲醇、氮气等消耗品。草酸亚铁、磷酸二氢锂、葡萄糖等以乙醇、甲醇为介质进行研磨后，通过真空低温加热干燥工艺去除乙醇/甲醇，得到干燥的混合料，再进行烧结得到磷酸铁锂物料成品。其中的乙醇可以经过再次蒸馏、脱水后回用。表 2.21 为采用草酸亚铁固相法工艺的年产 20 万吨高压实密度磷酸铁锂主要原辅料及能源消耗表。

表 2.21　年产 20 万吨高压实密度磷酸铁锂主要原辅料及能源消耗表

物料名称		规格	单耗/(t/t)	年消耗量/t	物质形态	贮存方式
原辅料	草酸亚铁	≥99%	1.061	212212	固态	袋装 1t/袋
	磷酸二氢锂	≥99%	0.613	122611.2	固态	袋装 1t/袋
	葡萄糖	≥99%	0.177	35368.8	固态	袋装 1t/袋
	甲醇	≥99.5%	0.096	19200(新鲜 385.94，回用 18814.06)	储罐	储罐
能源消耗	氮气	/	4000	/	/	/
	自来水	/	6	/	液态	/
	电	/	3000	60000 万 kWh	/	/
	导热油	/	/	80t	液态	储罐
	天然气	/	350	7000 万 m^3	气态	园区管道

2.4.2　主要原辅料标准

草酸亚铁固相法生产主要原辅料包括草酸亚铁二水合物、磷酸二氢锂、葡萄糖、甲醇、氮气等，原辅料标准具体如下。

① 草酸亚铁二水合物。加热时可脱水分解成氧化铁和单质铁的混合物，释放出二氧化碳、一氧化碳和水。密度 2.28g/cm^3，沸点 365.1℃，闪点为 188.8℃，常用作分析试剂及显影剂。也可以用作磷酸铁锂的生产，还可用于制药工业。草酸亚铁二水合物质量标准见表 2.22。

表 2.22　草酸亚铁二水合物质量标准（企标）

化学成分	单位	规格
Fe 含量	%	≥98
SO_4^{2-}	%	<0.05
游离水分	%	<0.3

② 磷酸二氢锂。磷酸二氢锂是一种无机化合物，由锂、磷、氧、氢组成，分子式是 LiH_2PO_4，分子量为 103.93，熔点>100℃，常用于锂离子电池材料磷酸铁锂的制造。磷酸二氢锂质量标准见表 2.23。

表 2.23　磷酸二氢锂质量标准（参考 YS/T 967—2014）

牌号	LiH_2PO_4/%	杂质含量(质量分数)/%，≤							
		Na	K	Ca	Fe	Pb	SO_4^{2-}	Cl^-	水不溶物
LiH_2PO_4-1	99.9	0.002	0.001	0.002	0.002	0.001	0.005	0.001	0.005
LiH_2PO_4-2	99.5	0.005	0.002	0.005	0.005	0.005	0.010	0.008	0.010

注：LiH_2PO_4 的含量通过 100% 减去表中所列杂质总和得出。

③ 葡萄糖。参见 2.2.4 小节。

④ 甲醇。一种有机化合物，无色透明液体，有刺激性气味，化学式为 CH_3OH/CH_4O，其中 CH_3OH 是结构简式，能显示出甲醇的羟基。CAS 号为 67-56-1，分子量为 32.04，熔点 -97.8℃，沸点 64.8℃。表 2.24 为工业用甲醇质量标准。

表 2.24　工业用甲醇质量标准（参考 GB/T 338—2011）

项目	指标		
	优等品	一级品	合格品
色度，Hazen 单位(铂-钴色号)	≤5		≤10
密度 ρ_{20}/(g/cm³)	0.791~0.792	0.791~0.793	0.791~0.793
沸程(0℃,101.3kPa)/℃	≤0.8	≤1.0	≤1.5
高锰酸钾试验时间/min	≥50	≥30	≥20
水混溶性实验	通过实验	通过实验	—
水 ω/%	≤0.10	≤0.15	≤0.2
酸(以 HCOOH 计)ω/%	≤0.0015	≤0.0030	≤0.0050
羰基化合物(以 HCHO 计)ω/%	≤0.002	≤0.005	≤0.010
蒸发残渣 ω/%	≤0.001	≤0.003	≤0.005
硫酸洗涤试验，Hazen 单位(铂-钴色号)，乙醇 ω/%	≤50		

⑤ 氮气。无色无味气体，其化学性质很不活泼，在高温高压及催化剂条件下才能和氢气反应生成氨气。放电的情况下能和氧气化合生成一氧化氮。合成磷酸铁锂采用 99.95% 纯度以上的氮气作为保护气氛。

2.4.3　设备清单

草酸亚铁固相法生产磷酸铁锂，主要通过研磨、干燥、烧结、粉碎等工艺实现。要达到年产 20 万吨磷酸铁锂正极材料的规模，需要大量的生产设备。主要的生产设备见表 2.25，所需检测/实验设备见表 2.26，主要储罐规格见表 2.27，设备匹配性分析见表 2.28。特别需要注意的是，与甲醇/乙醇接触的设备需要是防爆型的。

表 2.25　年产 20 万吨磷酸铁锂正极材料主要生产设备

分类	主要设备	设备数量/台	备注
研磨车间	砂磨系统	12	—
	配料研磨系统	12	—
	干燥设备	12	—
窑炉车间	窑炉设备	48	—
粉碎车间	空压机	24	—
	冷干机	12	—
	吸干机	12	—
	粉碎机	12	—
	包装	12	—
	成品立体库	2	—
公辅设备	空压机	15	—
	氮气系统辅助设备	2	—
	污水处理	2	—
	甲醇储罐区	1	—
	提纯设备	2	—
	冷却塔	2	—
空调配套、导热油炉、原材料库房	干燥冷水机组	2	—
	研磨冷水机组	2	—
	原料立体库	2	—
	导热油炉	3	—

表 2.26　主要检测/实验设备

设备名称	型号	数量/台
马尔文激光粒度仪	马尔文 2000	1
马尔文激光粒度仪	MS3000EV	2
高频红外碳硫仪	HW-2000B	1
电子天平	LE84E	2
压实密度仪	4350(手动压实)	2
电子压力机	UTM7105	1
半导体粉末电阻测试仪	ST-2722	1
比表面积分析仪	JW-BK-400	1
脱气站	—	2
卡尔费休水分仪	885+831	1
快速水分仪	HE53	1
电子天平	MS204S/01	1
振实密度仪	BT-303	1
电热鼓风干燥箱	101 型	6
电热鼓风干燥箱	—	4
JOMESA 洁净度自动分析系统	HFD	1
超声波清洗器	SK250HP	1
锂电清洗机		1
电子计数秤	F2392	1
手压式塑料薄膜封口机	FR-3008	1
真空泵	K48ZZFFD3780	1
手持式数字特斯拉计	KT-105(5 级)	1
罐磨机	DECE-PM-4	2
检测柜	CT-ZWJ-4'S-T-1U	20
检测柜	CT2001A	20
恒温箱	MHW-200	1
高低温箱	北京光明	1
电子秤	MS205DU 十万分之一	1
电子秤	万分之一	1
切片机	MSK-T10	2
脱泡机	ENs-10	1
增力搅拌机	JJ-1A	16
涂布机	MSK-AFA-ES200	2

续表

设备名称	型号	数量/台
电动对辊机	MSK-2150	2
电动封口机	MSK-E110	1
手套箱	SUPER(1220/750/900)	1
真空干燥箱	DZF-6090	2
真空搅拌机	MSK-SFM-16	2
电动封口机	XY150	1
雷磁 pH 计	pHS-3CpH 计	1
雷磁 pH 计	2D-2 电位滴定仪 pH 计	1
磁力搅拌器	IKA-R05	1
电子恒温不锈钢水浴锅	HHS-2S	1
电子恒温不锈钢水浴锅	双列六孔,普通款	1
电位滴定仪	905 自动电位滴定仪	1
电感耦合等离子发射光谱仪	ICAP7200	1
除湿机	—	1
电子天平	me204e	2
球磨机	—	1
超声清洗机	—	1
防腐电热板	—	1
电子天平	MAX＝2000g/CN-LQC20002	1
电子万用炉	CP214	3
水式真空抽滤设备	—	3

表 2.27　主要储罐规格

序号	储罐位置	规格	数量/个	主要储存物质	罐体材质	备注
1	甲醇储罐区	总容积 2000t	4	甲醇	304	地上罐
2	油罐	80m³、150m³	2	导热油	304	地上罐

表 2.28　设备匹配性分析

序号	设备名称	台数	设备产能/ (t/批)	单批次生产时间/h	年运行时间/h	年生产批次数	最低产能/ (t/a)	实际产能/ (t/a)
1	窑炉设备	48	1750	30	7200	240	390056	420000
2	砂磨系统	12	120	2	7200	3600	409256	432000

2.4.4 生产工艺流程

草酸亚铁固相法磷酸铁锂生产共包括投配料、研磨、干燥、烧结合成、粉碎、筛分、包装等工序。具体介绍如下。

(1) 生产工艺流程

采用高温固相合成法，以草酸亚铁二水合物和磷酸二氢锂作为制备磷酸铁锂的主要原料，反应过程为：

$$C_6H_{12}O_6 \longrightarrow 6C + 6H_2O$$

$$LiH_2PO_4 + FeC_2O_4 \cdot 2H_2O + C \longrightarrow LiFePO_4/C + CO_2\uparrow + CO\uparrow + 3H_2O$$

$$(2.12)$$

产品工艺流程如图 2.18 所示。

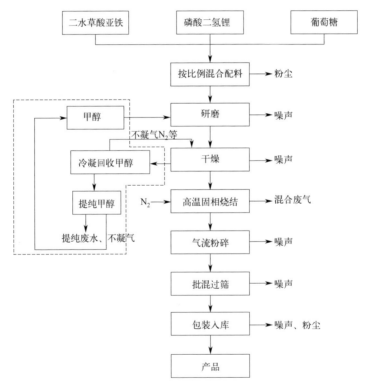

图 2.18 由草酸亚铁制备磷酸铁锂工艺流程图

(2) 主要工序说明

① 投配料。将检测合格的几种原材料拆包后，投入至原料仓中，暂存在

料仓的物料按工艺要求的计量比分别自动称重，称量好的混合物料通过密闭管道输送至下一工序。投料过程中产生的颗粒物通过布袋收尘装置回收。

② 研磨。在原料预混罐中打入固定重量的甲醇（或者乙醇，主要起分散介质的作用），使得研磨更均匀。然后在预混罐中与原料搅拌混合一定时间形成均质浆料。开启隔膜泵，将浆料打入研磨机中进行研磨。研磨机通过电机驱动搅拌桨叶，带动研磨机中的锆球高速运动碰撞剪切物料，达到原料细化的效果。研磨完的浆料又回到预混罐中，如此循环往复，当达到工艺要求的研磨次数后，关停研磨机，将浆料经密闭管道送至喷雾储罐中暂存。该过程物料处于密闭湿润状态，故无颗粒物产生。

③ 喷雾干燥。将研磨完成的浆料以气动隔膜泵作为动力源，打入喷雾干燥设备中，进行雾化干燥。因干燥蒸发出来的为有机溶剂，需采用闭路带惰性气体保护的喷雾干燥设备。采用闭式循环喷雾干燥机，在密闭环境下，以氮气作为循环气体，对干燥的物料具有保护作用，也可以防止有机溶剂爆燃。循环气体经历载湿、去湿的过程，介质可重复使用。导热油热源将氮气加热至200～280℃。后进入干燥塔，干燥机的雾化盘将浆料雾化成微米级液滴，液滴与热氮气接触后，草酸亚铁二水结晶水全部脱水蒸发，甲醇溶剂瞬间蒸发成甲醇蒸气（全部蒸发），干燥后的微米级固体通过密闭管道气流输送至下一工序。该过程中会有部分颗粒物产生，颗粒物经布袋收集器（布袋采用聚酯材料，过滤精度 $0.3\mu m$，收集率 99.9%）收集后，转入干燥工序。未被收集的物料颗粒物同甲醇蒸气和水蒸气全部进入冷凝器，冷凝回收效率 99%，甲醇蒸气冷凝成液体后回收至粗甲醇罐（含少量物料），不凝气（N_2、少量甲醇）通过闭环进入干燥工序不断循环。干燥工序为密闭空间，不考虑废气外排。图 2.19 为干燥工序流程图。

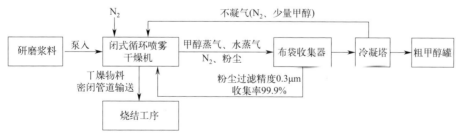

图 2.19　干燥工序流程图

④ 高温烧结合成。将干燥后的物料通过密闭管道气流输送至窑炉加料仓中，通过称量给料的方式，将物料填装至烧结匣钵中，然后将装好物料的匣钵输送至连续辊道窑进行高温烧结合成（通电），合成温度在 700～800℃，时间

为 20～30h，高温烧结合成过程中采用氮气保护，防止物料在烧结过程中被氧化。烧结完出炉的物料由自动翻转卸料装置将物料倒出匣钵后，通过密闭管道气流输送至下一工序。

葡萄糖在无氧环境、300～400℃ 左右会发生炭化生成单质 C 和水［式 (2.8)］，N_2 作为保护气防止氧化，最终反应生成的碳膜包覆在磷酸铁锂外层。烧结废气主要为 CO、CO_2、N_2、H_2O。该过程中的废气进入燃烧炉焚烧处理后经 15～30m 排气筒排放。废气焚烧采用天然气引燃，焚烧后的废气污染因子为烟尘、SO_2、NO_x。

⑤ 气流粉碎。经过高温烧结合成的物料存在颗粒团聚情况，为保证颗粒细度维持在工艺规定的参数，避免粗颗粒存在，需将高温烧结合成后的物料进行粉碎处理。粉碎采用闭环式气流粉碎：通过空压机将压缩后的空气或氮气通入气流粉碎机，经高速气流带动物料颗粒获得高动能，物料颗粒相互间的碰撞将团聚物料打碎细化，符合要求粒径的微米级粉末颗粒通过气流输送至下一工序，而不符合粒径要求的粗颗粒又下落到粉碎区，继续粉碎，此过程循环往复。该过程设备均密闭，无颗粒物外排。

粉碎过程中的气流经多级滤网（除尘）过滤后流经密闭管路回到空压机的入口处，重新通过空压机进入粉碎机，完成闭路循环，气体循环利用，不外排。粉碎过程全封闭，物料随气流密闭输送至下一工序过程中有部分空气损耗，粉碎工序补气量约 20m^3/d，不考虑颗粒物排放。气流粉碎的工序流程如图 2.20 所示。

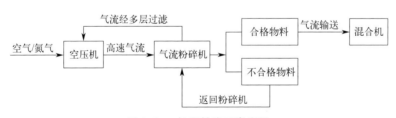

图 2.20　气流粉碎工序流程

⑥ 批混、除铁、过筛。将粉碎完的物料输送至混合机中。一次混合的物料重量根据客户每批次要求而定，约 5～10t，混合的时间在 1～2h，以保证批次内物料的各项产品指标一致。混合后的物料经筛分机、除铁器进行除铁筛分，以去除产品中的磁性杂质。除铁容器密闭，过筛除铁之后的物料落入包装机进行包装。该过程设备均密闭，工作过程无颗粒物排放，会产生少量除铁渣，经收集后综合回收利用。

⑦ 包装入库。将批混完的物料按客户要求的重量规格进行包装，一般采

用吨包的方式,单包装重量在 $400\sim500kg$。包装前取样检测产品指标,合格后送至成品库。该过程中会产生少量颗粒物,经布袋除尘后无组织排放。

⑧ 甲醇提纯。干燥工序的甲醇蒸气因吸收了物料中的水分(草酸亚铁二水合物结晶水脱除)导致纯度有所降低。经冷凝塔处理后送至粗甲醇储罐暂存。将粗甲醇罐中的甲醇通过输送泵送至提纯塔,采用逆流式双效精馏技术对甲醇进行浓缩提纯。粗甲醇泵入一效精馏塔进行精馏,塔顶得到部分精甲醇液产品,塔底的液体甲醇送入二效精馏塔,塔顶得到余下部分精甲醇液产品,塔底流出含甲醇的提纯废水,废水经厂内污水处理站处理后排入园区污水处理厂。提纯塔高度不低于 28m,在 12m 处设置排口。不凝气体通过排口无组织排放。

所谓逆流式双效精馏,即原料连续通入一效精馏塔,二效精馏塔塔顶气相用于一效精馏塔的物料加热。新鲜热源(导热油)用于给二效精馏塔加热,同时一效精馏塔的物料作为二效精馏塔顶气相的冷源,从而实现热量的耦合利用,降低运行过程中蒸汽和循环水的消耗量,达到降低设备运行能耗的目的。设计一效精馏塔操作压力为常压,二效精馏塔操作压力约为 150kPa,一效和二效精馏塔塔顶采出满足要求的甲醇产品(纯度 99.5%)。操作方式均为连续式,精馏塔内均装填高效填料以提供更高的理论板数和更低的操作压降,精馏塔所配冷凝器均为两级列管式冷凝,并采用常温循环水作为冷却介质,一效精馏塔加热器形式根据操作工况选用降膜式,二效精馏塔采用立虹吸式再沸器,热源采用导热油,材质均为 304 不锈钢(包含循环水管道以及导热油管道),精馏塔回流形式均为外置强制回流。甲醇提纯工艺如图 2.21 所示。

⑨ 制氮工艺。制氮采用气体分离技术。原料空气在空气过滤器中除去灰尘等杂质后,进入空压机。将空气压缩到所需的压力,经冷气机组冷却后,进入分子筛吸附器,除去原料空气中的氧气、水分、CO_2 等杂质。该过程会产生少量制氮废水(空气中水分)。如果氮气需求量较大,一般采用全分制氮。将空气冷却到 $-200℃$ 以下,利用氮气沸点($-196℃$)和氧气沸点($-183℃$)的不同,将氮气和氧气分离。

⑩ 污水处理工艺。需要建设污水处理站,用于地面设备冲洗水、制氮废水和提纯废水的处理。采用工艺为:调节池+pH 调节+絮凝气浮+气浮出水暂存池+UASB+中间池+生物选择+接触氧化+沉淀池+絮凝沉淀+排放水池。污水处理过程中会产生污泥,作为一般固废外售或交由垃圾填埋场填埋。

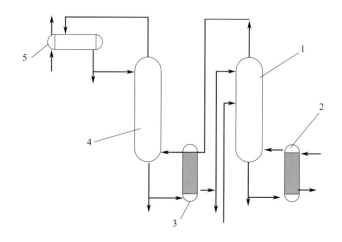

1—高压塔；2—高压塔再沸器；3—低压塔再沸器；4—低压塔；5—冷凝器

图 2.21　甲醇提纯工艺流程

2.4.5　物料平衡表

基于草酸亚铁固相法的年产 20 万吨磷酸铁锂物料平衡表见表 2.29。

表 2.29　年产 20 万吨磷酸铁锂物料平衡表

工序	名称	用量/(t/a)
物料	草酸亚铁二水合物	212212
	磷酸二氢锂	122611.2
	葡萄糖	35368.8
	混料后原料	370191.23
	配料、投料颗粒物	0.77
	布袋除尘收集颗粒物回用	367.992
	合计	370192
混料	混料后原料	370191.23
	球磨后原料	389391.23
	回用甲醇	18814.06
	新鲜甲醇	385.94
	合计	389391.23

续表

工序	名称	用量/(t/a)
球磨	球磨后原料	389007.69
	物料损失	3.272
	外排甲醇	2.4
	提纯废水	42967.248
	回用甲醇	18814.06
	提纯废水含甲醇	381.8
	储罐呼吸废气	1.74
	合计	389391.23
烧结	干料	327220.71
	烧结后成品	200001.91
	氮气	4000
	H_2O	42399.6
	CO	32977.6
	CO_2	51821.6
	颗粒物	20
	合计	331220.71
包装、除磁等	成品	200001.91
	包装外排颗粒物	1.91
	包装回用颗粒物	198.81
	合计	200001.91

基于草酸亚铁固相法的年产 20 万吨磷酸铁锂物料平衡图如图 2.22 所示。基于草酸亚铁固相法的年产 20 万吨磷酸铁锂水平衡图如图 2.23 所示。

2.4.6　元素平衡

基于草酸亚铁固相法的年产 20 万吨磷酸铁锂元素平衡表见表 2.30～表 2.33。

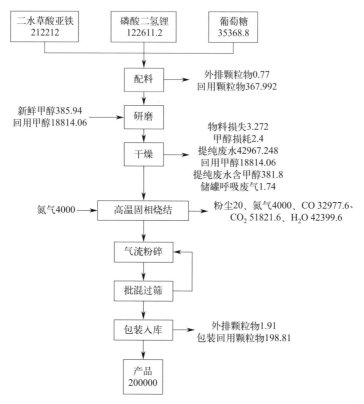

图 2.22 年产 20 万吨磷酸铁锂物料平衡图（单位：t/a）

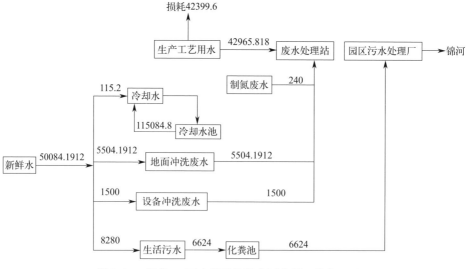

图 2.23 年产 20 万吨磷酸铁锂水平衡图（单位：t/a）

表 2.30　锂元素平衡表

投入物料/(t/a)			产出物料/(t/a)				
原料名称	用量/t	含锂率/%	锂/t	类别	名称	数量/t	含锂率/%	锂/t
LiH$_2$PO$_4$	122611.2	6.68	8190.4	产品	磷酸铁锂	200000	4.09	8189.2
—	—	—	—	废气	配料投料	2.2	5.05	0.1110
—	—	—	—	废气	喷雾干燥	3.272	4.09	0.220
—	—	—	—	废气	烧结颗粒	20	4.09	0.819
—	—	—	—	废气	包装颗粒	1.91	4.09	0.0782
合计	—	—	8190.4	合计	—	—	—	8190.4

表 2.31　磷元素平衡表

投入物料/(t/a)			产出物料/(t/a)				
原料名	用量	含磷/%	磷含量	类别	名称	数量	含磷/%	磷含量
LiH$_2$PO$_4$	122611.2	29.83	36574.92	产品	磷酸铁锂	200000	18.285	36570.430
—	—	—	—	废气	配料投料	2.2	8.160	0.1795
—	—	—	—	废气	喷雾干燥物	3.272	9.240	0.3023
—	—	—	—	废气	烧结颗粒物	20	18.285	3.657
—	—	—	—	废气	包装颗粒物	1.91	18.285	0.3492
合计	—	—	36574.92	合计	—	—	—	36574.918

表 2.32　甲醇平衡表

投入物料/(t/a)		产出物料/(t/a)	
原料名称	用量	类别名称	数量
甲醇	385.94	回用甲醇	18814.06
回用甲醇	18814.06	无组织废气	2.4
		提纯废水含甲醇	381.8
		储罐呼吸废气	1.74
合计	19200	合计	19200

表 2.33　铁元素平衡表

投入物料/(t/a)			产出物料/(t/a)				
原料名	用量	含铁率	铁含量	类别	名称	数量	含铁率	铁含量
草酸亚铁	212212	31.04%	65877.3478	产品	磷酸铁锂	200000	32.935	65869
				废气	配料投料	2.2	19.94%	0.439
				废气	喷雾干燥	3.272	19.94%	0.652
				废气	烧结颗粒	20	32.935	6.587
				废气	包装颗粒	1.91	32.935	0.629
合计			65877.3	合计				65877.3

2.4.7 产品指标

经过以上工艺制成的磷酸铁锂成品为草酸亚铁固相法工艺成品，主要特点是压实密度高。晶粒内部含有少量的碳，可以降低磷酸铁锂电池的内阻。同时，草酸亚铁固相法制成的磷酸铁锂加工性较好，低温性能优异，且铁溶出率较低。产品的性能指标见表 2.34。

表 2.34 草酸亚铁固相法磷酸铁锂产品性能指标

技术指标		产品代号					
		LFP@C-E			LFP@C-P		
		I	II	III	I	II	III
理化性质	粒径(D_{50})/mm	0.5~20			0.5~20		
	水分含量/(mg/kg)	≤1000			≤1000		
	pH	7.0~10.0			7.0~10.0		
	BET 比表面积/(m²/g)	≤30			≤30		
	振实密度/(g/cm³)	≥0.6			≥0.6		
	粉末压实密度/(g/cm³)	≥1.5			≥1.5		
	含碳量/%	≤3.0			≤5.0		
主要成分含量	含锂量(除碳含量之外)/%	4.4±1.0			4.4±1.0		
	含铁量(除碳含量之外)/%	35.0±2.0			35.0±2.0		
	含磷量(除碳含量之外)/%	20.0±1.0			20.0±1.0		
	水分含量/(mg/kg)	≤1000			≤1000		
电化学性能	0.1C 首次库仑效率/%	≥95.0			≥95.0		
	0.1C 首次可逆比容量/(mAh/g)	≥160.0	≥155.0	≥150.0	≥155.0	≥150.0	≥145.0
	倍率性能(1C/0.1C 保持率)/%	≥94.0	≥92.0	≥90.0	≥96.0	≥94.0	≥92.0
	电导率/(10^{-4}S/cm)	≥10	≥5	≥1	≥50	≥25	≥10
限用物质含量	镉及其化合物/(mg/kg)	≤1			≤1		
	铅及其化合物/(mg/kg)	≤1			≤1		
	汞及其化合物/(mg/kg)	≤1			≤1		
	六价铬及其化合物/(mg/kg)	≤1			≤1		

第3章

固相法磷酸铁锂生产设备
及智能化方案

磷酸铁锂材料生产设备包括投配料系统、砂磨机、喷雾干燥机、辊道窑、气流磨、振动筛、电磁除铁器、包装机等主要设备和空分制氮机、纯水机、空压机、冷冻机等辅助设备。

3.1 投配料系统

3.1.1 投配料系统介绍

磷酸铁锂投配料系统是指将磷酸铁、碳酸锂、葡萄糖等原料粉体通过自动拆袋、投料、配料系统对物料进行无尘开袋卸料，并根据配方进行自动精准计量配料的装置（图3.1）。目前行业内的投配料系统已实现自动化生产。通过精准投料，可减少配料误差。操作系统可与 DCS 联动，实现远程操作，极大地降低了工人劳动强度，在解放劳动力的同时，提高生产效率，降低生产成本。

3.1.2 投配料系统结构组成及工艺流程

3.1.2.1 设备结构组成

投配料系统主要由吨袋投料站、储料仓、计量仓、干粉旋转除铁器、螺旋

图 3.1　投配料系统现场图（广东智子智能技术有限公司产品）

输送机、均质分散系统、预混罐、除尘器等及其配套的仪表、阀门、电气控制系统组成。

（1）吨袋投料站

对原料进行拆包、投料。原料吨包通过升降电梯运送至投料平台，然后采用洁净单轨行车吊装。吨包拆袋后，粉料依靠重力下落，并辅以负压输送至对应的储料仓。为防止结拱，使用振动器和微负压。

（2）储料仓

暂存原料，待后面计量配料用。储料仓附称重传感器，投料至高料位时，系统提示停止投料；当料位处于低料位时，系统提示加料。储料仓以减重计量方式，通过卸料阀喂料（负压辅助）输送至对应计量仓，储料仓配有人孔、仓顶除尘器、振动电机、活化料斗。

（3）计量仓

按照工艺配方要求，对各种原料进行精准投料。计量仓根据配方需求，以减重计量的方式通过螺杆喂料机，将物料定量喂给下方的预混罐。当喂料至指定重量时，停止喂料。计量仓配有人孔、仓顶除尘器、振动电机、活化料斗、螺旋输送机。

（4）干粉旋转除铁器

物料在投放到储料仓之前，将磁性杂质通过磁力予以去除。除铁器一般采用永磁棒。

（5）螺旋输送机

将各原料仓中的物料输送到预混罐中。

（6）均质分散系统

将配料后的物料进行预混、分散。均质分散系统由预混罐、均质泵、均质罐、除铁器等组成。预混罐采用可串可并连接方式，投料预混后的浆料可以打入均质罐，在进行均质分散后打入粗磨罐；也可以直接打入粗磨罐进入砂磨环节。管道短接，程序自动切换，可以在产能不足或者异常情况下，不需要开启全部设备，节能减排。

（7）预混罐

配有称重模块，可复核检验配料系统的准确性，精度高于 0.2%。预混罐配有排气及反吹除尘装置，防止投料时水汽进入投料管。预混罐还配有自动喷淋装置，以抑制罐内粘壁。预混罐采用 SUS304 不锈钢材质，内壁抛光处理，并预留有一个人工投料口，罐子采用双层夹套结构。

预混罐配有一套均质泵，均质泵通过高速旋转的转子，产生强烈的离心力加速物料，同时形成高频、强烈的圆周切线速度和角向速度等综合动能效应。在定子的作用下，在转子与定子狭窄的间隙中形成强烈、往复的液力剪切摩擦、离心挤压、液流碰撞等综合效应，使不相溶或难相溶的两相或多相物料迅速、均匀、细腻地分散、乳化、均质、溶解，快速得到分散均匀的浆料。经过验证，采用均匀泵分散后的浆料，对后面的研磨可起到事半功倍的效果。

均质泵前建议增加过滤保护装置，可有效防止杂质进入泵体内，以免造成损坏。

3.1.2.2　工艺流程

投配料系统的工艺流程如图 3.2 所示，具体操作如下。

① 纯水添加。通过计量传感器及控制阀门自动控制添加量，将需要的纯净水经管道输送至预混罐。

② 粉体投料。粉料由投配料系统自动按照顺序配料，并通过加料系统逐步加入至预混罐。

③ 预混分散。粉料投料时，开始预混分散作业，使物料在搅拌状态下混合均匀。同时启动均质泵，开始循环作业。

④ 均质作业。预混分散完成后，浆料通过隔膜泵输送至均质罐，开始均质作业。通过高速均质，实现物料的进一步分散。

⑤ 浆料过滤。浆料进入均质泵前需要经过并联（一用一备）过滤器进行过滤，去除可能存在的大颗粒异物，防止堵塞均质泵。

⑥ 物料转运。根据设定的工艺操作时间，均质完成后，通过泵浦输送到粗磨罐。

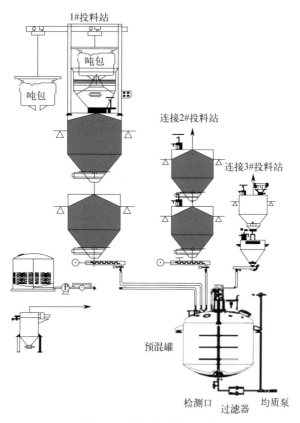

图 3.2　投配料工艺流程图

3.1.3　设备技术要求

（1）设备配置要求

① 吨袋投料站。采用人工开袋、振动下料的方法，配有洁净式电动葫芦、气缸拍打装置、自动压袋装置、安全光栅、除尘器、振动料仓筛网、异物清理口、旋转除铁器、实时重量 LED 显示器和遥控吊装，可实现无尘、破团、除异物、清袋等功能，同时充分考虑操作人员的安全和降低劳动强度。

② 储料仓。料仓配置可清洁式视窗、人孔、活化料斗、除尘脉冲反吹过

滤器、下料阀、称重软连接等。为防止物料结拱架桥，采用料仓内壁喷涂 PT-FE、振动电机和专用活化料斗实现粉体全流效果。储料仓除尘采用自带脉冲反吹功能的过滤器，防止粉尘外逸。反吹系统自带不锈钢气包，实现滤芯的自动清理和物料的及时回收。滤芯过滤精度 $0.3\mu m$，实现表面过滤，不易沾附粉料，同时连接除尘风机，使储料仓内形成微负压状态，辅助投料站落料至储料仓。

③ 计量仓。计量仓采用上圆筒下锥体的三点式挂耳结构，根据不同物料的特性设计料仓的角度。材质一般为 SUS304，内表面喷涂 PTFE，外表面喷砂处理。计量仓配置包括：仓顶除尘器、清洁式视窗、振动电机、活化料斗、称重模块、U 形螺旋输送机、卸料蝶阀以及称重软连接。使用振动电机和专用活化料斗可防止结拱架桥，计量秤和下料螺旋配套使用。

④ 螺旋输送机。螺旋输送机采用易清洁的 U 形输送槽和匹配物料输送速度和精度的节距螺杆。螺杆喷涂耐磨碳化钨材料，轴端密封采用气密封件，防止粉尘进入轴承。电机采用变频电机，变频控制转速，先进行粗加料，在配料后期通过变频自动调低转速，实现细加料，以保证加料计量精度。

⑤ 除尘装置。在预混罐上方配置特殊的除尘器。投粉料时产生的气体可快速排放，防止扬尘，并防止水蒸气进入投料管道和螺旋喂料机。滤袋材质：PPS＋PTFE 覆膜，捕集效率＞99.5％，粉尘排放浓度＜20mg/m³。

⑥ 计量仪器。采用托利多 C3 精度称重模块（配托利多专用屏蔽双绞线抗干扰保证精度），精度可控制在 0.2％以内。可通过以下方式提高计量秤精度：分开搭建计量平台与搅拌罐平台；计量螺杆采用防堵塞结构设计；计量螺杆设计为防偏心模式，以防重心不稳；采用前后校秤的方式加料；采用先粗加料、后精加料的方式，防止螺杆电机转动。

（2）粉尘控制要求

整个产线要配置良好的除尘系统，车间粉尘控制达到国家及地方室内粉尘标准。如设备尾气的粉尘排放浓度符合《电池工业污染物排放标准》（GB 30484—2013）的要求，同时满足《工作场所有害因素职业接触限值　第 1 部分：化学有害因素》（GBZ 2.1—2019）的要求。根据物料特性合理配置除尘器过滤面积和过滤风速，保证高效除尘的同时，避免物料被过度吸出，造成物料浪费，影响称重精度。

拆包站采用全自动的密封拆包站。相较于传统的敞开式投料，确保进料时无粉尘外逸，同时配备集中除尘器收尘，防止拆包时的粉尘外逸。

设备之间的软连接选用 TPU 材质，在保证软连接自身强度的同时，避免粉尘或气味外逸至环境中。同时软连接采用内卡的紧固形式。除方便安装、维护外，内部压力越大，密封效果越显著，进一步保证粉尘不泄漏。生产过程中产生粉尘的点由设备除尘器收集，回收利用。

（3）产能设计要求

根据规划年产能计算投料批次、投料时间、投料节奏，采用几套投配料系统，对应的设备规格、功率、容积等参数要与投配料系统匹配。

（4）水电气能耗要求

相同配置条件下，优先选择能耗低的节能型设备。

3.1.4 质量控制点及注意事项

（1）质量控制点

注意碳酸锂、磷酸铁、葡萄糖各原料的含量、水分、杂质是否符合规定。

纯水 pH 值与电导率：超纯水 pH 在 $5.5\sim8$；电导率 $\leqslant1\mu S/cm$。

注意配料计量称重的精度：加水重量设定值 $\pm0.5kg$；铁源加入量设定值 $\pm0.5kg$；锂源加入量设定值 $\pm0.5kg$；碳源加入量设定值 $\pm0.5kg$；添加剂加入量设定值 $\pm0.1kg$。

注意配料顺序：依次投入锂源、碳源、铁源、添加剂。

（2）注意事项

操作人员应按照工艺指令单严格进行生产投料，并注意以下步骤。

① 称重复核。原料称量是整个工序中最关键的一道工序，称量前配料员需对秤进行校准，投料时严格按照工艺要求执行，配料过程中由组长进行记录和监督，配料后由现场 QA 进行复核，工程师定期检查。

② 减少误差。碳酸锂、葡萄糖、磷酸铁采用量程为 6000kg、精度为 0.2kg 的地秤进行称量，原料差补时则使用量程为 60kg、精度为 0.02kg 的台秤。称重结束后需清空投料站管壁粉尘，确保投料站系统残存物料 $\leqslant2kg$。

③ 加料顺序。加料顺序必须严格按照工艺要求进行，加完一种原料后才可加第二种，禁止为了赶时间几种原料同时添加。

配料时，不要佩戴一些易掉落物品（如笔、手表、手机等）和饰品，以防掉入投料站内。各种原料应杜绝袋内有余料，避免浪费。每次配料后将原料袋称重并记录，要求残存原料的重量 $\leqslant0.1kg$。

投料时注意查看各种原辅料的形态、颜色、气味、杂质等，当发现异物、结块、霉变、潮解时禁止投放使用，及时上报车间主管、质检员及其他有关人员。

原料包装中的外包膜、扎带、尼龙绳,在拆包时要连同包装袋放入料袋桶中进行配料扣重。

所有物料需放在指定原料存放区域,每个叉板上需张贴品名、批号进行区分。对散装样品需及时密封,防止吸潮变质。

3.1.5 常见故障与解决措施

投配料系统在运行中,可能由于某些人为或非人为因素,设备模块出现各种故障。系统报警故障分为阀门开关故障、搅拌油泵及工频电机故障、变频器故障、配料超限、转运超时、模拟量超限等。投配料系统常见故障及解决措施见表 3.1。

表 3.1 投配料系统常见故障与解决措施

故障描述	原因分析	解决方法
阀门开关故障(阀门关时,无关到位反馈信号;阀门开时,无开到位反馈信号)	触摸屏操作后无动作信号反馈到现场电磁阀; 现场电磁阀有动作信号,阀门开关不到位	根据系统原理图检查输出电路、对应继电器是否正常; 检查电磁阀是否正常;阀门是否正常供气(阀门供气压力 0.5～0.6MPa);检查阀门是否出现卡死;检查阀门开关反馈信号是否正常
搅拌油泵及工频电机故障	电动机启动器启动的电机油泵发生故障	再次将对应电动机启动器打开,手动开启故障设备,监测运行电流及电机三相电阻是否正常
变频器故障	由变频器启动的电机发生故障	需检查对应变频器故障代码,并参照变频器说明书对故障进行初步判定
配料超限	现场配料出现误差超限	需检查工艺参数设置是否正常;是否发生堵料或物料来源有无余料提供
转运超时	物料在转运过程中超过限定时间(30min)	需检查是否发生堵料,转运隔膜泵是否正常运转
模拟量超限	现场模拟量信号超过设定限制值	需检查工艺参数设置是否正常;是否堵料;现场仪器仪表是否正常

3.2 砂磨系统——砂磨机

3.2.1 砂磨系统介绍

(1) 砂磨机概述

近年来,随着我国材料科学的飞速发展,各行业对精细材料的需求日益增加。砂磨机（图 3.3）是精细材料制备的关键设备之一，广泛应用于涂料、油墨、医药、新能源、电子材料等领域。

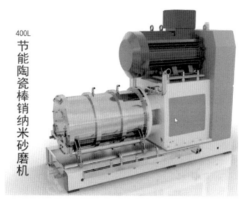

图 3.3　砂磨机实物图（东莞市亿富机械科技有限公司产品）

（2）砂磨机分类

砂磨机属于湿法超细研磨设备，因最初使用天然砂作为研磨介质而得名，是从球磨机发展而来的，主要分为敞开型和密闭型两类，每一类又可分为立式砂磨机和卧式砂磨机两种。

① 立式砂磨机（图 3.4）。立式砂磨机由进料系统、研磨筒、研磨盘、传动系统和电控系统等组成。工作时研磨筒内大部分装填研磨介质，其介质是用陶瓷或特殊材料制成的粒径不等的球形颗粒。物料从底部进入，从上口流出。

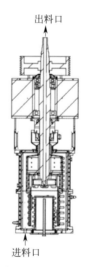

图 3.4　立式砂磨机实物及结构示意图

从制造的难度来看，立式砂磨机由于避免了密封方面的问题，在制造上较为容易，成本造价也较低，所以立式砂磨机更适合一些对产品要求比较低但需要高产量的产品制造。

从研磨细度来看，立式砂磨机磨腔内的研磨介质在受到重力的影响后，介质填充率较低，而且分布也不均匀，造成研磨效果不理想。不过，立式砂磨机研磨转子垂直的结构设计，可以避免传统砂磨机横向设计出现的主轴形变问题，且研磨介质堆积压强增大，研磨效率有一定的提升。

② 卧式砂磨机。卧式砂磨机主要由机座、主轴、研磨装置、冷却装置、控制系统、辅助装置等组成，是具有水平筒体的、可连续生产的超微粒研磨分散机械设备。卧式砂磨机的工作原理与立式砂磨机相同，但将立式砂磨机的研磨缸横向放置，会提高介质的填充率。因此卧式砂磨机的研磨效率比立式砂磨机更高。例如，在相同的循环研磨工艺条件下，用 400L 的立式砂磨机生产涂布级重钙，产量为 100～200kg/(台·h)，而 250L 的国产卧式砂磨机产量可达到 300～600kg/(台·h)。目前国内磷酸铁锂行业用的绝大多数为卧式砂磨机。

卧式砂磨机相比于立式砂磨机，最大的区别是研磨转子横向设计。由于结构、材质、尺寸等差异，卧式砂磨机的制造成本较高，但是它能保证物料的密封性，防止产品污染，很好地保证了产品的纯度，因而适合生产一些要求高精度和高细度的研磨产品。图 3.5 为卧式砂磨机的实物照片及结构示意图。

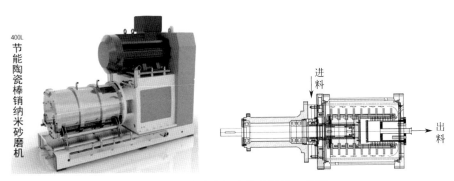

图 3.5　卧式砂磨机实物及结构示意图

(3) 砂磨机特点

砂磨机除具有滚动式球磨机冲压、研磨、互相撞击等作用外，还具有以下特点：①搅拌式快速旋转粉料与介质球，可以避免研磨死角，使碎粉、料浆混合更加均匀；②转速高，使研磨效果大大增强；③由于所选用的"砂"粒径小，砂料比大，增加了相互接触的概率，提高了研磨效率。以上特点使得砂磨机出料的粒度分布和平均颗粒尺寸都优于普通滚动球磨机。

（4）砂磨机工作原理

输送泵将经过预稀释搅拌后的固液混合原料泵入桶内，主轴带动研磨结构做高速旋转，并搅动桶体内的研磨介质，使之产生旋流和径轴向运动。高速旋转的研磨介质利用对撞、挤压、剪切等作用，对产品进行强行的研磨分散，使产品达到规定的细度分布和分散度，形成均匀稳定的成品，物料在压力的作用下从进料端流向出料端。同时，由电接点压力表和电接点温度表对其工作压力和工作温度进行自动控制，保证整机的安全运转。在出料端，高速旋转的出料转子将研磨介质分离到外层，物料则从出料转子内经筛网流出。停机时，缝隙比研磨介质还小的筛网将研磨介质截留在桶内。图 3.6 为卧式砂磨机的工作原理图。

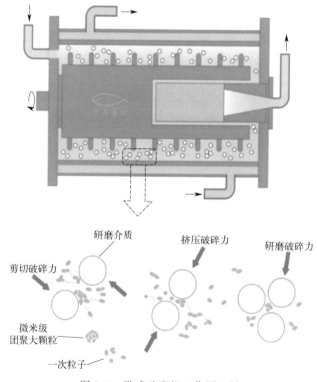

图 3.6　卧式砂磨机工作原理图

3.2.2　砂磨机结构组成及工艺流程

3.2.2.1　设备结构组成

砂磨机主要由研磨装置、传动装置、冷却装置、辅助装置、控制系统几部分组成，结构如图 3.7 所示。

（1）研磨装置

砂磨机的主要工作部件，包括研磨元件（涡轮、凸块、棒销等）、定距盘、主轴、研磨桶、介质动态分离器等。

（2）传动装置

确保砂磨机正常工作的核心部件，由主轴变速箱、主轴、轴承、机械密封装置和销等零部件构成。其将电动机提供的动力输入到研磨腔内，为物料破碎提供能量。

（3）冷却装置

对砂磨机腔体进行降温，主要由冷却管路、冷水机、泵机报警装置等组成。冷却水在研磨桶和主轴内不断循环流动进行换热。

（4）辅助装置

包括进料系统、出料系统、气泵等。

（5）控制系统

包括电机、变频器、压力表、温度表、流量表、信号放大器等。通过集成系统，反馈到智能制造系统或者控制柜上。

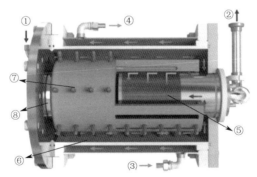

①—进料；②—出料；③—进冷却水；④—出冷却水；⑤—分离网；
⑥—研磨腔；⑦—研磨元件；⑧—机封
图 3.7　砂磨机结构示意图

3.2.2.2　工艺流程

砂磨系统主要由粗磨系统、精磨系统、除磁系统组成，其工艺流程图如图 3.8 所示。

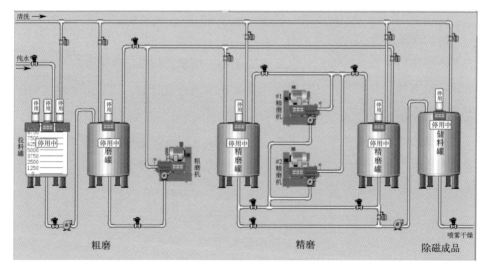

图 3.8　砂磨系统工艺流程图

① 粗磨系统。将分散后的物料进行初步粗磨，防止浆料中的粗颗粒堵塞研磨机滤网，为下一步精磨做准备。粗磨系统由砂磨机（配 0.6～0.8mm 研磨介质）、AB 互倒切换系统（PLC＋称重传感控制）、控制阀门、粗磨搅拌罐和过滤除铁器组成。粗磨后粒度一般达到 $D_{50}<1\mu m$（马尔文粒度仪湿法测试）。粗磨系统一般采用砂磨机与 3 个循环罐进行 ABC 循环研磨，也可以切换成单罐循环研磨，确保在极限异常情况下不停机生产。具体工艺过程如下。

采用 ABC 倒罐研磨方式。根据设定 A 罐接收上游浆料或者输送浆料至下游工艺。当 A 罐完成作业时与 B 罐组成 AB 罐循环研磨，即 A 罐→砂磨机→B 罐→砂磨机→A 罐循环作业。C 罐代替 A 罐起承上启下作用，如此周而复始做到砂磨机完全不停机。

进入砂磨机的浆料首先要经过 2 串 2 并的永磁除铁器过滤（可以减少异物带入）。全程自动控制，也可在砂磨机屏上进行手动操作。设备操作屏都有端口接入中央控制室，在控制室即可集中监控各设备运行情况。

② 精磨系统。将粗磨后的物料进一步精磨，使粒度达到工艺要求。具体工艺过程如下。采用 ABC 倒罐研磨方式。根据设定的研磨方案，采用任意两个精磨罐做 AB 倒罐研磨，C 罐做接收上游料或者输送至下游的动作，同时 C 罐接收上游浆料。当砂磨机研磨完成时，C 罐和 AB 罐中的其中一个空料罐组成一个循环研磨作业，装有研磨好浆料的罐同时向下游输送浆料，完成后开始接收上游浆料。如此周而复始做到砂磨机完全不停机。研磨好的浆料通过泵浦输送到除磁罐待除磁。

③ 除磁系统。将砂磨后的物料除去磁性物质并进行暂存待喷雾干燥。除磁系统由电磁除铁器、除铁成品罐、切换系统（PLC＋称重传感控制）、控制阀门组成。除铁采用 A 罐循环方式，当 ABC 罐除磁循环作业时，C 罐除完磁的浆料进入喷雾干燥系统进行喷雾作业。当 C 罐浆料用完后通过程序自动切换到已经完成除磁的罐再进入喷雾干燥作业，同时 B 罐打入待除磁浆料，程序同时切换到除铁器与 B 罐进行单罐循环除磁作业，周而复始。

3.2.3　设备技术要求

（1）设备基本配置如下

砂磨机有效容积：根据年产量计算，目前行业内单台普遍在 400L 以上。

研磨介质装填料：1000～1260kg，70％～85％添加量。

转子结构形式：棒销式研磨体系产生高强度的剪切力、破碎力，短时间内达到粒径要求。

分离器形式：大面积筛网分离，细磨间隙 0.15mm，配备高速分散器，适合从微米到纳米级不同要求、不同黏度产品的研磨。

转子线速度：8～15m/s。

主轴密封形式：集装式双端面机械密封。

物料泵浦：3 寸电动隔膜泵。

粒径要求：研磨后产品粒径分布窄，效率高，能耗低，效果达到客户需求。

清洁维护方便：清洁、维修、保养方便，仅需拆卸前盖板即可检修内部构件以及更换筛网，节省清洁维修时间，可快速转换生产配方。

锆球添加便利：配有添加锆球的进口和出口，可以方便快速地添加和排出锆球。

出料筛网：出料筛网材质主要有 SUS304 和陶瓷叠片两种。不锈钢筛网特点是出料面积大，但可能会产生微量金属污染；陶瓷叠片特点是出料面积不大，但没有金属污染。某些机型的出料网内会带冷却装置，能进一步降低物料温度。一般出料筛网的缝隙约为研磨珠直径的 1/2。

（2）能耗要求

冷却水用量要求：流量值根据砂磨机容积确定，温度 5～9℃、压力 0.2～0.3MPa。

冷却水进出管口规格：快装接头，卡盘。

进出料口规格：快装接头，卡盘。

用气量要求：压力 0.6MPa，流量值根据砂磨机容积确定。

用电量要求：同等配置下，选择节能型的。

（3）电气驱动要求

电机功率：关乎能耗，尽量选用节能或者高效型电机。

变频器：尽量选择知名品牌，关注效率。

传动形式：皮带轮传动，变频调速。

控制系统：PLC＋触摸屏（知名品牌，如西门子）。

冷却系统：桶体冷却系统，同时带机封冷却系统。

保护装置：桶体温度过高、压力过高，主机将报警并自动停机。

（4）机械密封要求

机械密封保护装置：机械密封温度过高、液位过低和压力偏离设置值，主机报警并自动关机。

机封独立冷却吊桶：独立吊桶用于机封冷却，压力 0.2～0.3MPa。

机封密封圈：O 形圈，防腐蚀的全氟密封。

密封液：添加与物料相似的密封冷却液，确保物料绝对不受污染。

（5）研磨区域耐磨材料

内筒体材质：导热性比较高的碳化硅为佳。

棒销材质：聚氨酯（PU）或氧化锆。

转子材质：聚氨酯（PU）或氧化锆。

分离器材质：SUS304。

（6）控制及监控系统

PLC 触摸屏控制，易于操作和过程控制，单机具有智能操作和智能维护及保养功能，搭配了具有智能操作、手动操作、保养教学、保养提醒、故障报警、自我诊断、数据存储、数据上传、数据监控、数据比对等智能功能。双温度、双压力控制设计，双重防呆防错，保证机器及系统稳定运行。配置脉冲稳定装置，可有效监控砂磨机的流量信号。

3.2.4 砂磨机产能影响因素

（1）运行模式的影响

砂磨机在运行中有 4 种常见模式：串联模式、并联模式、双罐钟摆模式和单罐循环模式（图 3.9）。不同运行模式的性能对比见表 3.2。每种模式各有优缺点，也可根据工艺设计需求进行再次组合。

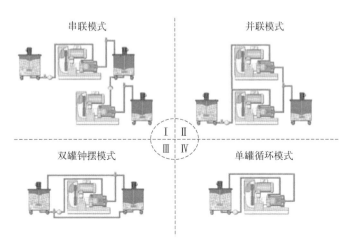

图 3.9　砂磨机运行方式示意图

表 3.2　砂磨机不同运行模式对比表

模式	特点
串联模式	分步进行研磨,实现了大颗粒物料微米化、纳米化
并联模式	将型号相同的砂磨机进行并联,提升了研磨效率
双罐钟摆模式	有利于获得更窄的粒径分布且一致性较好;增加了搅拌罐使用数量;要求较高的自动化控制,用于搅拌罐之间浆料切换
单罐循环模式	搅拌罐数量少,不需要自动化控制;搅拌罐上中下物料粒径出现分层,粒径分布较宽;搅拌罐容积相对砂磨机磨腔越大,这种现象越明显

（2）磨腔大小的影响

随着磨腔容积的增大，流量提升，单位时间内可处理的浆料增多，成本降低。市场已具有相对成熟的 1～1000L 型设备，大型砂磨机适用于更大规模的工业化生产。

（3）转子类型的影响

转子的类型直接决定了浆料和研磨介质在磨腔内的流向和相对运动。图 3.10 列出了常见的转子类型，包括凸块式、棒销式、盘片式、涡轮式。各个转子在研磨强度、破碎力、粒径分布、研磨效率等参数上各有不同。

（4）转子速度的影响

由于摩擦力的作用，转子会带动研磨介质和物料共同运动。整个系统趋于稳定时，转子的转速越高，提供给研磨介质的动能越大。动能基本供给研磨介质和物料，可以提升研磨效率。当然也会出现一些转子设计不合理现象，导致

凸块式

棒销式

盘片式

涡轮式

图 3.10　砂磨机转子类型图

速度过高做无用功，并释放大量的热量，导致料温偏高。转子速度、物料的流场、介质的运行轨迹要根据需求进行优化。过高的转速甚至可能引起研磨介质的过度磨损，甚至破碎。

(5) 介质大小的影响

研磨介质直径越小，在研磨过程中具有更多的接触点，效率就会更高。但是过小的研磨介质会造成效率的下降。需综合考虑物料粒径要求，选配合适的研磨介质粒径。

(6) 介质填充

研磨介质填充率的大小直接与运行过程中接触点的数量相关。过低时影响研磨效率，过高时造成料温偏高，能耗偏大。

(7) 介质密度

从动力学公式 $P=mv$ 可知，研磨介质的冲量 P 与质量 m 成正比，密度越大（单位体积）的研磨介质运动能量越大，研磨效率也相对越高。

3.2.5　质量控制点及注意事项

(1) 质量控制点

① 粒度控制。粗磨后，粒度 $D_{50}<2.0\mu m$ 才能转罐进入精磨。精磨检测粒度 D_{90} 达标才能转罐进入储料罐开始喷雾干燥。粒径不合格时，取样复测。复测结果仍不合格，立即报告主管和巡检，应检查设备情况，适当增加研磨时间，研磨至粒径合格。

② 黏度控制。精磨每转罐一次检测黏度一次，要求黏度≤1500mPa·s，超过时补加纯水降黏度。

③ 浆料密度控制。每台砂磨机每天第一批取样检测浆料密度，以密度检测结果 $\rho=1.27\sim1.31g/cm^3$ 为准。

④ pH 值控制。每台砂磨机每天第一批取样测试一次 pH 值：8.70±0.75；取样前，取样用的取样瓶须保持干净，无水干燥。

⑤ 时间控制。投料结束后需马上开始研磨，避免浆料因长时间滞留而糖分分解。研磨结束 2h 内需开始进行喷雾干燥，避免浆料长时间存放产生二次团聚和糖分分解。

⑥ 操作准确。开启和关闭管道阀门开关时，控制人员在电脑上操作，现场人员需现场进行检查核对，确认操作无误。

⑦ 研磨参数。浆料黏度、砂磨机转速、锆球添加量、隔膜泵转速必须严格按工艺要求控制。

⑧ 磁性物质控制。每 10～20 批清洗一次过滤器及磁选罐。收集磁性物质，记录收集质量结果，要求≤50mg/次。

⑨ 磁棒磁性强度管理。磁性强度值要求≥8000GS。

⑩ 磁力强度检测与记录。每 6 个月对磁棒磁性强度检测 1 次。磁棒磁力＜8000GS 后必须换新。

⑪ 异物控制。人员进出车间需经过风淋间进行吹扫，物料进出车间需经过物淋间进行表面吹扫和除铁。现场禁止铁屑、铁锈、铜材等其他金属异物，现场禁止切割作业。

（2）注意事项

开始操作时必须先开阀门，再开泵，结束时先关泵，再关阀门。

电机转速需根据工艺要求进行设置。

开始运转设备前，必须开启循环水组。

冷冻水进罐阀门不能全开，根据出水温度决定打开程度（出水温度＜33℃）。

进料泵的流量和使用温度，要符合产品的规格书要求。

清洗时不能使用高速运转，否则会加剧内置结构件与介质的磨损。

浆料温度控制：要求浆料温度≤50℃。

中转罐内壁清洗：每半月清扫砂磨中转罐内部和管道一次，避免原料结垢堵塞过滤器及砂磨间隙环。

锆球磨损检测：锆球首次使用满 6 个月后，每 3 个月放出锆球，并采用 80 目锆球筛分机筛分 0.18mm 以下锆球。将已筛出的小锆球称重，记录，并取新锆球如数补入。

砂磨机定期检查清洗：当研磨时间累计达到 600h 需清洗补充锆球和清洗锆球分离器（约每月一次）。当研磨出口压力过高，分离器堵塞时需要对分离器进行清洗。若长时间停机时，需对各料罐罐壁和搅拌桨进行全面清洗，防止各料罐内物料干涸结皮。

3.2.6　常见故障与解决措施

砂磨机在使用过程中，若操作不当可能会导致模块出现各种故障。砂磨系统常见故障及解决措施见表3.3。

表 3.3　砂磨系统常见故障及解决措施

故障描述	原因	解决措施
漏球	锆球磨损	拆卸出料口座,检查筛网有无变形、磨损,及时更换筛网
	直径小于筛网间隙	观察锆球使用时间及磨耗量,更换锆球
皮带有烧焦味	皮带受热拉长	检查皮带松紧度,重新调整松紧度
	螺丝松动,皮带轮移位	重新调整皮带轮平行度,并将紧固螺丝锁紧
	原料黏度高或泵浦送料大	检查电流表负荷是否太重,降低黏度及泵浦转速
主轴抱死,电机有异声	研磨槽内物料太多,电机带不动	由卸珠阀卸少许珠子出来,再启动电机使其能转动
	停机过久	检查电机是否能转,若不能则拆卸清理
主机无法启动	螺丝松动	检查控制面板按钮是否松动,控制线有无脱落,重新锁紧或更换控制按钮
	接触不良	检查电磁阀有无故障损坏,拆卸修理或更换新品
漏料	物料腐蚀,正常损耗	检查前盖板及机封挡板处 O-ring 是否有断裂,更换 O-ring 或更换机械密封
	使用时间过长,正常磨耗	判断机械密封是否磨损,动静环表面重新研磨
研磨腔超压	产品黏度过高	检查产品,提高砂磨机转速,降低泵的输料速度,重新调整产品配方
	物料出料口堵塞	对研磨腔进行泄压,当压力降下来后停机断电,然后清洗出料口和出料管道
分离网卡锆球	砂磨机出料流量减小,伴随累加效应,最终造成砂磨机堵网,无法出料	优化锆球分离方式,最大化分离网表面积
分离网变形磨损	磁性异物进入产品中;锆球进入产品	优化锆球分离方式,避免锆球直接冲击分离网
各项温度超温	砂磨机转速太高,温度探头损坏,研磨介质过多,冷却水压力过小且温度过高	加强冷却,优化工艺

故障描述	原因	解决措施
料温偏高	浆料中碳源焦化,浆料变黏稠,堵塞管道或分离网	砂磨机、搅拌罐使用水冷系统;采用板式换热器、管式换热器;磨腔使用导热性较好的材料,如碳化硅等
冷却液变少过快或浑浊变色	机械密封 O 形圈老化	更换新密封圈
	短期内冷却液损耗过大,机械密封磨损、老化	更换新的机械密封
珠子倒灌	内压大于外压,泵浦静止,而主机运转过久	清除泵浦内的珠子
	止逆阀失效	清洗止逆阀
研磨细度不够	原料硬度过高无法分散	选用品质较好的原料
	研磨珠不够	适当添加研磨珠
	碎珠子或异物掺杂在里面	更换全部研磨珠
	珠子大小选择不当	选用合适大小的研磨珠
泵浦卡住	电机负荷太大	电机冷却后 Thermal Relay 按回
	原料中有异物掺杂其中	将齿轮内杂物清除
	齿轮箱内没有润滑油或不够	添加新润滑油
泵浦抽不起来	管路接头松动	将接头锁紧
	泵浦内部没料	灌溶剂进去
	被涂料阻塞	用铁条疏通
	磨损使内部间隙太大	更换新品

3.3　干燥设备——喷雾干燥机

3.3.1　喷雾干燥机介绍

在新能源材料生产领域,喷雾干燥机是一种高效、节能、环保的关键设备,广泛应用于锂电池正、负极材料的生产过程。其工作原理基于高速离心喷雾雾化技术,通过将液体浆料分散成极细微的雾状液滴,并与经过过滤和加热的热空气并流接触,实现快速去除水分,从而实现物料的干燥和造粒功能。

喷雾干燥机是一种可以同时完成干燥和造粒的装置,按工艺要求可以调节料液泵的压力、流量、喷孔的大小,得到所需的按一定大小比例分布的球形颗粒。一般采用热风炉作为热源,将空气或氮气加热到 $250\sim300$℃ 左右,通过空气配分器进入喷雾干燥塔顶端，然后向下喷出。同时，待干燥的浆料从顶部通过离心或者二流体喷雾的方式喷出。一般喷出的雾滴直径只有几十微米。雾滴和热空气接触，瞬间完成雾滴内部水分的蒸发，形成干粉。干粉和含有大量水汽的空气进入旋风收集器，收集大部分大颗粒干燥物料。水蒸气和小部分的细粉进入除尘袋。水汽透过除尘袋的孔隙被排掉，少部分的细粉被除尘袋收集起来，经过反吹工序回用或者废弃。

　　磷酸铁锂的造粒粒度对于材料的烧结性能有重要影响，在磷酸铁锂颗粒表面实现均匀的碳包覆也是材料改性的重要手段。喷雾造粒能同时满足团聚体实现大颗粒粒度和均匀碳包覆的需求，是磷酸铁锂材料生产的重要工序。图3.11为工业喷雾干燥系统的实物照片。

图 3.11　工业喷雾干燥系统现场图（江苏尚金干燥科技有限公司产品）

喷雾干燥设备主要特点如下。

　　① 干燥速度快。由于雾滴细微，表面积大，和热空气接触时，瞬间可蒸发 $95\%\sim98\%$ 的水分，完成干燥仅需数秒钟。

　　② 产品质量高。干燥后的磷酸铁锂颗粒粒度均匀、结构致密，具有良好的均匀度、流动性和溶解性。产品纯度和质量显著提升。

　　③ 操作简便。设备采用智能化操作，生产过程简单，降低了操作难度和生产成本。

　　④ 节能环保。余热气体循环利用，提高了能源利用效率，同时减少废气排放，符合节能减排、低碳生产的要求。

3.3.2　喷雾干燥系统结构组成及工艺流程

3.3.2.1　设备结构组成

（1）送风机

送风机的作用是将室外空气（即干燥介质）输送至热风炉，并进一步输送到喷雾干燥塔。为了保证在干燥塔内形成微负压工况，送风机必须克服整个进风系统的阻力，包括空气过滤器、热风炉、管路及热风分布器。送风机机壳及叶轮材质为 SUS304，机架及底座采用优质碳素钢制作。

（2）高效能线性燃烧热风炉

天然气通过线性燃烧器直接燃烧，产生高温燃气，并借助具有强化换热措施的热风炉将高温燃气的热量传导给被加热的空气。需要加热的空气通过选配的鼓风机强制送入热风炉，空气吸热后温度升至额定值，从热风炉出口处流出。热风温度可以通过比例调节阀自动调节空气/燃气比例，实现自动精准控温。

（3）喷雾干燥塔

喷雾干燥塔为一个中空大圆筒体，是喷雾液滴与热空气混合接触、水分汽化蒸发的空间，其体积大小直接影响干燥设备的生产能力。

干燥塔上半段为直筒身，下半段为 52°夹角的圆锥体。干燥塔体的底部连接有一根出粉管，与旋风分离器或者袋滤器连接。干燥塔顶部安装有一套热风分布器，可使热风均匀地呈螺旋状进入干燥室。快速旋转的热气流促使雾化液滴与干燥介质充分混合接触，雾滴在短时间内即被干燥成粉状产品。干燥塔上设有人孔及照明灯孔，便于观察或清洁干燥室。

（4）雾化器

离心式雾化器是整个喷雾干燥装置的核心部件。目的是把研磨后的料液（磷酸铁锂）分散成细小的雾滴，增大料液的干燥表面积，提高干燥速度。雾化器转速较高，需要配有独立的驱动系统、冷却系统及润滑油循环系统，并配有振动检测、油温油压在线监测报警装置，确保齿轮增速机构润滑良好，运行可靠。为维持高速运转，离心喷雾器一般采用高强度的钛合金，转速可以高达50000r/min。

（5）除尘器

除尘器的作用是收集干燥的粉体材料，一般分为旋风除尘器和布袋除尘器两种。旋风除尘器一般布置在第一级，布袋除尘器布置在第二级。旋风除尘器由进料管、收集筒体、物料收集罐等组成，布袋除尘器由上箱体、中箱体、灰斗、导流板、支架、滤袋组件、喷吹装置、旋转阀、检测及控制系统等组成。旋风除尘器一般用于初级大部分颗粒的收集，可以显著减轻布袋除尘器的负荷。

旋风除尘器工作原理是：含尘气体由进风管道进入旋风除尘器。此时气流携裹着物料颗粒沿切线方向进入旋风除尘器筒体并开始沿筒体旋转。在离心力和重力作用下，颗粒逐渐下降并被收集到最底部的收集罐里。其余的气体和少量微尘从排气管排出，被引导进入下一级布袋除尘器。

布袋除尘器工作原理是：含尘气体由进风管道进入除尘室，在箱筒体导流系统的引导下，一部分粉尘分离后直接落入灰斗，剩余粉尘随气流进入中筒体过滤区。过滤后的洁净气体透过过滤袋，经上箱体、出风管道排出除尘器，经过风机和烟囱直接排放到大气中。随着过滤的进行，当滤袋表面积尘达到一定量时，由清灰控制装置（差压或定时、手动控制）按设定程序，控制当前单元离线，并打开电磁脉冲阀反向喷吹，抖落滤袋上的粉尘。落入灰斗中的粉尘进入输灰系统。

（6）旋转阀

旋转阀又称卸料阀/星形卸料器，是一种通过旋转部件，如转动挡板（叶片）旋转，使阀从开位变化至关位的机械装置，如图 3.12 所示。

图 3.12　喷雾干燥旋转卸料阀实物图（上海弗雷西阀门有限公司产品）

（7）引风机

引风机的作用是把承载大量水分的潮湿废气排出干燥系统。为了保证在干燥塔内维持微负压工况，引风机必须克服整个排风系统的阻力，包括管路、高效旋风除尘器及袋滤器的阻力。引风机机架及底座由优质碳素钢制作。采用整体钢架风机座加四只减振弹簧垫结构。一般需要按照生产量大小选择合适的引风机功率和口径。

3.3.2.2　工艺流程

　　喷雾干燥过程如图 3.13 所示,具体包括料液雾化、料液干燥、产品分离 3 个步骤。空气通过过滤器和加热器形成热风,进入干燥器顶部的空气分配器,热风呈螺旋状均匀进入干燥器。料液由料液槽流经过滤器,再由泵送至干燥器顶部的雾化器,使料液喷成小的雾状液滴。料液和热空气混合接触,水分迅速蒸发,在极短时间内干燥成为成品,成品由干燥塔底部和旋风分离器排出,废气由风机排出。

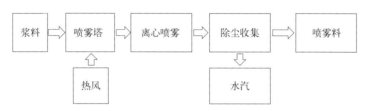

图 3.13　喷雾干燥系统工艺流程图

3.3.3　设备技术要求

(1)　基本参数要求

最大水分蒸发量:3000kg H_2O/h(根据产能要求确定)。

干燥方式:喷雾干燥。

进风温度:250～320℃(可调)。

出风温度:95～110℃(可调)。

干品水分:≤3%。

干品粒径分布:$D_{50} < 20\mu m$。

产能:烧得率>78%,年产能>10000t(根据产能要求定)。

干粉回收率:>99.9%。

出料温度:60～80℃。

(2)　设备基本要求

离心雾化器传动形式:机械传动。

转速:18000r/min(可调)。

干燥系统形式:开式系统。

干燥介质:空气。

干燥介质过滤系统:粗、中效二级过滤。

雾化方式：喷雾干燥离心式雾化变频调速。

雾滴与热空气接触方式：并流式。

料液供给方式：螺杆泵变频调速供料。

供热方式：直燃式燃气热风炉加热。

收料方式：布袋除尘器收集后集中连续出料。

尾气处理方式：经余热回收后直接排放。

控制系统：PLC＋触摸屏程序控制。

设备材质：物料接触部分304不锈钢，主塔外封304瓦楞板铆接。

燃烧器：线形燃烧器。

（3）设备能耗参数：

压缩空气耗量：根据生产量测算。

天然气耗量/压力：根据生产量测算。

雾化器冷却水耗量：根据生产量测算。

设备装机总功率：根据生产量测算。

3.3.4　影响喷雾干燥效果的因素

喷雾干燥工艺过程中涉及几个重点因素，对成品品质有一定的影响。这些重点因素包括干燥温度、干燥风量、进料速度（进料流量）、雾化压力、进料黏度（固含量）、干燥气体流速、在干燥室内的停留时间以及样品的含水率等。根据不同的喷雾干燥机型号还会有不同的影响因素。下面具体分析各个因素对喷雾干燥效果的影响。

（1）干燥温度

干燥温度是喷雾干燥技术中十分重要的工艺参数，影响干燥的效果和成品的理化性质。干燥温度越高，水分蒸发越快，但容易破坏物料中有效成分的活性，特别是一些热敏成分（例如葡萄糖），容易在高温下变性。反之，干燥温度越低，水分蒸发越慢，但能够保持物料中有效成分的活性。

（2）干燥风量

干燥风量是影响水分蒸发的另一个重要因素。干燥风量越大，干燥后的物料含水量越低。但若干燥风量过大，会导致部分颗粒随热风一起排到大气，造成浪费。干燥风量越小，进风速度越慢，干燥时间越长，对热风能量利用率越高，水分蒸发效果越好，但若干燥风量过小，达不到水分蒸发所需要的能量，最终得不到预期的低含水率的干燥成品。

（3）进料速度

进料速度影响着物料的干燥效率和效果。进料速度越快，喷雾干燥效率越高，但物料与热风接触时间越短，传热传质效率越低，最终干燥成品含水率越高。反之，进料速度越慢，物料与热空气接触时间越长，干燥得越彻底，成品得率就越高，但进料速度过低会造成能源浪费，降低生产效率。

（4）雾化压力

在使用喷嘴雾化器时，雾化阶段是在一定的压力下进行的。在这一过程中设计的压力会影响液滴的大小。对于特定的雾化器设备和进料溶液，随着压力的增加，液滴尺寸会减小。对于旋转离心型的雾化器，液滴大小与轮速和轮径呈反比关系，与喷雾盘的边缘线速度密切相关。

（5）进料黏度（固含量）

当进料黏度（固含量）增加时，供给喷嘴的雾化能量中有很大一部分被用来克服溶液的较大黏滞力。因此，用于液滴分裂的能量较少，导致液滴尺寸增大。为保持浆料的流动性，浆料的黏度有上限值。具体看不同设备的要求。

（6）干燥气体流速

干燥气体流速可以描述为每单位时间供应给系统的干燥空气的体积。干燥器可以在干燥空气吸入或喷射模式下运行。在吸入模式下，系统会出现轻微的负压。干燥空气供应速率还决定了产品的干燥程度和在旋风分离器中的分离效率。干燥空气进气速率越低，产品颗粒在系统中的移动越慢，干燥空气对它们的作用时间越长。这意味着干燥气体流速应足够低，以确保颗粒的完全除水。但同时也应适合后续的分离程序。压缩气体通过喷嘴与进料同时供应，以确保进料的充分雾化。增加气体量可以改善液体流的雾化效果（产生更小的液滴），从而得到更小的产品颗粒。气体供应的压力取决于喷嘴结构的要求。向雾化设备供应进料的可能性取决于进料本身的特性，也与供应它的泵送设备和管道有关。考虑到干燥过程的稳定性，有必要对混合物进料速率进行连续控制，任何进料速率的变化都应平稳进行。

（7）在干燥室内的停留时间

停留时间指的是雾化液滴在喷雾塔内的暴露时间，这是另一个直接影响最终产品质量的重要因素。停留时间应足够长，以确保完成干燥阶段的主要目标，即获得干燥的颗粒。此外，保持产品特性至关重要，因为当干燥颗粒停留时间更长时，可能会发生热降解，尤其是热敏性材料（例如葡萄糖等）。在关于喷雾干燥中干燥动力学和颗粒停留时间的早期研究中，实验结果证明了喷雾停留时间受雾化比率和气流速率的控制。这揭示了干燥气体温度对颗粒停留时间有一定的影响，但雾化比率和气流速率显然是影响停留时间最重要的参数。研究表明，由于初始颗粒速度较高，颗粒停留时间总是比平均干燥气体停留时间短。给定喷雾体系下，较小颗粒比较大颗粒在干燥室内停留的时间更长。

3.3.5 质量控制点及注意事项

（1）工艺控制点

干燥塔生产进风温度：一般为 $250 \sim 300℃$；进风温度设备报警设定值。

干燥塔生产排风温度：设定值 $\pm 2℃$；出风温度设备报警设定值。

雾化器电流：设定值 $\pm 20A$；雾化器电流设备报警设定值。

雾化器转速：设定值 $\pm 100r/min$；雾化器转速设备报警设定值。

雾化器振幅：$0 \sim 195\mu m$；雾化器振幅设备报警设定值。

雾化器油温：$\leqslant 80℃$；雾化器油温设备报警设定值。

塔内压力：$(-1 \pm 0.5)mbar$；塔内压力设备报警设定值。

袋滤器压差设备报警设定值。

反吹压力：设定值 $\pm 0.05MPa$。

振打压力：设定值 $\pm 0.5bar$。

供料泵压力：$\leqslant 3.5bar$；供料泵压力设备报警设定值。

雾化器、雾化轮冷却风机：HH 为 $65℃$；H 为 $50℃$。

进风机、排风机电流：$1.82A$。

粒径 D_{50}：一般为 $(20 \pm 10)\mu m$。

含水率：一般 $< 1\%$。

磁棒 GS 值：$\geqslant 8000GS$。

磁性杂质重量：每班清洗一次磁选罐，要求排磁量 $\leqslant 1mg$。

（2）注意事项

喷雾岗位操作员需严格按照工艺单进行工艺控制。

每批喷料 1h 后，喷雾巡检人员取样送质保部检测水分，要求水分 $\leqslant 1\%$。

喷雾作业时，巡检人员按"喷雾塔岗位巡检表"每小时对设备进行巡检，查看各个部件的运行情况，记录好相关参数。如发现异常需上报车间工艺技术员，并进行喷雾参数调整。

进风温度：进风温度影响喷雾效率，通过蒸汽和电加热进行调节控制。当进风温度升高时，每小时喷雾量增加，喷雾速度加快。反之，进风温度降低，喷雾速度变慢。

出风温度：出风温度影响粉体水分，主要由进料泵（螺杆泵）频率控制。当调高进料泵（螺杆泵）频率，进料速度快，出风温度降低，粉体水分增加。反之，进料速度慢，出风温度升高，粉体水分减少。

风机频率：送风机频率影响进风温度和喷料效率。风机频率调低，风量变小，进风温度升高，料在塔内停留时间加长，粉体更干燥，但喷料速度降低。反之，风量变大，进风温度降低，粉体水分增大，喷料速度提高。

塔内负压：喷雾时塔内保持负压有助于避免粉体跑冒外泄。塔内负压影响粉体在塔内的输送速度。负压变小，料在塔内干燥时间短，粉体含水率增大；反之，负压变大，料在塔内干燥时间长，粉体含水量降低。注意监控塔内的负压，防止由于负压过度，造成喷雾筒体变形。

副塔压力：当副塔塔顶压力低于 -600Pa 时，需适当加大布袋脉冲压力 0.1MPa，防止布袋堵料。

气锤脉冲：从塔体视镜口观察塔内雾化情况和内壁粘料情况，若塔壁上粘料过多，将击振脉冲间歇时间调短。若还是出现粘料，则要将此情况上报给技术员，由技术员调整工艺参数。

喷雾开机时，先开总电源，再依次开各电器元件开关。关机时，先依次关闭各电器元件开关，再关闭总电源。如果操作不当将引起电流过载冲击，造成设备损坏。

喷料过程中，应保持料管持续进料，如果进料泵（螺杆泵）停转，或料管掉落、堵塞，出风温度将快速上升，此时应立即关闭加热，排查原因。当出风温度长期超过 100℃ 时，粉体将炭化，成品碳含量降低。如果粉体在塔底堆积无法及时输送到窑炉，将有自燃风险。当出风温度超过 150℃ 时，严重者将烧坏布袋。

喷料过程中，操作员要根据窑炉工序及时做好沟通协作。当窑炉原料仓满或出现故障时需立刻停止喷料，避免造成输送线堵料和窑炉上料机喷料。巡检人员要注意观察粉体雾化干燥情况，当发现主塔人孔玻璃出现水滴或水流现象时，说明喷雾温度过低，粉体干燥不充分，此时要检查蒸汽和电加热情况，降低进料速度。同时，巡检人员要注意雾化器冷却油箱的温度、油位是否正常，如果油位或温度出现异常要立刻停机检查。

升温和降温时进行喷水，需要控制好出风温度（100±2）℃，若出风温度低于 90℃，进料纯水无法有效汽化，水蒸气容易在塔壁和布袋凝结，主塔塔底弯管处容易积水，影响喷料形貌和水分控制。

电加热和蒸汽阀门关闭后不宜立刻关机，需等待进出风温度降到 60℃ 附近，且降温时间合计达到 50min 再关闭引风机，防止余热聚集引发事故。

3.3.6　常见故障与解决措施

在生产过程中，有时会出现异常现象，特别是新设备，初次运转，在操作不熟练、调节控制缺乏经验时，更易产生一些问题。现将可能出现的问题以及引起的原因、补救措施等列表予以说明，见表 3.4。

表 3.4　喷雾干燥系统常见故障与解决措施

故障问题	原因分析	解决方法
产品含水率高	排风温度太低	适当减少进料量，以提高排风温度
干燥室内壁有粘着湿粉现象	进料量太大，不能充分蒸发	适当减少进料量
	喷雾开始前干燥室加热不足	适当提高进出口温度
	进料量调节过大	在开始喷雾时，流量要小，逐步加大，调至适当为止
	加入料液未呈稳定细流或进料量过大或过小	检查管道是否堵塞；调整物料固含量，保证料液的流动性
蒸发量降低	整个系统的空气量减少	检查离心风机的转速是否正常；检查离心风机的出口蝶阀；检查空气过滤器和加热器管道是否堵塞
	热风的进口温度偏低	检查电压是否正常；检查电加热器是否正常工作
	设备有漏风现象	检查设备各组件连接处是否密封；检查蒸汽压力是否降低
成品杂质过多	空气过滤器效果不佳	过滤器使用时间太长，更换或清洗
	积粉混入成品	检查热风入口处是否有积粉情况，清理积粉
	料液纯度不高	喷雾前将料液过滤
	设备清洗不彻底	重新清洗设备
产品太细	料液固含量太低	提高料液固含量
	进料量太少	加大进料量，相应增加进风温度
产品得率低、跑粉损失过多	旋风分离器效果差（其分离效率和粉末的密度与粒度的大小有关，某些物料可根据需要增加第二级除尘）	检查旋风分离器是否由于敲击、碰撞而变形；提高旋风分离器进出口的气密性，检查其内壁及出料口是否有积料堵塞现象
离心喷头转速太低	离心喷头部件有故障	停止使用喷头，检查喷头内部件
	电气系统有问题	检查电气系统
离心喷头运转时有振动	喷雾盘上有残留物质	检查并清洗喷雾盘
	轴产生永久弯曲变形	更换新轴

3.4　烧结设备——辊道窑

3.4.1　辊道窑介绍

(1) 辊道窑概述

锂离子电池正极材料磷酸铁锂工业化生产通常采用高温固相烧结工艺，烧结窑是关键设备之一。原料经均匀混合、干燥后装入辊道窑进行烧结，从辊道窑卸料后进入粉碎分级工序。

对磷酸铁锂材料的生产而言，辊道窑的温度控温与均匀性、气氛控制与均匀性、连续性、产能、能耗和自动化程度等技术经济指标至关重要。辊道窑现场照片如图 3.14 所示。

图 3.14　辊道窑现场图（江苏博涛智能热工股份有限公司产品）

市场上常用的辊道窑采用先进的红外技术和炉膛材料以及温度控制技术，提高设备热效率的同时，保证了温度控制的精确度；利用成熟的炉体设计技术，保证炉温的均匀性；采用科学合理的传动方式，保证推板运行的平整、稳定；多路气氛的引入，保证了炉腔内气氛的均匀性及废气的顺畅排放，从而保证产品的烧成质量。

(2) 辊道窑特点

辊道窑是梭式窑、隧道窑、推板窑后的新一代产品，目前应用广泛。其优点有以下几个方面。

① 烧结出来的产品一致性好。通过均匀的高温烧结，材料可形成完整的晶格结构和稳定的碳包覆结构，从而提高产品的导电性、容量和循环稳定性。

② 热效率高。辊道窑可利用废气进行预热，有效减少了能量浪费，提高整体热效率。

③ 生产效率高。采用全自动化生产流程，减少人工干预，提高生产效率。工人无须直接接触高温，工作环境更加安全。

④ 设备结构简单，操作方便，易于维护。控制系统采用 PID 自动控制，温度调节精准，运行平稳可靠。

（3）辊道窑工作原理

在生产使用时，将喷雾干燥好的物料通过装钵机，定量装进石墨匣钵中。匣钵放置在耐高温的陶瓷辊棒上。通过辊棒的不断转动，使装有原料的石墨匣钵依序前进，经过反复抽气，充氮气，进入氮气气氛辊道窑，氮气充当窑炉内部保护气。按照不同的产品烧结工艺要求进窑烧成。承载物料的匣钵在转动的辊道上，依次通过预热区、烧成区、冷却区。其中烧成区恒温在一定温度下并保持一段时间，是磷酸铁锂烧结的主要阶段。经过烧结，最终形成碳包覆的磷酸铁锂粉体材料。烧结的时间和温度对材料的性能有决定性的影响。烧结的磷酸铁锂产品，经冷却区冷却到室温后，形成烧结物料。

3.4.2 辊道窑结构组成及工艺流程

3.4.2.1 设备结构组成

辊道窑主要由进口气室、炉体单元（含升温段、恒温段、降温段）、冷却组件（风冷冷却或水冷冷却）、出口气室、传动组件、气氛控制组件、废气排放组件等组成，具体配置视设备而定。炉体由金属外壳和内部炉衬组成，炉内上下分别独立控温，且炉体外表面附着有事故处理孔、进气孔、排气孔、测温孔、调节螺栓和清理孔等结构。辊道窑的结构图如图 3.15 所示。

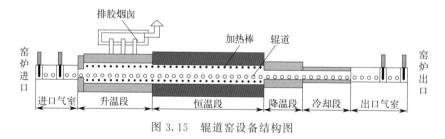

图 3.15 辊道窑设备结构图

以下对主要部件进行详细说明。

（1）窑炉本体

窑炉主体由箱体模块化构成。每一模块都是由砌砖及钢板构成的钢结构复合体。箱体模块侧面由型钢构成，同时带有钢板。从窑炉入口至恒温段后强冷开始前的窑顶为拱形，冷却段为平顶、双夹套设计，用以冷却制品及窑炉箱体外表面。

炉膛分成进口过渡区、加热区和降温区。炉体外密封设计，保证烧成的气氛要求。炉膛内顶采用碳化硅支撑堇青石棚板结构，顶铺 1260 毯，侧面及底部为轻质砖加轻质保温板的复合保温结构。由于采用了轻质材料保温，热容小，升降温快，因此温度控制灵敏，并且有明显的节能效果。

设备在进口置换室、炉体升温段都布置有废水收集口。其中进口置换室、炉体升温段的排水为物料排出的废水，经炉体两侧各通过一根主管路汇集在一起，由手阀控制排放，用户需将其接入废水处理系统。连续生产一般要求 1 天排放 1 次。如果物料排出的废水含有污染物质，需做相应的无害处理。

升温段的作用是通过初步加热使整个炉体的温度逐渐升高，对相应的炉膛结构起到一定的缓冲保护作用，避免快速加热对整体结构产生较大的应力破坏。同时对钵体中的原材料进行初步预热、排胶，为后续高温煅烧奠定基础。

恒温段是烧结过程中最重要的区域，其作用是为钵体中化学物质的反应提供稳定的高温热环境和气氛。在恒温段，磷酸铁锂晶体发生形核、晶体长大等反应。化学反应的程度直接影响烧结成品的质量。温度过低达不到反应条件，会造成烧结成品局部生烧和色差等缺陷；温度过高会导致烧结成品过烧和变形等问题。因此，恒温段温度场的温度和均匀性的控制对于提高烧成品的质量起关键作用。

降温段的作用是使高温钵体实现快速冷却。但在冷却过程中要避免温度快速下降对烧成固体的产品产生应力破坏。在降温段安装收集余热的装置，其作用是将升温段和恒温段所需的气氛加热到一定的温度后，再通过鼓风机将其输送到相应区域，不仅提高了能量利用率，而且所加的气氛还会进一步促进恒温段的温度场的均匀性。

（2）进、出口置换室

气室设置在窑体前后端，分别为进口气室、出口气室。气室由密封闸门分割成多个独立的密封置换空间，每个气腔包含独立的进气、排气及传动系统，当匣钵进入其中一个密封置换空间进行气氛置换时，不影响其他气腔运行，以保证烧成的气氛要求。当排胶量比较大时，可以通过排水漏斗下方的阀门定期排空。一般设置 3 道密封门，门的升降采用气缸驱动，与匣钵接触部分的材质采用非金属。置换室单独设置气体打入，与炉膛相连部分也设置气体打入。产品进第一道门前和产品出第三道门后是不密封的。

出口气室另设有匣钵夹持机构及匣钵阻挡机构。夹持及阻挡机构联合起来用于匣钵找正。保证匣钵出料整齐，便于卸料。进出口置换室的主要作用是保证窑炉内气氛稳定。对进出口的空气用氮气进行反复置换，并隔绝外界空气进入炉内。

（3）加热系统

窑炉加热一般采用电加热，但最近几年出于成本考虑，也出现了天然气加热与电加热相结合的方式。电加热的优势是可以精确控制温度，而天然气加热时温度控制精度稍差。窑炉加热元件一般在炉体内上下分布，通常采用铁铬铝加热丝或者硅碳棒，并外包石英保护管防止腐蚀。

（4）尾气处理系统

尾气处理系统用于烧结磷酸铁锂辊道窑排气管排放出来的尾气。由于尾气是由碳源（葡萄糖等）产生的，含有一部分有机物，如焦油、高分子化合物等，可以通过焚烧系统处理，转变为水蒸气和二氧化碳排放。

（5）传动系统

辊道窑主传动系统采用分段式螺旋齿轮独立传动。减速电机带动主轴运转，主轴上安装螺旋齿轮，组成若干对螺旋齿轮传动，辊棒与每对齿轮的输出端通过套筒式万向节连接，从而带动辊棒运转。根据客户的要求可选配断棒报警功能。各电机单元可实现正反转，通过辊棒不同的连接方式，使辊棒进行传动。传动路径：电机→减速机→链条传动→齿轮传动→万向节传动→辊棒。辊棒一般采用反应烧结碳化硅材质，具有耐高温、耐腐蚀、高硬度、高导热性的特点，一般为外径 50～60mm、壁厚 78mm 的圆管。

（6）冷却系统

冷却系统根据冷却介质的不同，可分为风冷组件与水冷组件（具体配置视设备而定）。风冷组件顶部及底部布置碳化硅棒或者翅片管作为风道，与后部抽排风机管道连接。通过抽风机引导外部冷却空气置换管道内气体作为降温手段，可以通过风机频率控制气体置换的流量，从而控制降温速率。水冷组件顶部及底部布置螺旋扁管或者翅片管作为水道，通过循环水吸收腔体内热量，降低腔体内温度。出炉物料温度应控制在 60℃ 以下，以减少空气对磷酸铁锂物料的氧化。

（7）外循环输送系统

外循环输送系统主要用于运输匣钵，实现自动化的装料、出料。系统由出口横送、回送线、分钵、卸料装置、清扫装置、装料装置、振实、叠钵、入口横送工位构成。为提高效率，一般 2 条窑炉对应 1 条自动循环线。整个外循环线的设备流程如图 3.16 所示。

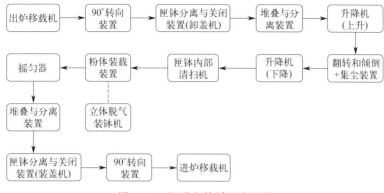

图 3.16　辊道窑外循环流程图

（8）进气系统

炉体进气分为底部进气和传动仓进气，其中传动仓处工艺气体经过充分预热后进入炉腔，避免干扰炉腔的温度均匀度。由流量计控制各进气点的进气量大小。

（9）排气系统

在磷酸铁锂材料的烧结过程中，会持续放出气体。不仅有碳酸锂分解产生的二氧化碳，还有葡萄糖等碳源分解产生的焦油、一氧化碳、氢气、有机物粉尘等，需要通过进一步的高温烧掉，以避免污染环境。经过高温富氧燃烧产生的废气，需要通过 15～30m 的烟囱排放。

一般需要在窑炉的顶部安装排气系统，用于废气的排放。该排气系统通过风机接入客户排气系统总管进行处理。进口置换室通过球阀控制置换气体的排放，并且直接接入抽排系统。窑炉每路烟囱均可通过调节旋转手阀来调节排气风量的大小。

在主管道上设有总调节阀，同一焚烧炉系统下的单台辊道窑停炉时，应关闭该辊道窑的总调节阀，防止各台辊道窑相互间的串扰。如果物料排出的废气含有污染物质，需做相应的无害处理。

3.4.2.2　工艺流程

使用辊道窑进行烧结的工艺流程如图 3.17 所示。

图 3.17　辊道窑工艺流程

101

3.4.3 设备技术要求

（1）基础数据要求

待烧结物料：磷酸铁锂干燥粉末。

物料松装密度：$0.6 \sim 0.7 g/cm^3$。

烧失率：25%左右。

设备产能：首先确定设备的年产能、日产能及单台设备产能。根据产能要求设计窑炉的长度、匣钵排列形式等。

温度参数：最高烧结温度900℃；长期工作温度770℃；设计烧结周期$15 \sim 24h$。

温区数量：升温区15个，保温区15个，冷却区10个。

烧结曲线：升温时间约4.8h，保温时间约9h，冷却时间约6.2h。

升降温速率：产品及匣钵的升温速率平均为2.59℃/min，降温速率平均为1.91℃/min。

升温和保温过渡温区：可切换，功率需满足要求。

控温精度：控制温度的显示值与设定温度值的偏差≤±1℃（恒温区）。

控温仪表精度：3‰。

温度均匀性：$\Delta T \leqslant 5℃$，同一端面12个空匣钵底部中心测温环测试温度$\Delta T \leqslant \pm 5℃$（目标≤5℃）。

出料温度：物料表面温度≤70℃（窑炉出口处）。

（2）设备基本要求

① 窑炉基本尺寸参数（根据产能和厂房具体情况而定，是确定窑炉规格的主要参数）。

窑炉主体长度：窑炉长度，不含置换室及外线。

升温段长度、保温段长度、冷却段长度。

炉腔尺寸：设计尺寸、有效尺寸。

运行方式：几列几层。

线体输送：1拖2（1套外循环线体带2台窑炉）。

② 匣钵要求。

匣钵材质及尺寸：匣钵材质一般是石墨，尺寸330mm×330mm×（150～200）mm；具体尺寸根据窑炉尺寸而定。

匣钵排列形式：目前行业内普遍采用六列双层，直接决定了设备的产能。

单钵装载量：≥8kg（基准），装钵精度≤设定值±80g。

火沟尺寸：5mm。

石墨匣钵重量：7kg。

③ 气氛控制系统。

气氛：99.999%纯度以上的氮气。

气氛压力：0.4MPa。

含氧量：空炉400℃状态下，升温区及保温段≤30ppm，冷却区≤30ppm，置换室≤30ppm。

氮气进气量/排气量：200～1000Nm³/h（根据不同规格）。

入口置换室：三门两仓，增强型密闭构造，材质主体SUS304。

出口置换室：构造和材质与入口置换室一致。

匣钵驱动方式：三相异步电机驱动辊道。

升降门驱动方式：气缸驱动（锂电专用，禁铜）。

异物防护：电磁阀后进气主管道配置高效过滤器，防金属异物污染；规格0.3μm，过滤效率≥99.7%。

非金属要求：金属辊棒装置与匣钵接触面采用陶瓷辊轮接触螺丝与紧固件；统一采用SUS304不锈钢材质；

④ 驱动系统。

驱动方式：驱动侧由电机通过链轮、斜齿轮驱动，各电机单元可实现正反转。

辊棒连接方式：高精度浮动万向节式，材质SUS304，减少辊棒应力，防止拗断；自适应可调整构造，大幅度减轻蛇形。

驱动数量：左驱、右驱数量（重要的设备选型参数，具体根据实际情况确定）。

驱动速度：IN-OUT 24h（驱动速度约12～24h可调）。

驱动电机：每台均配置变频器控制，驱动电机和减速机品牌选择知名品牌。

辊棒规格：直径φ42mm、长度2.4m、壁厚5mm。

辊棒间距：20～30cm。

辊棒材质：SiC。

⑤ 进气系统。

气源：入口压力0.2MPa设计最大流量。

管道：材质SUS304，管路内部碱洗除油，清洁处理，外部焊接处酸洗，阀门等配件采用氮气专用型号，主管道设置涡街流量计，压力变送器，设有旁路。在更换涡街流量计时炉内打入的气体可以不停止，配减压阀。

减压阀：材质SUS304，禁铜。

高效过滤器：全材质禁铜。

打入位置：炉内底部均匀多点打入，经底部预热腔预热后，炉底打入管伸出炉底。

杂质控制：进气主管道配置高效过滤器，防金属异物污染。规格 $0.3\mu m$，过滤效率≥99.7%。

气氛/炉压测试口：每个温区中部设置 1 个。

⑥ 入口排气系统。

排气方式：直连式。

排气管材质：SUS304。

排气管保温：50mm 棉毯＋SUS304 保温。

落脏对策：炉顶排气内部为陶瓷结构且呈 L 形结构，排气竖管内衬陶瓷管，陶瓷插板阀耐腐；

排气风机：入口排气变频控制 1 台，排气风机放置在窑炉入口处。

离心式风机，皮带传动：叶轮、机壳 SUS304，机座 Q235；耐热 350℃，变频电机，风机入口温度监测。

⑦ 废气处理要求。

焚烧炉类型：密闭式焚烧炉。

焚烧炉数量：1 拖 2。

炉材结构：内层，纤维模块；背衬，陶瓷纤维毯。

风管材质：SUS304（焚烧炉出口高温段，配冷风前）。

废气处理量：一般 $800\sim1000Nm^3/h$。

使用温度：常用 650～750℃，最高 850℃。

炉压控制方式：变频器驱动的排气风机制御，手动/自动制御可选。

安全配置：燃气安全阀、火焰监测、泄漏检知。

燃气接入量：按需求接入。

⑧ 辊棒要求。

蛇形效果：前后偏移≤±60mm，左右偏移≤±40mm。

辊棒规格要求：SiC 含量≥82%。

抗弯强度：≥250MPa。

辊棒监控：带断棒检测系统，辊棒运行速度可调节。

辊棒承载：单列（4 根辊棒）；承重≤260kg（两个匣钵＋物料＋盖板重量）。

孔明砖材质：空心球 95。

(3) 设备能耗指标

耗电量：相同配置条件下，尽量选择节能型。

氮气：气源压力 0.4MPa，纯度 99.999%。

天然气：气源压力 50kPa。

压缩空气：气源压力 0.5MPa，无油无水。

冷却水（循环）：温升 5℃，水源压力 0.2MPa，进水温度≤30℃。

（4）窑炉材质要求

① 炉本体。炉体采用 Q235B 4t，单面满焊（局部双面满焊）的全密闭构造，与炉腔直接接触部分采用 SUS304。

② 炉内材料及构造。

a. 升温段。天井/拱顶：莫来石砖＋棉毯；隔壁：SiSiC 横梁＋棉板；侧壁、炉床：莫来石砖＋陶瓷纤维板。

b. 保温段。天井/平顶：SiSiC 横梁＋高纯刚玉板＋棉毯；隔壁：SiSiC 横梁＋棉板；侧壁、炉床：莫来石砖＋陶瓷纤维板。

c. 降温段。第 1～4 节：上部双层翅片，下部单层翅片冷却；第 5～9 节：上下单层翅片冷却。

③ 其他材质要求。与物料直接接触部位不能含铜、锌、镍、铬等金属元素，除电子元件外其他设备部件均不能含铜、锌等金属元素，所有含铜、锌等金属元素的零部件需给出零件清单（包含零件的位置、数量）。与物料接触的材质为 304 不锈钢，筒体做 ETFE 涂层，运动件做碳化钨涂层。窑炉主体设备的水、氮气、压缩空气的主管需采用不锈钢材质。

（5）检测功能要求

辊棒断裂检知：每根辊棒配置非接触式检知机构，每个转动周期断棒监测，分段（6m/段）报警提示，无盲区。

安全报警装置：必不可少，功能要齐全，如蜂鸣器和报警旋转灯。常见异常有温度异常、SCR 异常、炉头风机过载、尾气排气风机过载、驱动电机过载、安全销系统、辊棒断裂检知、循环水压力异常、循环水温度异常、排气风机入口温度异常、焚烧炉压力异常、氧含量异常、炉压异常、主气源断气、氮气压力异常、压缩空气断气、压缩空气压力异常等。

（6）其他要求

窑炉外循环线密封性要好，炉出口至物料回收工位之间的线体做通气保护，线体内部为微正压。

升温段设置快速清理炉底积灰的门孔。

炉体表面温度：炉顶温度≤室温＋40℃（不含排气口周边）、侧面温度≤

室温＋60℃（不含排气口周边、加热箱及驱动箱区域）。

氮气总进气压力、总进气流量需要带通信功能，能够上传中控室记录；总进水压力、流量、温度需要带通信功能，能够上传中控室记录。

配电总柜具备电压、电流、功率、电量显示，具备计量功能。

控制系统需预留与中控系统对接的点位。

设备保温要求：设备加热系统、冷却系统都有保温要求，要求采用控制加热丝进行加热保温。

炉腔压力：空炉状态下可控制在 20～30Pa。

冷却段冷却方式：水冷与风冷换热。

3.4.4 质量控制点及注意事项

（1）工艺控制点

装钵量：设置值±0.5（kg/钵）。

窑炉链速：根据工艺烧结时间调整。

氮气总流量：设置值±30m³/min。

各温区温度、炉温曲线、保温区温度：设置值±2℃。

氧含量：空炉≤30ppm，满炉≤1ppm，每班测量一次。

烟囱温度、排烟机出风温度：小于设置值。

出料温度：<80℃（表面温度）。

冷却进水温度：≤15℃。

冷却出水温度：≤35℃。

冷却水压力：设置值±0.15MPa。

N_2进气总压力：设置值±20kPa。

烧成周期：设置值±0.2h。

升温速率：设定值。

排烟风机开度：排气 1～4：设定值±2；排气 5～10：设定值±1。

炉各段打入氮气流量：设定值±1m³/h。

炉压：设定值＋20/－5Pa。

热电偶校准：±0.75%T。

保温时间：设定值±0.1h。

进炉匣钵料外观：金黄色且无异物。

装钵机电子秤校准：d＝0.01kg。

出炉匣钵料外观：灰黑色、松散状；表面无白色、无氧化红色；无异物。

（2）质量控制点

烧结过程中根据工艺要求设定温度曲线，并定期测试左、中、右各匣钵烧结温度。

定期检测窑炉氧含量，确保烧结粉体不被氧化。

粉碎开启，用氮气量陡增时，要适当调高氮气压力，并密切注意炉压是否异常。

烧结后粉体要及时下料输送到粉碎原料仓，避免滞留自动线后吸潮影响含水率。

控制每钵装料量（8±0.2）kg，避免装料过多导致喷料和烧结不充分。

清扫工位集尘器需每班清理一次，避免空匣钵清扫不充分导致产品重复烧结，影响品质。

（3）注意事项

氧含量检测：生产过程中需每班（12h）测试 1 次炉内氧含量。如有异常，应增加测试次数和测试点。

匣钵使用：生产中上料岗位实时巡检自动线上匣钵，一旦发现裂纹、崩角、击穿要对匣钵进行隔离报废处理。当发现匣钵表面氧化变红后，应立即隔离，防止污染。将被氧化的匣钵清洗后浸入 10% 的葡萄糖溶液，空钵经窑炉氮气还原后检查没有红色后才能再次使用。匣钵严防湿润，存放时需放在干净塑料托盘上。搬运时轻拿轻放，严禁摔震。

装钵称量秤的校准：每批装料前需用 20kg 的砝码对电子秤进行校准。

3.4.5　常见故障与解决措施

辊道窑系统常见故障及解决措施见表 3.5。

表 3.5　辊道窑系统常见故障与解决措施

故障现象	故障原因	解决措施
传动系统故障处理		
出现异响	链轮不在一条直线上	调整链轮位置
	链条太松或太紧	调整链条或托板位置
	链条或链轮磨损	更换链条、链轮
	链轮、斜齿轮断齿	更换链轮、斜齿轮
	润滑不良	加润滑油
	减速机磨损或故障	更换传动减速机
	电机轴承磨损	更换电机轴承

故障现象	故障原因	解决措施
传动系统故障处理		
链条跳齿	链条磨损	更换链条、链轮
	链条过松	张紧链条
	链条齿板部堆积了杂物	清除杂物
	链轮尺寸不对或与链条不配套	更换正确尺寸链轮,保证配套
辊棒不转	套筒夹松动,辊棒打滑	锁紧套筒夹
	辊棒座轴承损坏	更换轴承
	链条断裂	更换链条
	传动减速机故障	更换、维修传动减速机
	大小齿轮紧定螺钉松动,齿轮滑脱	校正大齿轮,装好平键,锁紧螺钉
	主传动轴联轴套滑脱	校正主传动轴联轴套,锁紧螺钉
断辊棒	辊棒座轴承运转不灵活	更换辊棒座轴承
	被动端托辊卡滞	更换被动轴承
	吊顶棉脱落	打开炉膛,确定内顶刚玉板是否脱落
	辊棒腰孔处有裂纹,扭转损伤	更换辊棒
	换辊棒时操作不当	严格按操作规程操作
	辊棒表面材质发生变化或负载过重导致强度下降	定期对辊棒表面异物进行清理
匣钵在窑内打滑	辊棒表面有其他附着物,影响摩擦	定期清理辊棒表面异物,更换弯曲辊棒
	匣钵底面不平整	更换匣钵
	窑内匣钵堵塞	查明原因并排除堵塞
	辊棒平面高度误差较大	调整辊棒平面高度
出钵凌乱	辊棒轴线与炉体中心面安装不垂直	重新调整局部水平
	辊棒表面附着物太多	更换辊棒
	出口工作台辊子卡圈磨损严重、打滑或者速度过快	检查电机转速和辊子卡圈磨损或相对辊棒运动情况,调整出口工作台速度与主传动速度一致
气路故障处理		
漏气	气路连接件未拧紧	查找并拧紧
气压不足	进气阀门没有打开	打开进气阀门
	压力检测装置故障	检查故障原因并排除故障
	供气装置故障	请求相关技术人员帮助解决

续表

故障现象	故障原因	解决措施
加热故障处理		
打开电源开关后电源指示灯不亮	总电源没有合上或指示灯坏	合上总电源或请技术人员检修换上好灯泡
炉体开始加热后炉温上升较慢或不升温,或者每个控温点电流表三相电流相差较大	空气开关未合上	合上空气开关
	对应的加热丝熔断	更换加热丝
	各温区对应加热断路器未闭合	闭合各温区对应加热断路器
	对应的固态继电器损坏	更换固态继电器
炉体炉温持续上升	该路的固态继电器短路	更换固态继电器
某个温区,短时间温度波动较大	匣钵在炉膛内不连续	严格要求连续进钵
进口气室 1 无匣钵且长时间不进料等情况(进口门 1 不动作)		
压紧气缸无退到位信号	检查门 1 一侧 8 个气缸是否都有退到位信号(红灯亮为有信号)	将无信号的磁性开关调整到新的位置或者更换
其他条件不满足	检查光电 2 是否被挡	清理光电 2 玻璃面
	检查门 2 降到位磁性开关是否有信号	重新校准门 2 降到位磁性开关的位置
	检查进口自动线大换向是否有钵等	—
门 1 电磁阀故障	压紧气缸退到位情况下,电磁阀信号灯不亮或者强制按钮不起作用等	检查气管是否有气,电磁阀线圈接线、接插件是否有松动
进口门 2 卡钵或气室 2 不进钵等情况		
压紧气缸无退到位信号	检查门 2 一侧 8 个气缸是否都有退到位信号	将无信号的磁性开关调整到新的位置或者更换
其他条件不满足	检查光电 4 信号灯是否一直闪烁或为常亮状态	清理光电 4 玻璃面,校准光电 4 信号
	检查门 1、门 3 降到位磁性开关是否都有信号	重新校准门 1、门 3 降到位磁性开关的位置
进口三相电机 1、2 运行故障:电机不运转	检查进口急停按钮是否按下	复位急停按钮
	检查电机断路器是否断开	闭合电机断路器
	检查电机热继电器是否过载断开	将电机热保设定值适当增大,并检查过载原因
	检查门 1 或门 2 是否有上升到位信号	校准磁性开关及光电开关
	检查光电 2 或 4 是否被挡	清理光电 2 或 4 玻璃面

故障现象	故障原因	解决措施
进口门 2 卡钵或气室 2 不进钵等情况		
进口伺服电机运行报警、故障等情况,伺服电机不运行	伺服驱动器断路器未闭合	闭合断路器
	急停按钮按下	复位急停按钮
	伺服驱动器报警,参数设置不对,出口堵塞报警等	消除伺服驱动器异常,解除出口堵塞报警等
高速运行故障	进口门 3 无上升到位信号	校准磁性开关位置
低速运行故障	系统启停按钮无信号或工作指示灯一直不亮	系统启停按钮损坏,接线、接插件松动
	光电 6 信号丢失	光电 6 接线、接插件松动
出口门 1 卡钵、不开门或者匣钵撞门的情况		
压紧气缸无退到位信号	检查门 1 一侧 10 个气缸是否都有退到位信号(磁性开关红灯亮即为有信号)	将无信号的磁性开关调整到新的位置或者更换
其他条件不满足	检查光电 5 信号灯是否常亮或呈闪烁状态	清理光电 5 玻璃面,重新校准光电 5 信号
	检查光电 3 工作指示灯是否一直不亮	检查光电 3 线缆、接插件是否松动
出口伺服电机运行报警、故障等情况		
伺服电机不运行	伺服驱动器断路器未闭合	闭合断路器
	急停按钮按下	复位急停按钮
	伺服驱动器报警,参数设置不对	消除伺服驱动器异常报警,核对参数设置
高速运行故障	光电 2 工作指示灯一直不亮	检查光电 2 线缆、接插件是否松动
低速运行故障	参数设置不对,驱动器报警	核对参数设置、消除伺服驱动器异常报警
出口挡板、夹持故障不动作等情况		
出口挡板故障	出口门 1 无上升到位信号	校准门磁性开关到位信号
	挡板气缸故障	检查气管是否有气,压力是否正常
	挡板气缸电磁阀故障;气路中无压缩空气或气压不足	检查挡板气缸、电磁阀是否正常
出口夹持故障	光电 3 工作指示灯一直不亮	检查光电 3 线缆、接插件是否松动
	夹持气缸/电磁阀故障	检查气管是否有气、压力是否正常
	气路中无压缩空气或气压不足	夹持气缸是否故障或电磁阀不工作

续表

故障现象	故障原因	解决措施
出口挡板、夹持故障不动作等情况		
出口升降台故障	升降台无上、下到位信号	校准门磁性开关到位信号
	升降台气缸、电磁阀故障	气路是否有气,压力是否正常
	气路中无压缩空气或气压不足	升降台气缸是否故障或电磁阀不工作
炉体故障处理		
进口、降温段等主、被动端玻璃发黄	被胶质糊住	清洗或更换玻璃
水压阀溢流	进水压力过大	调整进水压力(0.15~0.25MPa)
氧含量超标	炉膛压力低于 2Pa	降低排气机的抽力(频率)
	测量管路有泄漏	检查测量管路
	炉体有泄漏	检查炉体密封性
	进气压力不足	调整进气压力
	进出口闸门故障	维修进出口闸门
出料故障		
料仓已满	粉碎给料阀是否正常开启、运转是否正常、是否有异响; 粉体是否烧结后有成块现象; 气锤是否正常工作	
气缸不到位	推出的匣钵是否到位; 下降过程气缸周围有无障碍物; 检查气缸气压是否≥0.35MPa; 气缸主体伸缩轴或两侧辅助轴是否沾满粉体或受力不匀; 匣钵是否过大造成卡钵,无法自由推进或推出	
翻转不回转	匣钵尺寸偏大导致检测错误;翻转电机光电检测不到位。 处理方法:按此工位的"急停"按钮,待回转到位后打开主开关门,手动推出匣钵。注意推出力度,避免手部受伤或匣钵破损掉落。推出匣钵后按"复位"按钮重新开始	
焚烧炉故障		
烧结炉上差压变送器压力波动大	烧结炉废气量减少(或氮气通入量减少),导致中继风机低频运行,当炉压低于风机的停机保护压力时导致风机停机,后压力升高至自动开启压力,风机重新开启,如此反复	调小中继风机前风阀(插板阀),使风机运行功率在 25~35Hz
差压变送器显示压力高于设定压力	烧结炉废气量突然增加(氮气通入量突然增大),风机处于满频工作	调大中继风机前风阀(插板阀),使风机运行功率在 25~35Hz
中继风机噪声过大	风机中轴承或叶轮出现破损	更换中继风机

故障现象	故障原因	解决措施
焚烧炉故障		
微压表读数无波动	微压表软管或接头堵塞	清理软管或接头,必要时更换软管
燃烧器停止工作	天然气管道输送气体压力不稳定	及时检查天然气管道气体压力
	焚烧炉内温度过高,高温报警	点击燃烧器上的复位按钮
各温区超温报警	温区梯度设置不合理	减小相邻温区间梯度差,缩小温差
	该回路的 SCR 电力调整器/固态继电器短路损坏	更换 SCR 电力调整器/固态继电器或其附件
	热电偶异常	检查热电偶接线
	超温报警值设置不合理	相应提高报警值
各温区低温报警	空气开关未合上	合上空气开关
	对应加热棒损坏或加热丝断裂	更换硅碳棒/加热丝
	各温区对应加热断路器未闭合	排除故障,合上断路器
	热电偶异常	检查热电偶接线有无异常或热电偶损坏
	对应的 SCR 电力调整器/固态继电器故障,无输出	检修更换电力调整器/固态继电器
	低温报警值设置不合理	合理设置低温报警值
	温区梯度设置不合理	合理设置温区梯度,缩小温差
进水低压	供水系统水压过低或是停水	查看回水指示,如水量足够,可适当关小回水阀门,提高进水压力
	进水管道阀门关闭	开启进水阀门
	进水管 Y 形过滤器滤网堵塞	清洗滤网
	管道堵塞	检查清理管道
	压力表、线路故障	更换压力表,按说明书检查线路
	低压报警值设置不合理	重设报警值
进水高压	窑炉回水总管阀门关闭或开度太小	打开或开大回水总管阀门
	回水管道堵塞	检查清理管道
	压力表、线路故障	更换压力表,按说明书检查线路
	高压报警值设置不合理	重设报警值
冷却水超温	如伴随进水低压报警,尽快按进水低压报警处理方法排查处理	高危项,一旦出现需立即排查处理,如无法处理,将主传动降速运行,必要时暂时关闭主传动
	如伴随出水高压报警,尽快按出水高压报警处理方法排查处理	
	热电偶故障或是热电偶线松动	更换热电偶,紧固热电偶线
	超温报警值设置不合理	重设报警值

故障现象	故障原因	解决措施
焚烧炉故障		
炉膛高压、低压	进气量与排气阀门和产品产生的废气与风机转速等配合不合理	改变阀门开度,调节风机频率大小
	压力报警值设置不合理	重设压力报警值
	压力变送器故障或线路松动	更换、检查线路
氧含量超标	气源氧含量不合格	源头排查处理
	炉膛失压,窑炉有较大漏气点	检查气室门、观察窗玻璃等
	进气量不足或是排气量太大	合理匹配进、排气量或风机频率
	氧分析仪故障	检修氧分析仪,更换过滤器
	进气支路管道漏气	检查检测管道
出口堵塞	出口气室手动状态下,光电 1/2/3 都检测到信号	气室切换成自动状态或手动开门、开气室电机出钵。炉温高于 600℃ 为高危故障,一旦出现尽快处理
	伴随有其他报警出现	优先解决其他出口报警后恢复

3.5 粉碎设备——气流磨

3.5.1 气流磨介绍

气流粉碎机又称气流磨或者流能磨,是磷酸铁锂行业主要超细粉碎设备之一。用气流磨对物料进行粉碎,是一种自粉碎过程,无其他物料的污染。得到的产品粒度均匀且分布较窄,纯度高,表面光滑,形状规则,分散性好。粉碎过程中物料受到的污染少,甚至可以做到无污染及无菌环境,所以可以应用到食品、药品、材料等不允许被外物污染领域的超细粉碎

经过高温烧结工序出来的磷酸铁锂半成品一般需要经过粉碎分级才能达到产品标准。不同正极材料的烧结温度不同。有些材料由于烧结温度较高,结块比较严重,需要进行不同级别的粉碎。锂电正极材料领域主要涉及的粉碎设备为气流粉碎机。气流粉碎机产品实物及工作原理图如图 3.18 所示。

设备工作原理:压缩空气经过冷冻、过滤、干燥后,经二维或三维设置的数个喷嘴喷汇形成超音速气流射入粉碎室,利用气流冲击能使物料呈流态化,被加速的物料在数个喷嘴的喷射气流交汇点汇合,产生剧烈的碰撞、摩擦、剪切,从而达到颗粒的超细粉碎。粉碎后的物料被上升的气流输送至分级区,在

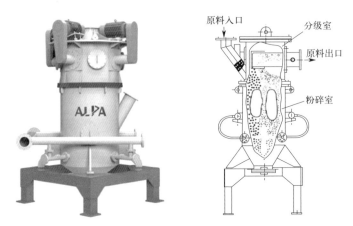

图 3.18　气流粉碎机实物图/工作原理图（山东埃尔派粉体科技股份有限公司产品）

分级轮离心力和风机抽力的作用下，实现粗细颗粒的分离，粗颗粒由于自身的重力作用返回粉碎室继续粉碎，达到粒度要求的细颗粒随气流进入旋风分级器进一步分离和收集，物料中的微粉继续进入收尘系统除尘。气流粉碎机的优点是适用性强、颗粒间解离效果好；缺点是易破坏球形颗粒，成本高，不易清理。目前磷酸铁锂粉碎的关键设备是气流磨，一般分成开式和闭式气流粉碎。

3.5.2　气流粉碎系统结构组成及工艺流程

3.5.2.1　设备结构组成

气流粉碎系统主要由加料系统、流化床粉碎机、下料系统、高效滤筒收集器、控制系统等组成。系统示意图如图 3.19 所示，各部分分述如下。

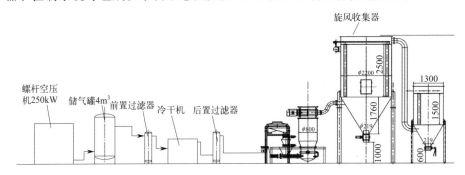

图 3.19　气流粉碎系统示意图

（1）加料系统

主要包括原料仓、中间料仓、星形给料机，可实现对系统的连续加料，且不带入外界空气。加料量通过星形给料机电机的频率来调节。

（2）流化床粉碎机

利用高速气流带动物料加速并相互碰撞，在高速气流加速下产生强烈的碰撞、摩擦和剪切，实现对物料的粉碎。主要的部件包括。

① 喷嘴。由瑞典人拉瓦尔发明，因此也称"拉瓦尔喷嘴"。喷嘴的前半部是由大变小向中间收缩至一个窄喉，窄喉之后又由小变大向外扩张至底。气体受高压流入喷嘴的前半部，穿过窄喉后由后半部逸出。这一结构可使气流的速度因喷嘴截面积的变化而变化，使气流从亚音速到音速，直至加速至超音速。

压缩空气通过喷嘴后变为超音速气流进入粉碎腔。伴随着气流、物料对喷嘴的冲击，要求喷嘴具有较高的机械强度、抗磨损性。不锈钢喷嘴使用一段时间后，出现严重的磨损，一方面造成气流场异常，影响细粉碎颗粒的粒径、比表面指标；另一方面金属异物进入物料中，影响产品质量。为避免上述问题，目前常使用陶瓷喷嘴。

② 涡轮气流分级机。由电机、分级轮、分级机筒体收料仓等组成。通过调节分级机电机的转速，在分级区形成合理的气固两相流，利用分级轮旋转时产生的离心力和空气拽力的相互作用来实现对物料的精确分级。其中，分级机的转速由变频器联合电机调节。

③ 分级轮。分级轮由前法兰盘、后法兰盘、多个叶片、封气盘组成。相邻的叶片之间具有进料缝，多个叶片的内侧形成空腔。分级轮的线速度越大，产品粒径越小，线速度与分级轮直径正相关，与分级轮转速正相关。粉碎腔内物料量可以通过分级轮电机电流大小进行监控，电流越大，腔内物料越多。物料与分级轮存在碰撞、冲击的作用，不锈钢材质分级轮，在长期使用过程中会出现磨损状况。为避免上述问题，目前常使用硬度高、耐磨损的陶瓷分级轮。

物料在风机抽力作用下随上升气流运动至分级区，在高速旋转的分级涡轮产生的强大离心力作用下，粗细物料分离。符合粒度要求的细颗粒通过分级轮进入除尘器收集，粗颗粒下降至粉碎区继续粉碎。

（3）高气密性下料系统

由气动蝶阀、中间料仓、成品料仓等组成。采用双层气动蝶阀系统，通过置换中间料仓及成品料仓中的空气后，实现在不停机的情况下连续下料。

（4）高效滤筒收集器

由壳体、滤筒、电磁脉冲阀、减压阀、脉冲控制仪等组成。滤筒采用聚酯覆膜，过滤精度高，面积大，压力损失小，主要用于成品料的收集及空气净化。

（5）触摸屏控制系统

主要由电控系统、触摸屏、PLC等组成，可实现设备的一键自动启停操作、运行过程中的自动补氮气、运行过程中系统压力的自动平衡、在线显示各设备运行状态等。

（6）反冲气套与密封气

密封气经过一个气体分布器（反冲气套），通过反冲气套端面上均匀分布的小孔喷吹到与分级轮对接的端面上，使物料无法通过两者之间的间隙，避免未粉碎物料进入收尘器。

（7）脉冲布袋收尘器

收尘器由灰斗、箱体等组成。工作时，含尘气体由进风道进入灰斗，粗尘粒直接落入灰斗底部，细尘粒随气流转折向上进入中、下箱体，粉尘积附在滤袋外表面，过滤后的气体进入上箱体至净气集合管（排风道），经排风机排至大气。清灰过程是开启脉冲阀用压缩空气进行脉冲喷吹清灰的，滤袋清灰彻底，并由程序控制仪对排气阀、脉冲阀及卸灰阀等进行全自动控制。

（8）引风机

引风机是依靠输入的机械能提高气体压力并排送气体的装置，是一种从动的流体机械。气流粉碎系统配置的引风机主要为粉碎的物料流动提供动力，使其能够从磨腔内通过分级轮进入到收尘器内，使粉碎后的物料得到收集。进风口配置有风量调节阀门，以适应不同工艺条件下抽风量的控制。

3.5.2.2　工艺流程

气流粉碎机的工艺流程如下。

待磨物料从进料口进入气流磨的研磨区，物料在研磨区处形成流化床，压缩空气通过喷嘴在研磨区形成喷射气流，待磨物料进入喷射气流并加速，多股高速气流在中心处汇集碰撞，使物料被磨成更细的颗粒，含粉料颗粒的气流上升进入分级轮，电动机带动分级轮高速旋转，较粗的颗粒被分级轮拒收，经碰撞重新回到研磨区，细的颗粒通过分级轮缝隙进入物料出口，携裹细粉的气流进入旋风除尘器，或者滤布除尘器，通过旋风或者滤材进行气料分离，气体排放到外部，细粉被收集形成粉碎成品。

图3.20为气流粉碎机的工艺流程图。

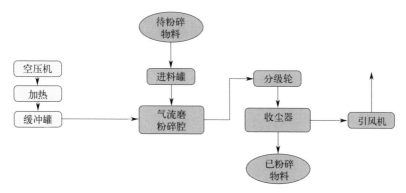

图 3.20 气流粉碎机工艺流程图

3.5.3 设备技术要求

(1) 基本参数要求

水分增量：≤100ppm。

磁性异物增量：≤30ppb。

粒度：D_{50} 在 1~2μm（可调）；D_{100}<5μm，呈单峰分布，不能有拖尾双峰。以马尔文 3000 型测试仪为准。

粒度分布（马尔文 3000 型测试仪测量）：单峰正态分布。

出料温度：<60℃。

产能：≥1200kg/h。

(2) 设备基本要求

设计选材时应特别考虑系统设备、管道阀门和管件不引入其他金属离子，尤其是 Zn、Cu、Ca、Mg、Si 等的离子。整个系统应杜绝铜、锌件。整个系统设备、配件、支架应做好防潮、防水、防腐工作。

① 喂料系统要求。

直排筛：304 不锈钢，内壁做 PTFE 非金属防护，筛网约 10 目。

原料仓：304 不锈钢，内壁喷涂 0.2mm 厚特氟龙，带称重模块（柯力）和显示仪表以及辅助排料装置，锥段设置活化料斗，防止物料架桥堆积。

缓冲储料罐：304 不锈钢，内壁喷涂特氟龙。

气动蝶阀：阀板为不锈钢，四氟全衬。

排料阀：变频控制，阀体内壁采用聚氨酯涂层防护，厚度 5mm，聚氨酯叶片。

② 气流磨主机要求。

主机主体：304 不锈钢，内壁衬氧化铝陶瓷。

主机电机：密封电机，SKF 轴承，15kW，变频无级调速，最高转数为4000r/min。

分级轮：整体氧化铝材质。

喷嘴：氧化铝陶瓷喷嘴。

③ 除尘系统要求。

除尘器：脉冲反吹布袋式。

壳体材质：304 不锈钢，内壁喷涂特氟龙。

辅助排料：气吹辅助排料。

滤材：PTFE 覆膜布袋。

脉冲阀：设置压差传感器、压力传感器、放气阀等。

传感器：麦克传感器。

反吹气路组件：过滤减压阀、不锈钢球阀等。

缓冲料罐：304 不锈钢，内壁喷涂聚氨酯。

双气动蝶阀：物料接触部分为不锈钢，四氟全衬。

④ 回风二次过滤系统要求。

中效过滤器：采用滤筒式过滤器。

壳体材质：304 不锈钢，内壁喷涂聚氨酯。

滤材：PTFE 覆膜滤筒，设置压差传感器（麦克传感器）。

回风管路：304 不锈钢材质。

3.5.4　影响粉碎效率的因素

影响粉碎效率的因素主要有物料性质、加料量、原料粒度、原料粒度分布、原料成分、粉碎压力、背压、粉碎温度、喷嘴直径、分级轮转速、引风机转速等，具体各参数与产品粒径、产量的关系见表 3.6。

表 3.6　影响粉碎效率的因素

指数/参数	喷嘴直径	加料量	粉碎压力	分级轮转速	引风机转速
粒径	—	↘	↘	↘	↗
产能	↗	↗	↗	↘	↗

注："—"表示喷嘴直径与粒径大小无直接相关性；"↗"表示随着气流磨参数增大，产品指标增大；"↘"表示随着气流磨参数增大，产品指标减小。

（1）物料性质

一般来说气流粉碎机能适用所有脆性物料的超微粉碎。但因物料性质不同，粉碎性能也不同，其结果差异很大。这是由于各种物料的强度、硬度、密度、塑性、韧性、形貌、黏度、电性能等物理性质的差异，其中物料的强度是重要的因素。此外某些物料的含湿量过大，也将改变被粉碎物料的某些性能（如韧性、黏性、脆性等），从而影响粉碎性能或使产品受到污染，影响产品的质量。

（2）加料量

同一物料由于加料量不同，粉碎细度也不相同。在其他条件均保持不变的情况下，加料量越大，成品越细，粒度分布越窄。但如果加料量过小，颗粒间碰撞机会就会减少，反而会影响细度。改变加料量的目的，实质上就是达到最适宜的粉碎气固比。物料的可粉碎性越差，成品粒度要求越高，粉碎气固比应越大。现代气流粉碎机的发展方向之一，是在保证成品粒度的条件下降低粉碎气固比。

（3）原料粒度

物料的进料粒度不同，粉碎后产品的粒径也不一样。进料粒度越小，产品的粒径往往也会越小。进料粒度越大其粉碎比也越大，进料粒径越小其粉碎比也越小。通常粉碎物料硬度越大成品粒度要求越细的话，进料颗粒的粒度应越小。

（4）原料粒度分布

产品的粒度分布也是衡量产品质量的一个重要参数，产品粒度分布的好坏与进料粒径的分布有很大的关系。一般来讲，进料粒径均匀性好，产品的细度和分布也好。如进料粒度分布很宽，粗细相差悬殊，在粉碎过程中，粗颗粒与细颗粒碰撞的结果，必然影响粉碎效果。可采取在入气流粉碎机前，先进行筛分，将筛分后的粗、细粉分别进行粉碎。

（5）原料成分

原料是单一物料还是混合料，对粉碎效率也有影响。混合料中各种成分和性质的差异会影响粉碎效果。一般来说，混合料没有单一物料的粉碎效果好。

（6）粉碎压力

气流粉碎的原理是利用流体的压力能转换成动能，它是粉碎能量的来源，因而气体压力越大，其喷射流速也相对增大（但压力的增大与流速的增大不成正比，因压力达到某一数值后其阻力系数也增大）。

（7）背压

背压即喷嘴出口粉碎腔的静压力，这个压力的大小影响气流在喷嘴内流动的速度，如果背压过大，喷嘴流速受限，直接影响喷射时的粉碎能量。背压的增加是不利于粉碎的，在生产过程中由于收集系统阻力的增加也会使系统背压变大，使喷嘴的流速受限；系统背压设定在 $2\sim6kPa$ 范围。

（8）粉碎温度

当工质的温度较低时，粉碎效率会明显下降，生产能力降低。这是正常现象，故在可能的条件下，用户可提高环境温度及压缩空气温度。

3.5.5 质量控制点及注意事项

（1）工艺控制要点

分级轮频率：标准值 $\pm5Hz$。

下料频率：标准值 $\pm5Hz$。

氧含量：$\leqslant50ppm$。

粉碎气压：标准值 $\pm100kPa$。

气源温度：$100\sim120℃$。

粉碎气露点：$\leqslant-20℃$。

密封气压力、保护气压力：标准值 $\pm0.05MPa$。

粉尘浓度：$0.2\%\sim2.4\%$。

分级轮电流：标准值 $\pm5A$。

过滤器差压：标准值 $\pm200Pa$。

后气送风机频率/后气送风机电流：标准值 $\pm10Hz$/标准值 $\pm5A$。

粒径：粒径 $D_{10}\geqslant0.3\mu m$；粒径 D_{50} 为 $(1.1\pm0.5)\mu m$；粒径 $D_{90}\leqslant10\mu m$；粒径 $D_{99}\leqslant25\mu m$。

（2）注意事项

开机和运行过程中必须严格监视系统氧含量，若氧含量超标，需手动开启补气阀、手动排气阀进行系统氧含量的置换。

系统运行过程中必须严格监视系统负压，保证布袋收集器内负压在 $-6\sim-2kPa$ 范围内，一般系统会自动调节，如自动调节不够时可通过调节手动补气阀或手动排气阀来辅助调节。

定时观察下料情况，如下料不畅，需人工开启气锤辅助下料。

分级机运行频率一般在 5～50Hz 范围内，严禁超过频率和电机的额定电流运行，严禁反转。

螺杆加料机运行频率一般也在 5～50Hz 范围内，严禁超过此范围和电机的额定电流运行。

关机后必须将空压机及吸干机内的残余气体排空。

为保证空压机、冷干机使用寿命，空压机和冷干机工作环境温度严禁超过 40℃。

生产过程中巡检电控柜的指示灯，其中绿色代表设备正常运行；黄色代表设备有报警信息，需要立即检查报警信息，并排除；红色代表设备已经出现故障，需立即停机检查，清除故障后才能开机，严禁设备在黄灯报警状态下继续运行。

每次停机前必须保证粉碎腔内部的物料全都打空（一般在停止加料后 5～20min 内完成），严禁停止加料后（或粉碎腔内部物料未粉碎完的情况下）立即停止全套设备。

当设备正常停机时，若粉碎腔内部有积料，必须全部清理后方可开机运行，严禁在粉碎腔内部有物料情况下开机。

3.5.6　常见故障与解决措施

气流粉碎系统常见故障及解决措施见表 3.7。

表 3.7　气流粉碎系统常见故障与解决措施

故障描述	原因分析	解决措施
磨出来的产品粒度太大	气隙太大	测量并重新设定气隙
	间隙空气流量太小	清洁或更换间隙空气过滤器,清洁管道
	分级轮过载	减小进料量
有负荷,甚至无负荷电流达到峰值,同时伴随较大的噪声	分级轮启动中	分级轮间隙太小,检查并重新设定
	轴承故障	检查轴承,必要时更换
启动噪声大	分级轮间隙太小	重新设定分级轮间隙,检查分级轮轴向偏移
	分级轮紧固螺栓松动	检查滑环、上紧分级轮紧固螺栓

故障描述	原因分析	解决措施
分级轮、机器不能启动	没有电	接通主电源,松开急停开关
	安全互锁回路故障	变频器故障(处理方法见说明书),检查安全装置
机器启动后不能持续运行	至少有一个测量值在规定范围之外	检查所有的测量仪表,采取措施使测量值在规定范围内
轴承故障	物料侵入轴承内部	增加轴承空气压力
	轴承寿命已过	更换密封环/轴
	轴承过载	三角皮带太紧,运行速度太高
机器强烈振动	不均匀磨损造成分级轮不平衡	重新平衡分级轮,更换分级轮
轴承温度太高	皮带太紧	检查皮带张紧度
	安装问题	检查轴承安装质量
	润滑不良	检查润滑
产量太低	进料干扰	检查进料,清洁机器内部
	分级轮频率太高	检查分级效果
系统负压不足	滤筒清灰力度不够	加大脉冲频率或脉宽
	清灰压力不足	检查氮气压力
	没有开启下料阀及下料程序	检查对应开启,查看是否有缓存
产品有过大颗粒	加料不均匀	设定加料机振动频率,保证均匀加料
	机内存料过少	适当增多机内存料量
	分级轮转速偏低	适当调大分级轮转速
	系统连接处漏风	检查系统连接处的密封情况
分级轮轴承发烫	润滑不良	重新按保养要求加润滑剂
	轴承进粉	清除分级轮轴承内的粉尘并按规定保养
	分级轮动平衡失效	重新做分级轮动平衡
除尘器压差超标	滤筒破损	检查并更换破损滤筒
	滤筒与花板接口泄漏	密封接口
引风机电流偏高	系统管路阀没有开启到位	检查仪表气源压力及电池阀动作
	管路物料堵死	清理疏通堵塞物料
给料阀电流偏高	轴承或减速机缺油	检查轴承润滑情况,及时添加润滑油
	排气阀开度太小	适当增大排气阀开度

续表

故障描述	原因分析	解决措施
表冷器温度偏高	冷冻水流量不够	检查冷冻水流量及进出水阀门是否开启
压差 1 大于上限	脉冲压力过低	检查并提升脉冲压力（0.4～0.6MPa）
	脉冲仪没有运行	检查连接线缆是否脱落,保险管是否熔断
	脉冲阀没有实际工作	检查连接线缆是否脱落,更换阀、线圈及膜片
	滤筒深沉失效	更换滤筒
压差 2 大于上限	前段主除尘器滤筒破损	更换滤筒
	前段主除尘器滤筒装配松动	检查密封及装配松紧度
	滤筒深沉失效	更换滤筒
分级机电流偏高	加料量过大	降低加料频率
	分级机轴承过热	添加耐高温 200℃锂基脂
	气封压力过低	检查气封减压阀和电磁阀是否堵塞,更换对应电磁阀或减压阀,确保气封压力 0.2MPa
加料机电流偏高	转子内有异物	清除异物
	轴承或减速机缺油	检查轴承润滑情况,及时添加润滑油
系统负压偏低	设备气密性差	空压机至气流磨管道及部件用肥皂水检查漏气点
	系统氮气缺损	检查氮气气源
	补气阀 1 及排气阀 1 没有实际动作	检查系统补气阀 1 及排气阀 1 实际动作
		排气阀 1 排气压力过大
	手动排气阀开启未关闭	关闭手动排气阀
氧含量偏高	设备气密性差	用肥皂水检查漏气点
	系统氮气缺损	检查氮气气源
	补气阀 2 及排气阀 2 没有实际动作	检查系统补气阀 2 及排气阀 2 实际动作
成品缓存罐内缓存量过大	出现缓存没能及时疏通	关闭罐体上压力平衡手动球阀,开启氮气压力阀,开启时间小于 5s,直至缓存空气锤敲击声清脆,再打开压力平衡阀

3.6　筛分设备——振动筛

3.6.1　振动筛介绍

　　振动筛是一种简单实用、可靠的筛分系统，可广泛地应用于制药、冶金、化工、选矿、食品、新材料等要求精细筛分过滤的行业，主要通过编织钢网的间隙分离小于特定目数的粉体材料。

　　超声波振动筛是在常规振动筛的基础上增加超声波筛分系统，将 220V、50Hz 电能转化为 18kHz 的高频电能，输入超声换能器，将其变成 18kHz 的机械振动，经筛网骨架传至筛面并做高频低幅振动。筛分时，筛网上的正极材料做低频旋振运动，同时叠加高频低幅超声振动波，使筛面上的物料始终保持悬浮状态，抑制了沾附、摩擦、平降、楔入等堵网因素，具有筛分过滤精度高、网孔不堵塞等特点，解决了强吸附、易团聚、高静电等筛分难题，从而达到快速筛分和清网的目的，提高产量和质量，是当前解决筛网网眼堵塞最有效的方法，是国内筛分行业的一项重大技术突破。一般情况下超声波振动筛比普通振动筛的通过率提高 50%～400%。图 3.21 为超声波振动筛的实物照片。

图 3.21　超声波振动筛实物图

　　设备工作原理：机械振动主要由振动电机提供动力。振动电机由特制电机外加激振块组成。当电机通电旋转时，带动电机轴两端的激振块，产生惯性激振力，从而使筛机产生机械振动，特制电机由特制定子线包和转子轴组成，能承受高频振动。立式振动电机采用两块偏心块作为激振块（甩块），两轴端各一块，上轴端为固定偏心块，下轴端为可调偏心块。在上下偏心块的外侧各装有一组附加块，通过调节偏心块的角度和附加块的数量，可以调节振动电机的激振力。图 3.22 为超声波振动筛的工作原理图。

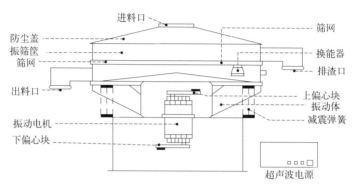

图 3.22　超声波振动筛工作原理图

3.6.2　振动筛结构组成

超声波振动筛主要由振动电机、底筒、振动体、筐体、网架、束环、防尘盖、换能器、超声波发生器等组成。它利用振动电机产生的高频振动使物料在筛网上进行运动，并通过超声波发生器向筛网传递超声波能量，从而实现对细小颗粒的筛分。超声波振动筛的整体结构图如图 3.23 所示。

图 3.23　超声波振动筛结构图

3.6.3 设备技术要求

采用单层超声波旋振筛。

筛面直径：1000～2000mm。

筛网规格：20～40目。

筛网材质：SUS304 不锈钢筛网。

筒体内部喷涂 PTFE 内衬。

功率：1.0～3.0kW。

产能：700～800kg/h。

3.6.4 影响振动筛效率的因素

作为锂电正极材料的磷酸铁锂颗粒为微米级团聚体，属于高精细物料，很难通过普通的振动筛进行筛分，一般都采用超声波振动筛进行筛分，防止团聚和堵网。不同种类的材料具有不同的粒度、比表面积、密度，即流动性存在差异，筛分物料时需重点考虑筛网目数、偏心块设置、超声波强度，从而达到最佳产能匹配。以下为主要的控制参数。

（1）筛网目数

筛网目数的选择很关键，选择不当会导致堵网、筛上物过多或大颗粒漏失等风险。应该根据不同的正极材料体系，选择不同的筛网目数。常见的锂电正极材料磷酸铁锂、三元材料与筛网的使用对照表见表 3.8。

表 3.8　超声波振动筛筛网应用

物料种类	D_{50}/μm	休止角/(°)	筛网目数/目	产能/(kg/h)
磷酸铁锂	<1	≥50	80～120	200～300
三元材料	4～6	45～50	250,325	250～300
三元材料	5～7	35～45	325	～300
三元材料	9～12	<35	325,400	>400

（2）偏心块

偏心块重量：增加偏心块的重量可以加大超声波振动筛的振幅。下偏心块控制筛机上下振幅，上偏心块控制筛机左右振幅。

偏心块角度：调节偏心块的角度可以控制物料在筛网上的运行轨迹，优选在 35°～45°范围内调节，见表 3.9。

表 3.9　超声波振动筛偏心块角度调整说明

物料流动方向	相位	特色	主要用途
	0°	物料由中心向四周直线运动	用于易筛分的物料做大量的概略筛选
	15°	开始旋涡运动	用于一般的筛分
	35°	最长的旋涡运动	精密筛分,用于微分高凝聚力的物料和含水量高的物料及液体的筛选过滤
	90°	物料向中心集中	除去物料中的异物,用于湿式过滤筛分

（3）超声波强度

根据物料的特性设置超声波强度,密度大、流动性好的物料,可以使用低超声波强度;密度小、黏度大或有静电等的物料,可以使用高超声波强度;介于二者之间的可以使用中超声波强度。

常用的经验法判定超声波振动筛正常工作的方法有"看"和"听":

看:筛面上物料跳动状态（判定超声波是否工作）;筛面上物料堆积分布状态（判定进料速度是否合适,振筛偏心锤是否合适）。

听:换能器工作声音（判定换能器是否工作正常）;听物料进出状态是否正常。

3.6.5　质量控制点及注意事项

超声波振动筛将正常物料与异物进行分离,保证了产品的质量。同时还可以对筛上异物进行分析（包括重量、形貌、成分等）,监控生产的稳定性。然而,超声波振动筛为一把双刃剑,错误的使用会导致产品中金属异物、大颗粒异物增加。因此一定要注意质量控制点。

（1）筛上物

在超声波振动筛正常工作时,筛上物的量突然增多,说明前工序物料已经出现异常波动,如颗粒形貌发生变化、物料受潮、物料中含大量匣钵渣等,需排查工艺和设备。

（2）金属异物

相对摩擦运动的金属部件间产生金属屑的可能性很大。超声波振动筛由多个金属部件组成,在工作中做三向振动,需要重点关注与物料接触的内部空间。

(3) 大颗粒异物

筛网破损会导致筛上大颗粒异物进入产品中,然而在未破损的状态,该异常也会发生,需注意观察。

3.6.6 常见故障与解决措施

超声波振动筛常见故障与解决措施见表3.10。

表 3.10 超声波振动筛常见故障与解决措施

故障描述	原因分析	解决措施
振动电机不转或运转不良	确认电源是否正常	检修电源系统
	电缆是否断线	更换电缆线
	缺相运转烧坏电机	更换电机
	轴承损坏	更换轴承
	注入过多润滑油	继续运转
设备声音异常	锁紧环未锁紧	上紧锁紧环铜螺母
	基台不平或有异物	整平基台,去掉异物
	弹簧断掉或脱位	更换或复位
	上下偏心块松脱	锁紧上下偏心块
	机体,进、出料口有硬物	接触机体周围20cm内不得有硬物
	弹跳球托板未放正	重新放正
	弹跳球托板破裂	更换新托板或修复
	振动电机固定螺栓松动或损坏	紧固或更换螺栓
物料无法自动排出	电机旋转方向错误	调整三相电源
	上下偏心块夹角过大	调整角度
筛网易破损	原料直接冲击筛网面,原料粒度相差悬殊且原料密度大	加一层较粗的筛网作为缓冲
	筛网没有拉紧	换网时拉紧
	托网已破损	更换新托网
	橡胶密封圈损坏	更换橡胶密封圈
显示屏不亮	电源线没接好	重新接好电源线
	保险管烧毁	更换保险管
	供电插座松或无电	更换插座或检查供电
	电源主机故障	返回公司维修

故障描述	原因分析	解决措施
筛网无振动	信号线接头松脱、没连接或芯线断开	重新连接或更换信号线
	换能器没固定紧或无振动	重新固定换能器或更换换能器
	换能器底座开裂	更换网架
	电源主机故障	返回公司维修
筛网振幅小	换能器没固定紧	重新固定换能器
	筛网张紧度不够	更换筛网
	电源输出不正常	调整电源输出（专业人员进行）
筛分效果差	网孔堵塞	清洗筛网
	筛网疲劳	更换筛网
出料突然加快	筛网破损	更换筛网
筛机麻手（漏电）	筛机没有接地线	筛机增加接地线
	供电线路无接地	供电线路增加接地
整机噪声大	检查紧固件、电机、筛机空间	检查各紧固件的松紧,电机安装情况,筛机和设备的空间,并调整好
整机位移	筛机振幅过大或地面不平整	调整筛机振动幅度,固定筛机

3.7　除磁设备——电磁除铁器

3.7.1　电磁除铁器介绍

电池生产企业对锂离子电池正极材料中的微量磁性异物控制得非常严格。由于生产线管控不当造成正极材料中引入磁性杂质,将对下游电芯产生自放电、安全等问题,会引发电池微短路,从而造成电池过热,严重的会引起电池自燃甚至爆炸,因此磷酸铁锂正极材料在生产过程中必须将磁性杂质及颗粒剔除干净。常使用的设备有永磁除铁器和电磁除铁器。相较于永磁除铁器,电磁除铁器优势显著。在磁场强度调节上,电磁除铁器可通过改变励磁电流灵活调整,能适应多种物料、不同铁杂质含量及工况变化。处理大量物料时,电磁除铁器凭借其强大的磁场与高效吸附能力,除铁效率远超永磁除铁器,可快速分离物料中的金属杂质,保障生产流程顺畅,提升整体生产效率。图3.24为电磁除铁器的实物照片。

除铁方法有很多,包括淘洗法、水力旋流法、酸洗法、电泳分离法、高频感应法和磁选法等,其中磁选法,尤其是电磁选法由于效率高、成本

图 3.24　电磁除铁器实物图［中宇（天津）新能源科技有限公司产品］

低、弃铁简单易行而被普遍采用。锂离子电池正极材料中的磁性物质含量通常情况下非常低，而且分布极不均匀，有时带有很大的偶然性，所以为了确保产品的品质，目前在产品生产过程选用的是磁场强度非常高的电磁除铁法。

电磁除铁原理：当粉料或者浆料从加料口加入时，安装有多层分离栅网的振动料筒在 2 台自同步感应电机的驱动下做垂直方向振动。电磁除铁器接通电源后，励磁系统产生强大的磁场。当输送过来的散状物料经过除铁器时，混杂在物料中的铁磁性杂物，在除铁器磁场力作用下不断被吸附在磁栅表面。当需要除去吸附在除铁器上的铁磁性杂物时，切断来料，将除铁器下料通道切换至卸料通道。切断励磁电源，除铁器磁场消失，铁磁性杂物在重力作用下掉入卸铁料收集装置中。电磁除铁器的工作原理如图 3.25 所示。

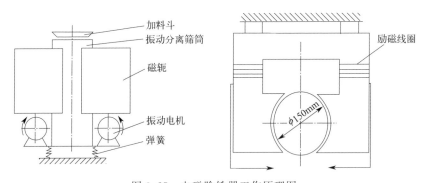

图 3.25　电磁除铁器工作原理图

3.7.2　电磁除铁器结构组成

电磁除铁器（图 3.26）主要由励磁线圈、筛网、冷却系统、振动系统、隔板组成。电磁除铁器的励磁系统通过电磁感应产生强大磁场。当物料从上方进料口进入除铁器内部磁场后，夹杂在物料中的磁性杂质被吸附，正常物料从下方出料口排出。电磁除铁器需要控温冷却以确保除铁效果。针对不同的工序，使用到的除铁器类型有干法电磁除铁机、湿法电磁除铁机，分别用于电池材料干粉和含有物料的浆料（含电池浆料）。

图 3.26　电磁除铁器结构图

3.7.3　设备技术要求

（1）基本参数要求

规格型号：水冷式除铁器。

有芯磁力线密度：磁感应强度 0～16500GS 可调；最高场强 16500GS，工作场强 14000GS（冷却状态）。

空芯磁力线密度：大于 4000GS（冷却状态）。

筛网规格：间隙 5mm 或 7mm。

筛网片数：18 片。

单台产能：700～800kg/h。

（2）设备材质要求

材质：设备主体材质为碳钢，与物料接触部分为不锈钢。

（3）设备能耗要求（冷却水和功率是设备选择时考虑的主要参数）

冷却水：水冷，冷却水温度≤25℃。

功率：振动电机、油泵功率等，按不同型号配置。

3.7.4 影响电磁除铁器效率的因素

除铁效率一般受以下因素影响。

（1）磁化系数

按照磁化系数可将物料杂质颗粒分为三类：铁磁性杂质，如铁屑等，可对很低的磁场做出响应；顺磁性杂质，如氧化铁，需要较高的磁场强度才能达到有效的吸附；反磁性杂质，如纯氧化铝，实际上是抵抗磁场的。

（2）杂质颗粒

在除铁器中的吸附力与其质量（基本上就是直径）和磁化系数成比例。当磁化系数相同时，较细颗粒所受的吸附力低于较粗的颗粒，而且对于相同质量的细微颗粒来说，其表面积越大，越易受到与磁力相抗衡的力（如摩擦力）的影响。有些力也可能会阻止物料颗粒与杂质颗粒的分离，如静电力。此外，要提高物料的除杂效率，还要注意入料均匀稳定与物料干燥。

（3）磁场梯度

是决定分选效果的重要因素之一。评价除铁方式优劣的首要指标是提纯效果，其次是经济性。较高的磁场将消耗较多的能量，但能够延长除铁周期（工作时间），这是较高的场强下磁性物吸附力增强的结果。负面的效应是随着磁性物逐步阻塞过滤器，产量会随之下降。这种阻塞可能导致物料完全断流。

（4）除铁介质

从粗糙的、开口较大的棒状介质到精细的延展金属网，有多种介质可用于除铁。物料过料孔较大的介质一般具有较高的产量，但对磁性污染物的分选效果往往较差。对于特定的物料，只有通过试验才能确定究竟选择哪种介质才是最好的。

（5）磁力负荷

指的是每个除铁周期内捕获的磁性物数量。在一个循环周期内包含线圈励磁、磁场稳定、调节振动强度、给料、线圈退磁、排杂清理等。排杂清理时间不属于生产时间，必须根据产品的质量要求来权衡。生产周期延长将会造成产品质量下降或介质堵塞。应当在生产过程之初通过反复试验确定生产周期，然后定期进行检查。

（6）产量

是给料速度、介质、振幅、产品流动特性以及场强的函数。相对于其他变量，降低振幅可以提高产品精度的现象偶有发生。

3.7.5　常见故障与解决措施

（1）堵料

当发生物料堵塞或异物进入时，有可能需要打开滤筒检查介质。砂状物料的流动性相对较好，但日积月累也难免造成积料，并可能发生磨蚀。此时必须将滤筒的顶部漏斗拆除，让介质暴露出来。应当注意避免介质的尖锐边缘造成磨损。这些尖锐的边缘可形成高梯度节点，对除铁是非常重要的。

处理办法：及时停止给料（具体方法根据现场情况）。先疏通当前堵料，再分析堵料原因，针对性解决。

（2）高温退磁

常用的永磁除铁器最高工作温度为 80℃。在生产工序中要求物料或工作环境小于该温度。原因是：在充磁后磁体里面的磁畴分子有规律的排列，而高温导致这些分子错乱，从而导致磁性能不稳定，磁性减弱或消失。电磁除铁机工作时一般使用油/水冷却，需按照设备要求控制油温。长期使线圈处于高温状态会影响线圈的寿命，降低除铁机除磁能力。

（3）产磁

电磁除铁机的内部筛网系统由一大串金属部件靠螺母固定，工作过程中一直处于强振动状态。在安装时如出现松动或偏离轴线，会造成金属部件之间相互磨损，如螺母与固定杆，筛网与筛网，筛网与套筒，固定杆与底座，如图3.27(a) 所示。旋转除铁器工作过程中磁棒一直处于转动状态，如安装不到位，磁棒底端与壳体内壁将出现磨损，导致顶端固定螺母脱落进入物料，如图3.27(b) 所示。

（4）装置运行不稳定，振幅明显降低

一般为弹片存在故障，应当卸下弹片进行检查。仔细检查每个弹片有无断裂迹象，特别是在靠近弹片压板的区域，检查弹片表面是否存在裂纹。应按照备品备件清单订购新的弹片，用以代替有缺陷的弹片。

(a)   (b)

图 3.27　电磁除铁器筛网系统安装不到位

　　除以上故障外，还有一些常见故障供参考，列于表 3.11。

表 3.11　电磁除铁器其他常见故障与解决措施

故障描述	原因	解决措施
油泵不启动（没电）	系统未送电； 接线连接故障； 控制回路保险丝熔断； 泵电机热保护过载	检查电源指示灯是否亮着：如果亮着，则说明控制回路有电；否则，检查线路有无断开或检查控制保险丝。如果熔断，在更换保险丝之前必须先检查有无相间短路或接地故障。确定电机启动器是否送电。如果已送电但泵电机上无电压，则检查泵电机热保护器和负载情况
泵启动，但跳闸或油不循环	泵轴抱死	如果泵过载跳闸，检查泵轴是否能够运转自如
	系统内可能因油位低而形成气塞	用膨胀箱的油尺检查油位是否正常
线圈不励磁	流量开关或温度开关动作	检查油水循环是否正常。如果存在疑问，跳开流量开关以确定是否存在问题；如果流量正常，则检查流量开关的运行是否正常。必要时予以更换
	整流桥损坏	检查整流桥是否烧毁
磁场强度过低	线圈过热	冷却水流量过低或水温过高
	供电电压低	调节水流量或温度
电源输出电压低	输出保险丝熔断	检查整流器保险丝
	整流二极管开路	在查清短路或接地故障后予以更换，保险丝的输出电压应当为相间 90VAC
分料阀不动作或漏料	堵料，气压低，密封垫损坏，分料阀轴/轴承等其他机械故障，电气故障	及时停止给料，分析不动作原因，分料阀禁止敲击，避免外壳变形
磁场异常	检查报警信息（其他报警联锁），操作失误，电气故障	及时停止给料，并报修

3.8　包装设备——吨袋包装机

3.8.1　包装机介绍

粉碎后的磷酸铁锂材料为了防止在储存和周转过程中受到外界的污染，制备完成后应尽快装袋、计量和密封保存。为了在周转过程中对其外包装进行保护，还需装桶或装箱并做好信息的贴标和登记。用于锂离子电池材料包装计量设备的种类有自动上袋设备、热合封口机、贴标与喷墨打印机、自动码垛机和缠包机。

通过设定好的程序自动运行完成下料等一系列操作。首先，螺旋转动迅速将物料灌入袋中，振动台开始振动，将物料振实。随袋中空气一起逸出的粉尘通过吸尘器吸走。待加料快到设定值时，螺旋转速减速慢加，振动停止。到设定值时，加料停止。图 3.28 为包装机现场照片。

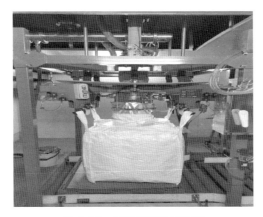

图 3.28　包装机现场实物图

设备工作原理：目前磷酸铁锂行业用的包装机基本都是全自动化设备，其主要工作步骤是：人工或自动化设备套袋于出料口，启动后由气囊充气胀袋，升降机升起，鼓袋风机启动，系统称重归零。然后气动阀门打开，星形加料器按预设转数进行加料。加料过程中，由于有粉尘飞起，需要吸尘系统对袋内气体进行抽空。系统经快、慢步骤加料，达到预设重量后停止加料。关闭阀门，倒计时停止吸尘源，胀气囊排气，液压升降系统下降，封口。然后卸袋，通过叉车或者 AGV 移走包装袋。

3.8.2 设备结构组成及工艺流程

吨袋包装系统主要由夹袋器、称重机构、提袋机构、振动机构、计量称、复检称、计量支架、抽真空热合机、升降气缸、收尘装置、缓存料仓、控制系统、托盘输送系统组成。图 3.29 为包装机的基本结构图。给料器控制进料及精确度。物料由供料斗进入给料器，经过大、小绞龙进入包装袋（分粗、中、细三级），由空中量控制精度，通过与称量机构相连的称重传感器向称重仪表发出重量变化信号，由称重仪表根据预定值控制绞龙的动作。当称量结束后自动关闭，由空中量保证精度。

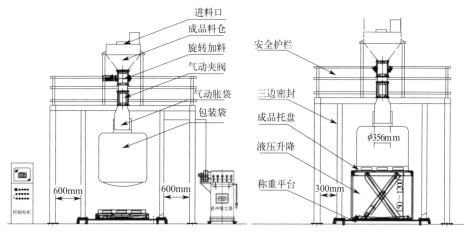

图 3.29 包装机结构示意图

3.8.3 设备技术要求

（1）基本参数要求

包装产能：磷酸铁锂，单台包装产能≥2.5t/h。

包装精度：磷酸铁 500kg±300g，包装计量精度为 2‰；磷酸铁锂 500kg±100g，包装计量精度为 1‰。

包装规格：400～1000kg/袋。

包装袋类型与规格：PE 复合吨包袋或者多层内膜或铝箔袋；尺寸按规格要求。

包装后成品水分：≤500ppm。

（2）设备配置要求

收尘形式：自带除尘装置，包装过程中消除从袋口扬起的粉尘，除尘排放标准≤10mg/m³。

螺旋给料：三速变频给料，配切断弧门，加料螺旋为 S30408 材质，螺旋筒壁喷涂 ECTFE，螺旋杆喷涂碳化钨，涂层厚度≥0.3mm，机架碳钢喷塑。

包装袋挂钩（自动提袋装置）：4 个，采用非金属材质或者金属材质喷塑保护（喷涂厚度 5mm），气缸禁止采用含铜锌铬等材质部件，气缸部分需要进行一定的防护隔离，防止摩擦产生的金属粉末落入物料。

夹袋器硅胶夹套：由气缸驱动，完全密封吨袋进料口，防止粉尘飞扬。气缸配置要求同自动提袋装置，包装过程中袋底有振动功能，竖直螺旋下料，可上下移动。喂料螺杆采用 304 不锈钢，表面喷涂 0.3mm 厚 WC，内衬氧化铝陶瓷；轴端采用机械＋气密封双道密封吨袋接料口（含夹袋装置），防止漏粉。

脱气装置：配套相应的除尘器。除尘器排气达到排放标准后接入厂房排废总管，最终粉尘排放浓度≤30mg/m³。

吨包输送装置：有效载荷≥1t，滚筒不锈钢材质，支架碳钢喷塑，传动部件全防护；输送线高度须与甲方运输设备相配适。

控制系统：PLC 智能控制，液晶触摸屏显示器，采用三菱或者西门子，配置 RS-485 接口，用于记录包装系统的运行数据以及接收外部控制命令等的控制通信。

控制要求：包装量达到设定值后自动停止喂料，并通过显示灯/按钮（黄色）提示操作完成。进行剩余包装时，当操作人员将吨袋放置完成后，按下黄灯/按钮，开始重新进行包装计量。当混料机内部的物料不能满足一个吨袋的包装量时，设置一定的延时，当超过设定的延时时，红灯报警并发出报警声。

（3）设备材质要求

所用配件中杜绝使用含铜、锌、铬、铅等元素的材质，对于存在摩擦的部件，外部采用非金属材质进行整体防护。所有与物料接触部分均为 SUS304＋ETFE 涂层，涂层厚度≥0.3mm。

（4）设备能耗要求

能耗：电功率、耗气量等参照具体型号产品。

3.8.4　常见故障与解决措施

包装机常见故障与解决措施见表 3.12。

表 3.12 包装机常见故障与解决措施

故障现象	故障原因	解决措施
显示屏上显示电机报警,变频器、伺服驱动器显示报警代码	脱气量过大导致螺杆卡死	把负压真空量调小,经过测试,选取合适的真空量
	电机故障	检查电机,确保电机无损坏
	变频器、伺服驱动器本身故障	检查变频器、伺服驱动器,确保电机无损坏
	接线路出问题	检查电机跟变频器、伺服驱动器的线路,确保线路正常
	电机过载报警	把过载断路器黑色按钮按下解除,如果按下去又弹上,则等待一段时间让冷却片冷却后再按
显示屏上升下降限位感应器故障	上升下降限位感应器损坏	检查感应器,若损坏,应当尽早更换
	受物料干扰无法正常工作	检查感应周围的环境,确保感应器周围干净无积料
	上升下降限位感应器感应距离远或跑偏,造成无法感应	调整感应器跟感应位置的距离
	线路断路破损	连接或更换

3.9 辅助设备

3.9.1 氮气站——空分制氮机

磷酸铁锂辊道窑烧结需要惰性气体作为保护气。综合成本和性能,一般选择高纯氮气作为保护气体,而氮气一般由制氮设备制得。

小型制氮设备一般采用变压吸附分离技术(PSA),通过压力改变时分子筛对氧气、氮气的吸附差来制取氮气。大型制氮设备是以空气为原料,通过压缩循环、深度冷冻的方法把空气变成液态,再经过精馏,从液态空气中逐步分离生产出氧气、氮气及氩气等。制取氮气有三种主流的技术路径:变压吸附分离、膜分离、深冷低温空分分离。

总体来看,空气的分离方式可分为低温和非低温两种。其中非低温空气分离方法包括吸附、膜分离、化学分离法,其技术较为简单,设备成本较低,但产品纯度和生产效率较低温空气分离法存在较大的差距,而且无法生产液态产品,只适用于小型的空分设备。低温空气分离法产品纯度高,生产效率高,相较前一种技术具有无可替代的优势。缺点是深冷空分制氮设备复杂、占地面积大,基建费用较高,产气慢(12~24h),安装要求高、周期较长,适合大规模工业制氮。而磷酸铁锂目前单台窑炉氮气需求平均在 $400Nm^3/h$，需求量大，一般采用后者，即深冷低温空分制氮设备。

液氮存储及汽化装置：因空分装置故障造成辊道窑停机是非常大的损失。因此在设备选型时，一般要求空分装置带液氮存储和气化装置，可以短时间内应对突发状况。液氮温度为 $-200℃$ 左右。如此低的温度大部分行业是不能直接使用的，必须通过空温气化装置将液氮汽化，达到常温常压状态才能使用。因为液氮形似于水，体积被压缩（每吨液氮根据使用压力不同可以汽化出 $700\sim800Nm^3$，纯度 99.9995% 的氮气），方便运输，通过汽化装置可以快速提供大量的氮气，同时液氮有较低的压力露点（约 $-70℃$），所以液化氮气如此高的指标可以满足各行各业使用。但是液氮的使用门槛也比较高，例如用量太小可能只能买散装产品，瓶装的氮气成本比较高。液氮需要专用的使用场地（土建）、专用存储设备和汽化设备以及特种设备使用登记证书，有每月最低消费用量，用量不稳定的不划算。

定期检查和保养制氮机是防止故障发生的最佳方法。制氮机的使用寿命及操作效果不仅与设备质量有关，还与设备的使用和维护有很大关系。常见的故障及排除方法如下所述。

（1）压缩机出现异常声音

故障原因：压缩机进气阀或出气阀损坏；机油不足或机油加注不当；紧固螺丝松动。

故障解决方法：更换进气阀或出气阀；加注机油或更换机油；紧固螺丝。

（2）制氮机产氮量减少

故障原因：压缩机冷却效果不佳，压缩空气温度过高；冷凝器堵塞或压缩机油太脏；分子筛吸附器老化或结构失效。

故障解决方法：清洗冷凝器；更换压缩机油；更换分子筛吸附器。

（3）制氮机产生氧气

故障原因：分子筛吸附器失效或分子筛填充不足；进气阀或出气阀损坏。

故障解决方法：更换分子筛吸附器或重新填充分子筛；更换进气阀或出气阀。

（4）低温部分故障

故障原因：冷箱漏液；制冷压缩机故障；冷却水系统故障。

故障解决方法：定期检查设备的密封性，并及时更换密封件；检查压缩机的运行状态和冷媒的充气情况，必要时进行维修或更换；检查水泵、冷却塔和管道等部件的运行情况，并及时清洗和维护。

（5）高温部分故障

故障原因：分离塔堵塞；换热器故障；电加热器故障。

故障解决方法：定期清洗和维护分离塔，并注意防止异物进入；检查换热器的传热效果和泄漏情况，并及时维修或更换；检查加热器的供电情况和加热效果，并及时修理或更换。

（6）纯化器时序暂停

切换阀阀位反馈不到位会导致纯化器时序不能进行到下一步，检查切换阀门是否动作到位，或是阀位开关接触有问题。均压泄压后的压力也会导致程序暂停，注意检查压力是否达到设定值。

（7）纯化空气中的二氧化碳含量和水分超标

检查分子筛是否带水；检查吸附剂及吸附筒内件是否损坏；检查上一次再生是否彻底，冷吹峰值是否满足要求；检查当地大气二氧化碳是否短时间内超标严重；检查是否为分子筛中毒。

（8）纯化器出口温度过高

吸附初期空气进出纯化器温差较大，如果温差超过 20℃，可能的问题有：空气进口温度过高，含湿量大；冷吹不彻底，冷吹结束后的温度较高。

此外，还有一些其他常见的深冷空分设备故障，如压力控制系统故障、电气系统故障等。对于压力控制系统故障，需要检查压力传感器、控制阀和压力调节器等部件的工作情况，并进行维修或更换。对于电气系统故障，需要检查电气连接和电器设备的运行状态，并及时修理或更换。

深冷空分设备故障及维修是一个复杂而重要的问题。在实际工作中，维修深冷空分设备时，需要具备一定的专业知识和技能，从而及时发现和解决故障，保障设备的正常运行。通过定期检查、维护和维修，可以有效延长设备的使用寿命，并提高工业生产的效率和质量。在进行维修前，首先要进行设备的停机检查，确保设备处于安全状态。维修过程中，要注意保护设备和自身的安全，遵循相关的操作规程。

3.9.2　纯水站——纯水机

纯水是一种无机化合物，化学式为 H_2O。在液态水中，水的分子并不是以单个分子形式存在的，而是有若干个分子以氢键缔合形成水分子簇，因此水分子的取向和运动都将受到周围其他水分子的影响。

纯水在国内外都没有明确意义上的完整分类。根据执行标准的不同，纯水的分类大体分为：纯净水、（一般）工业纯水、电子级水（高纯水）、超纯水、（医疗）纯化水、实验室用水。从电导率角度而言，常见纯水的洁净程度排列如下：超纯水≥电子级水/实验室用水≥纯化水＞纯净水≥一般工业用水。

（1）设备基本要求

预处理系统出力和出水水质：能力＞102m³/h，回收率＞90%。

1 级反渗透系统出力和出水水质：能力＞100m³/h，回收率＞75%，产水电导率≤10μS/cm（25℃）；2 级反渗透系统出力和出水水质：能力＞78m³/h，回收率＞80%（25℃），产水电导率＜5μS/cm。

输送系统出力和用水点水质：能力＞100m³/h，电导率＜55μS/cm（25℃）。

供水方式：连续产出（24h 运行）。

运行方式：全自动运行（并具备手动操作功能）。

原水水源：市政自来水＜500μS/cm（25℃）。

设计出水温度：25℃。

（2）系统要求

① 预处理系统。城市管网供水中含有多种杂质，如悬浮物、胶体、有机物和无机盐等，为保证系统中反渗透部分的正常运转，必须先去除水中的悬浮物、胶体、有机物等，使反渗透的进水达到要求，故系统设置原水预处理系统。反渗透前的预处理部分选用多介质过滤器＋活性炭系统。装置配置蝶阀来实现设备的启动、运行、反洗、停机备用等操作的自动控制。

② 脱盐处理系统（反渗透）。反渗透脱盐技术是近二十几年来新兴的高新技术，它利用反渗透原理，采用具有高度选择透过性的反渗透膜，能使水中的无机盐去除率达到 99%，同时也能脱除水中的各种有机物、微粒，大大提高产品清洗合格率，且无污染，因而在纯水制备方面得以广泛采用。经过预处理后合格的原水进入压力容器内的膜组件，水分子和极少量的小分子有机物通过膜层，经收集管道集中后，通往产水管，再注入纯水箱。系统设置二级反渗透装置，作为系统的主要除盐设备。反渗透系统采用进口的 DOW 低压膜元件。同时系统的进水、产水和浓水管道上都装有一系列的控制阀门、流量、电导率、压力表等监控仪表及程控操作系统，它们将通过 PLC 控制系统实现设备长期的保质、保量系统化运行。二级 RO 水箱设置氮气水封装置，隔离空气污染。

③ EDI 精处理系统。EDI 系统是目前世界上先进的纯水深度处理系统，具有连续工作、产水水质稳定、无需酸碱化学再生、无环境污染等显著优点，代表纯水深度处理的方向，正逐步取代传统的离子交换混床系统。EDI 高纯水部分设置 $0.45\mu m$ 过滤器、EDI 装置等，以进一步去除水中的颗粒和剩余的微量离子等。随着纯水纯度的升高，所选用设备和管道等材料等级也应相应提高。

④ 管道系统。系统内工艺管道因处理工序的不同而采用不同等级的管道材料，其中预处理系统、反渗透系统的低压管路部分到出水均采用 U-PVC 管道，反渗透高压管路则采用承压好的不锈钢管。管道材料分级采用在满足工艺系统要求的情况下，兼顾系统的经济性、合理性，一定程度上降低系统造价，节约投资。

⑤ 水泵。系统内所有的水泵在不同的处理阶段，采用不同等级的不锈钢材质。在反渗透系统及 EDI 系统前，选用 SUS304 材质的水泵。而在循环精处理供水部分，化学清洗装置选用的水泵均采用 SUS316 材质。

(3) 常见故障与解决措施

纯水系统常见故障与解决措施见表 3.13。

表 3.13　纯水系统常见故障与解决措施

故障现象	故障原因	解决措施
原水增压泵 无法启动	变频器故障	检查变频器参数设置
	水泵缺相运转	检查水泵供电电源
	原水箱液位低于下液位	检查供水管道和液位控制器
	超滤水箱液位高于上液位	等待超滤水箱液位回落，再操作
	无供电	检查是否停电，检查断路器有无断开
原水流量计 达不到设计量	水泵反转	三相电源调换任意两相电源线
	供水管道堵塞	检查供水管道并恢复
	原水箱液位低于下液位	检查供水管道和液位控制器
	超滤水箱液位高于上液位	等待超滤水箱液位回落，再操作
	水泵吸入空气	检查进水管道和水泵，排除漏气现象
	出水管道堵塞	排除堵塞现象
RO 增压泵 无法启动	变频器故障	检查变频器参数设置
	水泵缺相运转	检查水泵供电电源
	超滤水箱液位低于下液位	检查供水管道和液位控制器
	中间水箱液位高于上液位	等待中间水箱液位回落，再操作
	无供电	检查是否停电、检查断路器有无断开

续表

故障现象	故障原因	解决措施
一级高压泵无法启动	变频器故障	检查变频器参数设置
	水泵缺相运转	检查水泵供电电源
	超滤水箱液位低于下液位	检查供水管道和液位控制器
	中间水箱液位高于上液位	等待中间水箱液位回落,再操作
	无供电	检查是否停电,检查水泵空气开关或断路器有无断开
	高压泵 1 出水压力过高	检查后面管路是否畅通或膜堵塞
二级高压泵无法启动	变频器故障	检查变频器参数设置
	水泵缺相运转	检查水泵供电电源
	中间水箱液位低于下液位	检查供水管道和液位控制器
	纯水箱液位高于上液位	等待纯水箱液位回落,再操作
	无供电	检查是否停电、检查水泵空气开关和断路器有无断开
	高压泵 Ⅱ 出水压力过高	检查后面管路是否畅通或膜堵塞
反渗透进水电导率偏高	进水电导率偏高	暂停生产
	保安过滤器污染严重,没有及时更换滤芯	更换滤芯
	反渗透膜淡水侧 O 形圈损坏	对 O 形圈进行更换
	反渗透膜污染	对膜进行药物清洗
反渗透进水压力高	膜污染	对膜进行药物清洗
	超负载产水	调节浓水调节阀,增加浓水排放
	高压泵进水流量过大	调节高压泵进水阀,减小流量
EDI 输送泵无法启动	纯水箱液位低于下液位	检查供水管道,恢复供水
	高纯水箱液位高于上液位	等待高纯水液位回落,再操作
	变频器故障	检查变频器参数设置
	水泵缺相运转	检查水泵供电电源
	无供电	检查是否停电,检查保险丝有无损坏
高纯水输送泵无法启动	高纯水箱液位低于下液位	检查供水管道,恢复供水
	变频器故障	检查变频器参数设置
	压力保护	检查电接点压力表和管路
	变频器故障	检查变频器参数设置和压力传感器
	水泵缺相运转	检查水泵供电电源
	无供电	检查是否停电,检查断路器有无断开

故障现象	故障原因	解决措施
清洗泵无法启动	变频器故障	检查变频器参数设置
	水泵缺相运转	检查水泵供电电源
	无供电	检查是否停电,检查断路器有无断开
超滤反洗泵无法启动	超滤水箱液位低于下液位	检查供水管道,恢复供水
	压力保护	检查电接点压力表和管路
	变频器故障	检查变频器参数设置和压力传感器
	水泵缺相运转	检查水泵供电电源
	无供电	检查是否停电,检查断路器有无断开
原水供水不足	增压泵出现故障	联系泵厂家维修
	保安过滤器堵塞	更换滤芯
	高压泵反转	调换高压泵电源的任意两相
产水量降低	原水供水不足	保证原水供应
	反渗透膜受到污染	清洗反渗透膜
	水温温度过低	提高水温至25℃左右
电导率上升	反渗透膜受到污染	清洗或更换反渗透膜
EDI电阻下降	EDI树脂饱和	树脂需再生或更换

3.9.3　空气压缩设备——空压机

空压机是一种将空气压缩成一定压力气体的设备,广泛应用于工业、农业、交通运输等领域。它的主要功能是为各种气动设备提供动力源,确保设备的正常运行。

(1) 空压机的分类

空压机具有高效节能、稳定可靠、灵活调节、易于维护等优点。根据压缩方式的不同,空压机可分为活塞式、螺杆式、离心式等多种类型。不同类型的空压机适用于不同的应用场景,如活塞式空压站适用于小型设备,螺杆式空压站适用于中等规模设备,离心式空压站则适用于大型设备。

① 螺杆式空压机。通过两个相互啮合的螺杆旋转来压缩空气。螺杆式空压机又分为有油螺杆空压机和无油螺杆空压机。无油螺杆空压机是一种特殊设计的压缩空气设备。与传统的有油螺杆空压机相比,无油螺杆空压机不需要使用润滑油系统,旨在满足对压缩空气质量要求高、对环境洁净度要求严格的行业应用。

这种类型的空压机具有高效、稳定和低噪声的特点，广泛应用于工业领域。

② 活塞式空压机。通过活塞在气缸内的往复运动来压缩空气，通常适用于较小的空气需求和较低的压力范围。

③ 离心式空压机。利用高速旋转的叶轮将空气加速并压缩。这种类型的空压机适用于大流量和高压力的应用场景，如航空航天和能源领域。

④ 滑片式空压机。通过滑片在气缸内的滑动来压缩空气，具有结构简单、维护方便的特点，常用于一些特定的应用场景。

除了以上常见类型，还有其他一些特殊类型的空压机，如涡旋式空压机和轴流式空压机等。

（2）空压机主要性能指标

① 排气量。排气量是空压机的重要性能指标之一，它表示空压机在单位时间内所能排出的压缩空气体积。排气量的大小直接影响到空压机的工作效率和供气能力。一般来说，排气量越大，空压机的供气能力越强，但同时也会消耗更多的能源。

② 排气压力。排气压力是指空压机排出的压缩空气的压力。排气压力的大小决定了压缩空气的用途和使用范围。不同的用气设备对排气压力有不同的要求，因此在选择空压机时，需要根据实际需求来确定合适的排气压力。

③ 功率。功率是指空压机驱动电机的功率，它直接影响到空压机的运行效率和能耗。一般来说，功率越大，空压机的运行效率越高，但同时也会消耗更多的能源。

④ 噪声。空压机在运行过程中会产生噪声，噪声的大小会影响到工作环境和人员的健康。因此，在选择空压机时，需要考虑其噪声水平。

⑤ 能效比。能效比是指空压机的输出功率与输入功率的比值，它反映了空压机的能源利用效率。能效比越高，空压机的能耗越低，运行成本也就越低。

⑥ 可靠性。可靠性是指空压机在规定的使用条件下，能够稳定运行并满足使用要求的能力。可靠性高的空压机可以减少维修和保养成本，提高生产效率。

总之，在选择空压机时，需要综合考虑以上性能指标，并根据实际需求和使用环境来选择适合的空压机。

（3）常见故障与解决措施

空压机在运行过程中可能会遇到各种故障。表 3.14 详细探讨了空压机常见故障的原因和解决措施。

表 3.14 空压机常见故障及其原因与解决措施

故障现象	原因	解决措施
润滑油泄漏	轴封损坏	更换轴封
	垫圈损坏	更换垫圈
异常声音	气穴、过滤器堵塞;低油温	清理过滤器;提高油温
	透气;储油箱油位低;吸油管有空气吸入;轴封损坏	修理或拧紧管和接口;更换轴封
	对中不合适	重新对中
	法兰或管线连接不好	改进连接方法
流量降低;排出压力不上升	由于异物损坏了轴承、齿轮和泵体	更换润滑油并清理回路
	油膜破损损坏了轴承、齿轮和泵体:①混有异物②储油箱的油位低	更换润滑油并清理回路使它正常调整调节阀设置正常
	由于过载引起的轴承、齿轮和泵体损坏	不能消除故障,更换轴承、齿轮和泵
	密封损坏	更换垫圈和垫板带
滑油温度太高	轴润滑油量少	增加储油箱容量
	过载	调整调节阀设置正常
	油冷却器供水不足	增加供水
	冷却水温度高	降低水温
	油冷却器脏堵	清洗油冷却器
	温度传感器故障	更换温度传感器
电源不能打开	电源自身质量不合格	修理或更换电源
	断路器出错	检查断路器,必要时进行更换
	电缆出错或连接松动	更换电缆,紧固接头
润滑油压力低	辅助油泵失灵	修理或更换泵
	压力控制阀失灵	修理或更换阀
	油过滤器堵塞	更换滤芯
	密封轴承泄漏	更换密封轴承板
	止回阀损坏	更换阀
	泵出口处止回阀反向安装	以正确方向安装止回阀
	润滑油管路连接漏油	拧紧或更换
	油位低	注入合适的润滑油到正常油位
	润滑油温度超过50℃	增加给水到油冷却器以保持润滑油温度在40~50℃
	润滑油管路损坏	修理润滑油管路

续表

故障现象	原因	解决措施
润滑油压力低	辅助油泵过载继电器跳闸	清除原因后,重设继电器
	压力传感器失灵	更换压力传感器
	如无上述情况,可能是油压调节阀设置过低	调整压力调节阀,使油压大约为 0.15MPa
润滑油压力过高	油压调节阀失灵	修理或更换油压调节阀
	压力传感器失灵	更换压力传感器
	如无上述情况,可能是油压调节阀设置过高	调整压力调节阀,使油压大约为 0.15MPa
振动大	空气冷却器排水故障	清理并检查排水管,疏水阀
	叶轮不平衡	校正不平衡
	压缩机小齿轮轴承磨损或损坏	更换小齿轮轴承
	压缩机大齿轮轴承磨损或损坏	更换大齿轮轴承
	齿轮磨损或损坏	修理或更换齿轮
	叶轮损坏	修理或更换叶轮
	地角螺栓松动	拧紧螺栓
	主电机故障	修理或更换主电机
	油温过低或过高	保持油温在 40~50℃
	轴承油压低	保持合适的油压
	润滑油脏	更换润滑油
	喘振	参考"喘振"
	振动探针引线连接松动	拧紧接头
	振动探针故障	更换振动探针
	转换器失灵	更换转换器
喘振	进口过滤器阻塞	更换过滤器滤芯
	第一级进口空气温度高	降低排气压力,使空气温度降低到设计点
	第二级进口空气温度高	增加中间冷却器的供水或降低中间冷却器的供水温度或清洗中间冷却器
	高排气压力	保持排气压力在设计值
	压缩机性能恶化	清洁叶轮、扩压器、涡壳
	止回阀故障	修理或更换止回阀
	进口导叶或执行器故障	修理或更换进口导叶或执行器
	放空阀故障	修理或更换放空阀
中间冷却器/后冷却器排气温度高	冷却器供水不足	增加供水
	冷却水温度高	降低水温
	冷却器脏堵	清洗冷却器
	喘振	参考"喘振"
	温度传感器故障	更换温度传感器

续表

故障现象	原因	解决措施
振动监测间隙电压超出量程	调整不合适	重新校正
	接头松动	拧紧
	振动探针故障	更换探针
	转换器故障	更换转换器
排气压力低	用气量超过压缩机容量	减少用气量
	排气压力设置过低	设定在额定值
	放空阀故障	修理或更换放空阀
	进口导叶或执行器故障	修理或更换进口导叶或执行器
	压力传感器故障	更换压力传感器
仪表读数不合理：①压力②温度	控制柜中传感器接线接头松动或电缆损坏	拧紧或重新接线,更换电缆
	压力传感器故障	更换压力传感器
	压力传感器电源故障	更换电源
	取压管损坏	修理管路
	传感器连接松动或接线损坏	拧紧或重新接线
	温度传感器故障	更换温度传感器
主电机：①噪声异常②异常振动	主电机轴承润滑油不足	按要求加合适的润滑油
	主电机轴承损坏	更换轴承
	主电机冷却风扇故障	修理或更换冷却风扇
	联轴器故障	修理或更换联轴器
	主电机固定螺栓松动	拧紧
	主电机轴承损坏	更换轴承
空压机升不到额定压力	用气量过大	检查漏否,供气阀开闭情况
	起跳压力过低	检查起跳压力设定值
空压机不加载	进气阀未打开	先切断所有电源,再检查进气阀是否能自由打开,检查步进电机
空压机气量不足	—	检查进气阀,检查步进电机;检查起跳/回跳压力设定值;检查进气空滤器是否污染,若堵塞,指示灯应亮
空压机高温自动停机	冷却效果不佳	对于水冷或海水冷却机组要检查冷却水是否在流动,是否有空气进入冷却系统,还要检查过滤器是否堵塞

空压机高温报警、停机故障、气量不足是工业生产中常见的问题,其原因

多种多样。通过了解其原因和解决措施等，可以更好地预防和解决此类问题，确保空压机的正常运行和延长其使用寿命。同时，对于已经出现故障的空压机，应及时采取措施处理，避免故障扩大对生产造成更大的影响。

3.9.4　冷却设备——冷冻机

（1）冷冻机介绍

冷水机组也称冷冻机、制冷机组、冰水机组、冷却设备等，是一种通过制冷循环提供冷却水或冷却液以满足工业、商业和部分生活领域冷却需求的设备，主要由压缩机、冷凝器、蒸发器和膨胀阀等核心部件组成，并利用制冷剂在这些部件间循环，实现热量吸收与释放，从而达到降低水或其他介质温度的目的。另外，为了改善制冷系统的性能，达到更好的使用效果，通常还有不少辅助器件，如液体管路电磁阀、视液镜、液体管道干燥过滤器、高低压力控制器等。

按照冷却方式冷水机可分为风冷式和水冷式。按压缩机类型可分为螺杆式、涡旋式、离心式等。风冷式工业冷水机是通过风扇强制空气流过冷凝器，将冷凝器的热量带走。风冷式冷水机具有结构简单、安装方便、维护成本低等特点，适用于小型生产线或对冷却需求较小的场合。水冷式工业冷水机则通过冷却塔内的水循环，将冷凝器的热量排放到环境中。水冷式冷水机具有冷却效果稳定、适应环境温度范围广等特点，适用于大型生产线或对冷却需求较大的场合。

（2）设备技术要求

温度范围：选择工业冷水机时，首先应该考虑工厂对制取温度的要求。制取温度的高低对冷水机的选型和系统组成有着极为重要的实际意义。比如用于空气调节的冷水机和用于低温工程的冷水机，往往会有根本上的差别。按温度控制分为低温冷水机和常温冷水机，常温温度一般控制在 $0 \sim 35 \, ^{\circ}\mathrm{C}$ 范围内，低温温度控制一般在 $-100 \sim 0 \, ^{\circ}\mathrm{C}$ 范围。

制冷和单机制冷量：冷水机制冷量的大小直接关系到整个机组的能量消耗和运行经济效果，特别是在设计冷站的时候，一般情况下不设单台冷水机，这主要是考虑到当一台冷水机发生故障或停机检修时，不至于影响生产，应结合生产情况，选定合理的机组台数。

冷水机制冷量＝（冷冻水质量×4.187×温差/时间）×安全系数。

冷冻水流量：机器工作时所需冷水流量，单位为 L/s。

水流量：需要略大于需求设备的冷却水流量总和。

设计温差：冷水机组通常设计温差为 5℃。

冷冻水温度：机组出水温度设定为 7～12℃，进水温度为 12～17℃。

冷却水温度：机组冷却水出水温度为 32～37℃，进水温度为 27～32℃，

蒸发器/冷凝器小温差：该温差指出水温度－饱和温度的绝对值。通常该值都会低于 2.5℃。一般情况下，蒸发温度常控制在 3～5℃的范围内，较冷冻水出水温度低 2～4℃。过高的蒸发温度往往难以达到所要求的空调效果，而过低的蒸发温度，不但增加冷水机组的能量消耗，还容易造成蒸发管道冻裂。

排气过热度：排气过热度等于排气温度-冷凝饱和温度，该值反映了压缩机的工作状态，对于离心式冷水机组该值通常在 7℃左右（对于 R134a 冷媒，不同的冷媒是不一样的），其合理范围在 4～10℃。该值反映了压缩机功耗，越节能，过热度也会越低；如果越高，过热度也会越高。

压力：机组运行冷凝压力过高会引起高压报警，机组会自动降低负荷而影响制冷量，还会引起离心机机组喘振导致无法正常运行，长时间较高压力下运行还会对机组各原件及机组密封产生影响。

能耗：能耗是指电耗和汽耗，特别是选用大型工业冷水机时，应当考虑能量的综合利用，因为大型冷水机是一种消耗能量较大的设备，所以对于供冷的大型制冷站，应当充分考虑对电、热、冷的综合利用和平衡，特别要注意对废汽、废热的充分利用，以期达到最佳的经济效果。

冷却水水质：冷却水水质的好坏，对热交换器的影响较大，会导致设备结垢和腐蚀，这不仅会影响到冷水机的制冷量，而且严重时会导致换热管堵塞与破损。

冷水机选型一定要准确。型号配得不到位，同样达不到需求的制冷效果。建议在购买冷水机时，将需要的制冷量等参数提供给冷水机生产商，共同讨论并得出冷水机型号，确定冷水机安装方案，达到预定的制冷效果，提升生产效率。

(3) 常见故障与解决措施

冷冻机组的故障主要来自电路系统和制冷系统方面，故障的最终结果必然导致压缩机无法启动，制冷量下降或者设备损坏。正确判断各种故障产生的原因以及采取合理的排除方法，不但涉及电器和制冷技术方面的理论知识，更重要的是还须具备实践技能，有些制冷系统的故障可能由几种原因导致，首先必须对制冷装置运行进行综合分析，才能找到有效的解决方法。另外，有些故障往往由于使用者不正确使用和保养而引起，即所谓的"假性故障"，因此只有通过实际操作才能真正了解故障所在，找出正确的处理方法。

现将冷冻机组的一些常见故障和排除方法做重点说明。

工业冷水机漏水：出入水口松脱或破裂；注水口松脱；工业冷水机内部注水桶破裂；工业冷水机的排水口破裂；内部水管发生破裂；工业冷水机内部冷凝器穿孔；接口内排水嘴帽破裂或者松脱；水箱内因注水太满导致运行时冷却水波动；外部连接水管破裂或管口不平整或者尺寸不适合。

解决措施：若是接口内排水嘴帽破裂或松脱导致，用户可自行更换。若是注水太满，可以打开工业冷水机排水口将水位调整至水位计的最低液位线上。若为工业冷水机外部连接水管管口不平整或水管破裂或者尺寸不适合发生漏水，可修整水管管口或者更换合适尺寸的水管。

工业冷水机不制冷：如果是工业冷水机系统漏冷媒，首先检查工业冷水机低压表有没有压力，如果没有压力，说明漏制冷剂了，查漏补漏，检查每一个铜管的连接处，看哪个位置漏水就补哪个位置。如果是工业冷水机压缩机坏了，机器显示压缩机故障。用钳表钳着压缩机三条电线，得出工作电流，如果三条不一样，初步判断为压缩机损坏。比如10HP的工业冷水机的压缩机正常电流为18～20A，若非此范围表明压缩机坏了，解决方法是更换工业冷水机的压缩机。如果是工业冷水机电脑板坏了，则电脑板显示温度不正常，或者与实际温度不相符，解决方法是更换工业冷水机的电脑板。如果是工业冷水机制冷系统过载，在使用工业冷水机的过程中温度达不到预定的效果，或者温度没有降下来，反而会升上去，说明选配的工业冷水机功率不够大，解决方法是更换更大功率的工业冷水机才能达到生产过程中所需的温度。

冷凝器有污垢：冷凝器作为冷水机四大主件之一，是直接参与制冷的关键部件，冷水机使用的冷却水中含有钙/镁离子和酸式碳酸盐会形成锈垢。而锈垢的产生会直接导致冷凝器换热效果不佳，结垢严重还会堵塞管道，加剧对换热效率的影响。解决措施是对冷凝器进行检查，并进行除垢保养。

制冷能力不足：滑阀位置不合适、吸气过滤器堵塞、运动部件磨损、喷油量不足、吸气截止阀未打开、制冷剂泄漏、蒸发器结垢等都会造成制冷能力不足。解决措施是清理或更换过滤器，转子、轴承磨损需进行保养，喷油量不足应查找原因并补充油，打开吸气截止阀，查找制冷剂泄漏点，对蒸发器进行检查，并进行除垢保养。

工业冷水机低压故障原因及解决方法。

冷媒不足：冷媒不足会导致冷水机出现低压报警，严重不足会导致机组停机保护。解决方法：对冷水机进行检漏，如管路接头检漏，待查明原因后补充冷媒。

冷凝器水量过大或积垢：冷水机冷凝器水量过大或积垢会导致水温过低、

散热差。解决方法：减少水量或采用部分循环水，对冷凝器铜管进行清洗。

吸排气阀片泄漏：冷水机吸排气阀片泄漏会导致冷媒气体泄漏，排气量减少，制冷量下降。解决方法：由专业工程师检查阀片泄漏原因并更换阀片。

蒸发器结霜：冷水机蒸发器结霜也会导致吸入压力过低。解决方法：由专业工程师检查结霜原因并进行融霜。

蒸发器过滤网脏堵：冷水机蒸发器过滤网脏堵同样会导致吸入压力过低。解决方法：清洗或视情况更换过滤网。

工业冷水机高压报警原因及解决方法。

复位后再开机看高压表，如果压力一直往上升，就会出现高压报警。这种故障一般不是设备厂家的问题，用户可以从以下几个方面解决问题。

冷水机压缩机频繁启停：可能是油位过低，导致报警。解决方法：补充冷冻油，查看压缩机是否有油泄漏。

冷水机管路脏堵：会导致冷却水或冷冻油无法正常回到压缩机内，进而出现报警。解决方法：清洗系统管路，必要情况联系厂家进行解决。

冷却水流量小或未打开：会导致压缩机出现频繁加卸载开停动作并报警。解决方法：打开水阀，如冷却水流量还是低，查看管道是否脏堵。

冷媒过多：会导致排气温度过高，为保护压缩机运转也会出现报警。解决方法：由专业工程师对冷媒进行处理，不建议用户私自排放。

冷凝器散热不良：会导致排气压力过高报警。解决方法：检查并清理冷凝器表面灰尘，清洗冷凝器铜管。

膨胀阀开启度过大：会导致冷媒流量升高，过热度降低。解决方法：适当减少膨胀阀开启度，并停机检查原因后重新开机；也可联系厂家获取解决措施。

3.10 万吨级磷酸铁锂生产设备清单

针对当前行业内规模化、大型化设备选型方案，给出单线年产 1 万 t 磷酸铁锂产能设计方案供参考，见表 3.15，设备选型见表 3.16。

表 3.15 万吨级磷酸铁锂产能设计方案

序号	名称	单位	数量	备注
1	磷酸铁锂成品年产能	t	10000	——
2	年投干粉量	t	12820	实际投粉料量,按 22% 烧失率

续表

序号	名称	单位	数量	备注
3	磷酸铁锂成品日产能	t	33	按 300 天/年
4	日投干粉量	t	43	实际投粉料量,按 22% 烧失率
5	产线数量	条	1	每条线约 1.2 万吨/年产能
6	每条线每天投料次数	次	8	每 3h 配料一次
7	每批次投干粉量	kg	5375	按固体料总量
8	每批次投去离子水	kg	8063	按 40% 固含量
9	每批次投浆料总量	t	13.4	配 15~20m³ 搅拌罐
10	粗磨砂磨机数量	台	1	单台产能 800~1100kg/h
11	细磨砂磨机数量	台	3	单台产能 800~1100kg/h

表 3.16　万吨级磷酸铁锂设备选型清单

工序	设备名称	数量	备注
投配料	投料站	3 套	磷酸铁、碳酸锂、葡萄糖各 1 套
	磷酸铁缓存料仓	1 套	10m³
	碳酸锂缓存料仓	1 套	6m³
	葡萄糖缓存料仓	1 套	2m³
	磷酸铁计量罐	1 套	3m³
	碳酸锂计量罐	1 套	2m³
	葡萄糖计量罐	1 套	1m³
	配料罐	1 套	20m³
粗磨系统	粗磨罐	2 套	20m³
	粗磨机	1 套	400L
细磨系统	细磨罐	3 套	20m³
	细磨机	3 套	400L
除铁系统	除铁罐	2 套	50m³
	电磁除铁器	1 套	
成品	成品罐	1 套	50m³
干燥	离心喷雾干燥机	1 套	1.2 万 t/a
烧结	氮气气氛辊道窑	2 套	75m,6 列双层,2 条窑,1.1 万 t/a
	自动外循环线	2 套	
粉碎	气流粉碎机	1 套	

工序	设备名称	数量	备注
混批	混批机	1 套	
筛分	超声波振动筛	1 套	
包装	自动包装机	1 套	
氮气	空气制氮系统	1 套	$1000Nm^3/h$
冷冻水	冷冻水系统	1 套	$200m^3/h$
循环水	循环水系统	1 套	$300m^3/h$
纯水	纯水系统	1 套	$4t/h$
压缩气	空压机系统	1 套	

注：单线年产 1 万 t 磷酸铁锂设备（1.38t/h）。

3.11 磷酸铁锂工厂设备智能化方案

磷酸铁锂材料作为电池正极的核心组件之一，其生产工艺对电池性能有着至关重要的影响。为了满足市场日益增长的需求，提高生产效率，降低生产成本并确保产品质量，磷酸铁锂材料工厂正面临着日益严峻的挑战。因此，研究磷酸铁锂材料工厂设备智能化管理具有重要的现实意义。智能化管理系统可以实时监控生产线的各项运行参数，自动调整设备状态，实现生产过程的优化。此外，智能化管理系统可以通过数据分析，为决策者提供有关生产效率、设备故障、原材料消耗等方面的深入了解，从而为企业节约成本、提高产品质量和环保性能创造条件。

磷酸铁锂材料工厂设备智能化管理系统主要包括数据采集与处理模块、生产计划调度模块、设备安全监控模块和环境监测模块。这 4 个模块相互协作，共同实现对磷酸铁锂材料生产过程的智能监控和管理，提高生产效率和产品质量，降低生产成本。具体的磷酸铁锂材料工厂设备智能化管理系统总框架设计如图 3.30 所示。

通过 4 个模块的协同工作，磷酸铁锂材料工厂设备智能化管理系统能够实现生产过程的高效率、高安全性和低环境影响。进一步融合先进的人工智能、物联网和大数据技术，实现更高效、智能和绿色的生产管理。

数据采集与处理模块：数据采集与处理模块负责实时收集磷酸铁锂材料生产线的各种运行数据，包括设备运行状态、温度、压力、流量、电流等参数。数据采集是通过传感器、数据采集器和现场总线等设备来实现的。首先，在生

数据采集与处理模块	设备运行状态	设备温度压力	设备流量电流参数
生产计划调度模块	需求预测	生产任务分配	生产过程控制
设备安全监控模块	安全监测	安全预警	应急预案
环境监测模块	废气监测	废水监测	能源消耗监测

图 3.30　设备智能化管理系统模块

产线的关键位置安装各种传感器,如温度传感器、压力传感器、流量传感器和电流传感器等。其次,使用数据采集器将这些传感器收集到的数据进行统一上传,并对数据进行预处理。可以实现磷酸铁锂材料工厂中,智能化管理系统的数据采集与处理。

生产计划调度模块:生产计划调度模块主要负责磷酸铁锂材料生产过程中的生产计划制定与执行,包括原材料需求预测、生产任务分配、生产过程控制等。原材料需求预测根据生产任务和历史数据,预测未来一段时间内的原材料需求量,确保生产过程中原材料的充足供应。生产任务分配根据生产任务、设备状态和产能,合理分配各个生产环节的任务,确保生产过程的顺利进行。生产过程控制监控生产线的运行状态,采用模型预测对生产过程进行控制,实时调整生产参数和计划,以提高生产效率和产品质量。实时跟踪生产任务的完成情况,确保生产计划的按时完成,实现磷酸铁锂材料工厂智能化管理系统的生产计划调度模块的功能。

设备安全监控模块:安全监控模块主要负责磷酸铁锂材料生产过程中的安全监测与预警,确保生产线的安全稳定运行。设备安全监测利用数据采集模块收集的运行数据,包括设备运行状态、温度、压力、流量、电流等参数,对这些参数进行实时监测,确保它们在安全范围内运行,实时监控设备的运行状态,发现异常情况及时报警,防止设备损坏和事故发生。根据生产线的实际情况和安全规范,设定每个参数的预警阈值。当监测到的参数超出预警阈值时,发出预警信号;监控员工的作业过程,确保员工遵循安全规程,防止安全事故的发生;监控化学品的存储、使用和废弃过程，确保原材料及产品的安全管理。

环境监测模块：环境监测模块主要负责磷酸铁锂材料生产过程中的环境监测，确保生产活动对环境的影响降到最低。废气监测子功能实时监测生产过程中产生的废气，包括 SO_2、CO、NO_x 等有害气体浓度，确保废气排放符合相关环保标准，使用相应的传感器进行实时监测，并将数据传输至中央处理系统。废水监测子功能实时监测生产过程中产生的废水，包括 pH 值、化学需氧量（COD）、氨氮、总磷等关键指标。确保废水处理后的排放符合相关环保标准。噪声监测子功能监测生产过程中的噪声水平，如分贝（dB）数值，确保噪声控制在合理范围内，保障员工的听力健康和附近居民的生活质量。固废监测子功能对生产过程中产生的固废进行分类、收集和处理，确保符合相关环保要求。能源消耗监测子功能实时监测生产过程中电力、燃气、水的消耗情况，采取节能措施，降低能源消耗，减少对环境的影响。定期对生产过程对环境的影响进行评估，及时采取改进措施，降低生产活动对环境的负面影响。

智能化管理系统有助于提升磷酸铁锂材料工厂的生产效率和产品质量，改善设备运行状况和安全生产状况，提高环境保护和能源利用效率。这些改进有助于降低生产成本，提高企业竞争力，促进可持续发展。然而，实施智能化管理系统仅是一个起点，企业还需要不断优化和完善管理措施，持续提升各项生产指标。

随着人工智能、物联网、大数据等技术的迅猛发展，智能化管理系统将在生产过程中发挥更加重要的作用。未来的磷酸铁锂材料工厂将实现高度自动化、柔性化和绿色化生产，为全球新能源产业的可持续发展提供有力支持。

3.12 工厂节能降本方案

随着市场竞争的加剧和原材料价格的波动，如何在保障产品质量的前提下，实现磷酸铁锂材料工厂的增效降本，成为业内关注的焦点。本节将从原材料选择、生产工艺优化、设备更新及技术创新等多个维度，深入探讨磷酸铁锂工厂的增效降本方案。

3.12.1 成本结构

对于磷酸铁锂正极材料企业而言，无论是头部企业还是中小企业，几乎都正在经历着生产成本较高、加工费走低、盈利能力减弱的艰难时刻。在这一背景下，降成本、促盈利逐渐成为锂电正极材料厂商的主要目标。目前锂电正极材料企业主要通过原材料选择、设备端降低能耗、合理进行产品布局以及上下游一体化布局等途径进行成本控制来提升利润。

磷酸铁锂成本和性能主要取决于前驱体的材料体系和制备工艺，工艺路径决定了生产成本及其降本潜力。从工艺路径对比结果来看，差异化主要体现在原材料、产品品质、能耗、三废排放等方面，其中成本差异主要体现在原材料成本和能耗成本差异上，不同工艺的选择会带来成本的明显分层。磷酸铁锂制造成本分析如图 3.31 所示。

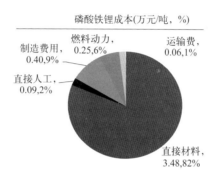

图 3.31　磷酸铁锂制造成本饼图

据德方纳米、湖北万润等公司的招股说明书，以碳酸锂和前驱体为主的原材料占总成本比例很高，降低原材料成本是降低磷酸铁锂成本的关键。原材料成本取决于上游锂源、磷源、铁源等的价格。据各公司公告，磷酸铁锂正极材料成本中，原材料占比超过 80%，其中锂源占比超 70%、磷源占比超 10%。

由于原材料占比较高，原料布局是产业未来降本的重要发展方向。此外，电费、水费等能源成本也是重要构成部分，主要取决于项目所在地区区位，例如云南地区大工业用电单价较低，使德方纳米位于云南曲靖的基地享有较低的用电成本。

3.12.2　节能降本思路

磷酸铁锂项目需从前期咨询、规划设计、建设施工、生产运营、技术改造等实施过程进行项目全生命周期的节能减排，统筹成本及自身应用场景，选用先进生产工艺路线，本节结合在磷酸铁锂项目上的经验，对磷酸铁锂项目节能减排路径进行分析。

（1）项目选址

严格落实选址节能评估分析，选址地理位置优越，靠近所需原材料供应地，运输便捷，能源供应有保障且流线短，有助于节能减排。西南地区拥有我国最丰富的锂和磷资源，这对于锂电企业供应链配套至关重要。西南地区的资源、政策优势聚集起大批锂电企业。四川拥有国内较好的锂矿资源、丰富的水电、磷铁资源，在双碳背景下，凭借得天独厚的矿产、土地、人才资源和相关配套成本优势，吸引了宁德时代、厦钨新能、湖南裕能、万华化学、川发龙蟒、协鑫锂电等知名企业磷酸铁锂项目落户四川。

（2）工艺及技术方案比选

磷酸铁锂生产工艺决定了项目能耗和节能减排的方向。各生产企业结合建设运营成本，综合考量市场和项目实施单位实际情况，选用适合自身条件的先进生产工艺技术方案，有利于节能减排和企业发展。在固相法生产工艺案例方面，天原锂电新材料有限公司同科研院所合作进行技术创新，选用改进的磷酸铁＋固相法生产工艺，该工艺具有成熟可控、产品性能优良、正极材料克容量和压实密度优异等优点的同时，对磷酸铁锂细混工序进行技术升级，使其固含量由目前的 35％提高至 50％，使得后续干燥、烧结阶段停留时间减少，用能可降低约 30％。协鑫锂电独家创新固相法一步合成工艺，去掉了前驱体磷酸铁合成、提纯、洗涤、压滤、闪蒸、干燥等工序，工艺更简化，原料更便宜，单体产能更大，自动化程度更高，该合成工艺中无液体原料，工艺研磨时间缩短，大大降低了能耗成本。在液相法生产工艺案例方面，厦钨新能源采用自主创新的液相法生产工艺，材料做成电池后低温性、倍率性等更加优异，通过该技术路线制备得到的产品电化学性能指标达到国内行业先进水平，且产生少量废水、废气和废渣，环保程度高，降低了能耗和成本。在磷酸铁锂赛道上，若企业能够在锂源/铁源/碳源/磷源上把握关键资源、自主研发，掌握成熟、安全可靠的工业化工艺路线，生产出比主流磷酸铁锂性能更加优异的磷酸铁锂材料，对比现在主流工艺路线，在成本、能耗、安全性、规模化上更具优势，更符合节能减排理念，将会在激烈的市场竞争中博得一席之地。

（3）主要用能工序分析

分析并找出主要用能工序进行优化，将有助于节能减排。磷酸铁锂项目用能工序因生产工艺不同而不同，固相法用能工序通常包括原料准备、研磨、喷雾干燥、窑炉烧结、粉碎及后处理等。固相法工艺中，原材料混合必须均匀，用能工序包括投料、预混、喷雾干燥、烧结以及破碎后处理等，其中主要用能工序为喷雾干燥和烧结工序。喷雾干燥工序能耗占项目综合能耗的 37%～45.30%，烧结工序能耗占综合能耗的 21%～31%。德方纳米液相法主要用能工序包括原材料混合、前驱体制备、初碎、造粒、烧结、粉碎、除铁、成品包装等。据相关项目节能报告审查意见，其用能最多的工序为烧结。德方纳米液相法将原材料在液体中混合，利用自发热制备前驱体，同时因颗粒纳米化也无需球磨等工序。而通常固相法在制备前驱体过程中需要反复研磨、分选、喷雾干燥等工序来混合原材料，过程相对烦琐，能耗相对较高。此外，在进行破碎干燥和烧结等后续工艺时，液相法烧结温度为 650～680℃，而固相法烧结温度更高为 700～730℃。厦钨新能源采用自主研发液相法，用能工序包括原料准备、破碎、洗涤、细磨、乳化、高压反应、包覆、喷雾干燥、烧结、包装等，项目主要用能工序为细磨、高压反应、喷雾干燥、烧结、气碎包装，主要用能工序能耗占项目综合能耗的 84%，项目工艺用能占整个项目综合能耗的 90% 以上。因此无论是固相法还是液相法，优化主要用能工序能耗是节能减排的重点。

（4）主要用能设备

工艺不同，设备选型则不同，主要用能设备也不同。采用固相法，主要用能设备有砂磨机、干燥装置、辊道窑、气流磨等工艺设备及变压器、冷水机组、空压机、各类风机水泵、电机等公辅设备；德方纳米液相法主要用能设备有造粒机、辊道窑、砂磨机、气流磨等工艺设备及蒸发装置、变压器、空压机、各类水泵电机等公辅设备。厦钨新能源自主研发的液相法，主要用能设备包括反应釜、粉碎机、砂磨机、乳化机、辊道窑、气流磨、干燥机等工艺设备及空压机、冷水机组、MVR 压缩机、各类水泵电机等公辅设备。优化主要用能设备，根据项目生产规模和工艺要求，严格落实设备选型原则，按照《重点用能产品设备能效先进水平、节能水平和准入水平（2022 年版）》要求，选用达到先进、节能水平要求的耗能设备。优先采用《国家重点节能低碳技术推广目录》及其他推荐目录中的节能技术、生产工艺和用能设备将有助于节能减排。

（5）其他方面

工艺不同，其涉及节能减排的路线则不同。优质锂源/铁源/碳源/磷源等原材料，将有助于生产节能，同时减少后期"三废"处理能耗。若选用杂质少、纯度高的铁矿粉可以直接与其他原材料进行高度活化，混合搅拌，减少后期"三废"处理能耗。针对不同工艺并结合成本，设计统筹选用技术先进节能、自动化智能化水平较高的工艺路线及节能型设备，融合能效评估、余热利用、在线监测等技术手段将有助于节能减排。

3.12.3 节能降本方案

磷酸铁锂生产过程中的节能降本方案主要有以下五个方面。

（1）工艺设计端降本

磷酸铁锂材料的生产成本由锂源、磷源、铁源、用电成本和环保成本构成，工艺路线直接决定了成本及其下降潜力。主要的节能工艺方向有：开发新工艺新技术，用其他成本较低的原料代替，降低原料端成本；优化工艺配方，减少单吨原辅料耗用成本；优化工艺技术。例如协鑫锂电采用自主研发固相一步法合成工艺，去掉了前驱体磷酸铁合成工序，后续干燥、烧结阶段停留时间减少，降低了能耗。提高固含量：在磷酸铁锂的生产工艺中，喷雾干燥和煅烧是两个主要的耗电环节；通过提高浆料的固含量，可以有效降低这两个环节的能耗。例如，在喷雾干燥阶段，将固含量从 40％提升至 50％，可以显著减少蒸发所需的水量，从而降低能耗。同时，添加适量的分散剂以降低浆料黏度，确保流动性良好，避免堵塞管道。同时，对现有的工艺流程进行不断优化，提高生产效率。例如，采用连续化生产工艺替代间歇式生产工艺，可以减少生产过程中的等待时间和能源消耗。此外，还可通过改进生产工艺参数，如温度、压力等，提高产品的质量和一致性。通过研发新产品和技术创新，可以提高磷酸铁锂产品的附加值和市场竞争力。例如，开发高能量密度、耐低温、长寿命等特性的磷酸锰铁锂（LMFP）材料，可以满足不同应用场景的需求并拓展市场。同时，新产品的研发还可以带动生产工艺和设备的更新升级。

（2）工厂管理端降本

树立节能降本管理意识：管理节能措施需从能源管理机构、人员配备、能源管理制度、能源计量及管理、能源统计及管理、设备设施维保、加强运营节能管理等方面提高节能意识、加强节能管理，严格按照国家现行相关政策、标准规范执行，建设能耗在线监测系统，将能耗监测数据接入重点用能单位能耗在线监测系统平台，提高节能管理水平、挖掘能源利用改进空间，强化能源管理，政府督促指导。

① 优化能源结构。优化能源结构也是降低生产成本的重要途径。通过选择电价较低的地区建厂、采用可再生能源等方式，可以降低能源成本。例如，一些企业选择在电费较低的地区建设磷酸铁锂工厂，以减少电力成本。同时，还可以考虑采用太阳能、风能等可再生能源为工厂提供部分电力需求。

② 精细化管理。在生产流程中，加强精细化管理，减少不必要的损失和浪费。通过实时监控生产数据，及时调整生产参数，确保生产过程的稳定性和高效性。同时，对生产人员进行专业培训，提高其操作技能和责任意识，减少因人为因素导致的损失。

(3) 原材料端降本

磷酸铁锂的原料成本占比超 80%，是磷酸铁锂行业主要降本方向。磷酸铁锂原料主要包括锂源、磷源和铁源，不同磷酸铁锂生产企业根据自身不同的技术路线选择不同种类的原材料，但实现原材料端的降本是各家长期发展的主旋律，原料布局是产业未来降本的重要发展方向。

目前磷化工与钛白粉等企业均从磷源与铁源方向布局，通过延伸产业链建立成本优势。锂源成本占比高，如果获得突破将成为磷酸铁锂企业最重要的降本方向。主要的手段有以下几方面。

① 优选原材料供应商。原材料成本是磷酸铁锂生产中的重要组成部分，因此选择优质的原材料供应商是降低成本的第一步。通过竞价采购、长期合作等方式，可以获取更具竞争力的价格。同时，确保原材料的稳定供应，减少因原材料价格波动带来的成本风险。

② 锂源降本。通过与锂资源相关企业合作，与锂盐企业合资建立子公司，共同建设锂盐项目，在资源端与加工端合作，保证锂源的供应与成本优势，以相对低廉的价格采购碳酸锂原料，有利于降低原料成本。例如龙蟠科技等，通过与锂资源企业合作，实现保供与成本控制。同时通过工艺改进，减少电池级碳酸锂的使用，采用工业级碳酸锂或者其他低成本锂源，实现产业链突破降本。

例如，采用锂磷铝石-磷酸锂-磷酸铁锂工艺路线有望实现大幅降本。德方纳米 2019—2020 年申请了由锂磷铝石制备磷酸锂再制备磷酸铁锂的工艺专利。根据测算，生产 1t 磷酸铁锂消耗碳酸锂约 0.25t，若电池级碳酸锂（99.5%）市场价格为 10 万元/吨，则生产单吨磷酸铁锂所需锂源成本约 2.5 万元；采用锂磷铝石-磷酸锂-磷酸铁锂新工艺路线后，生产 1 吨磷酸铁锂消耗锂磷铝石（氧化锂含量 6%）约 1.58t，当前市场无锂磷铝石公开报价，但预计其采购成本加上磷酸锂制造费用合计远低于碳酸锂路线的锂源成本，有望实现大幅降本。

③ 回收料降本。长期看，电池回收的材料，如磷酸铁、碳酸锂有望成为最重要的降本方法之一。国内废旧电池回收利用方面，磷酸铁锂回收料再生利用技术初步成熟并投入市场，为原料来源提供了新的选择。仍以德方纳米为

例，公司申请专利，通过拆解磷酸铁锂电池得到正极片，经过分离集流体、酸溶、过滤、加热氧化、二次加热过滤、剪切乳化泵洗涤等步骤得到了高纯磷酸铁。该方法在对第一滤液的直接加热时就可将亚铁离子完全氧化而无需再加入氧化剂，进而再转变成高纯磷酸铁。根据公司测算，该方法操作简单，成本低廉，环境友好，所得的磷酸铁产品纯度极高，约为 99.9%，后续可直接用于合成磷酸铁锂。

④ 自供磷酸铁降本。自供磷酸铁是降低成本、增厚利润的有效途径之一。很多头部企业从一开始就布局了产业一体化，从磷源端（布局磷化工，自制磷酸）、铁源端（钛白粉企业利用自身副产物布局磷酸铁、磷酸铁锂产业）开始一体化延伸。这样不仅能实现磷源、铁源、磷酸铁原料自供，还能减少采购成本和运输成本。

⑤ 农业级磷铵代替工业级磷铵降本。不断探索低成本替代品，不同于行业内普遍使用的湿法净化磷酸、工业级磷酸一铵作为磷酸铁的主要磷源，万润新能目前正在开发农业级磷酸一铵及粗矿磷酸制备磷酸铁工艺，有利于降低成本。在生产工艺方面，也不断优化、挖掘降本的突破口，采用制造成本更低的铵工艺制备磷酸铁，该工艺相较于钠工艺，单吨制造成本降低近 0.2 万元，能够有效降低生产成本。

⑥ 产业一体化降本。向上游原材料延伸，深度布局产业链一体化，新能源材料及循环经济产业园项目，包括磷酸铁锂、磷酸铁、磷盐、磷酸、磷矿石等一体化产业链材料。完善"资源-前驱体-正极材料-循环回收"一体化产业布局，有助于巩固公司的成本优势，同时也将进一步提高关键原材料供应能力。正极材料头部企业产业一体化布局加快，通过压缩上游原材料成本助力企业最大程度实现成本降低。

（4）设备端降本

① 更新老旧设备。对老旧设备进行更新改造，也是提高生产效率和降低生产成本的重要手段。通过更新设备的关键部件或采用新的控制技术，可以恢复设备的性能并延长其使用寿命。同时，老旧设备的淘汰还可以避免因设备故障导致的生产中断和损失。老旧设备单台设备能耗高，效率低。国家已发布设备更新换代规划，淘汰掉老旧高能耗设备是未来降本一大趋势。例如反应釜的搅拌器，早期搅拌器功率在 45kW，现如今随着技术的发展，搅拌厂家可设计用 30kW 或者以下的低能耗搅拌器代替原有的，不仅能耗低，而且效率、效果比早期的更好。再如辊道窑，早期的一般都是单层进料，产能低，能耗高。现如今多层多列的、高产能的回转窑技术已非常成熟，产能不仅大幅提升，相比

之下，能耗也下降不少。

② 引进先进设备。引进高效、节能的新型生产设备，可以显著提高生产效率和产品质量。例如，采用先进的喷雾干燥设备和煅烧设备，可以降低能耗并提高产品的均匀性和一致性。同时，新型设备往往具有更高的自动化程度和智能化水平，可以减少对人工的依赖并降低人工成本。据锂电正极材料头部设备厂商合肥恒力报道，在窑炉烧制阶段，产线通过技术升级与应用，可实现单位产能能耗的大幅度降低。目前，合肥恒力六列三层辊道窑可实现产能提升50％，能耗仅提升 5％。四列四层辊道窑可实现产能提升 100％，能耗仅提升50％。设备能源回收利用和替换能源方式也是降本出路。如磷酸铁的闪蒸干燥＋回转窑，铁锂的喷雾干燥＋辊道窑等技术。早期的窑炉都是高温尾气直接排放掉，未进行回收循环利用。现如今已有将窑炉的高温尾气进行回收，利用高温尾气作为热源进行干燥，节省了前端设备的能源消耗。再比如早期的窑炉大多数采用电加热方式，电能消耗极大。现如今已有采用天然气加热或者天然气＋电结合的方式，可以极大降低窑炉的能源消耗成本。再如低温热源需要的蒸汽，大多数是通过天然气锅炉加热产生蒸汽。如果当地天然气价格没有优势，这会是一个很大的成本。现已有企业通过采用燃烧生物质颗粒代替天然气，每吨蒸汽可以降低至少四五百元的成本。

③ 设备智能化。引入自动化、数字化、智能化设备，实现数智化制造生产。数字化、智能化手段也是实现生产能耗降低的重要手段。在制造装备大型化、产线规模化的趋势下，数智化手段可以提高设备利用率、合理调控利用资源，降低生产能耗，从而提升加工利润。例如，实现设备的自动控制、一键联锁控制、启停，DCS 控制室监控所有设备运行状态，在 DCS 上进行操作控制，可极大地提高生产效率、实现现场自动无人化生产，节省人工成本。

此外，在生产管理与运营上，智能化和数字化手段将优化生产工艺和资源利用，如根据峰谷用电调节不同设备生产加工时间，从而进一步降低能耗。

（5）产能端增效降本

早期单台设备产能低，同样 5 万吨的产线，早期设备数量比现在设备数量多一倍，不仅占地空间大，加大建设成本，而且能耗成本很高。磷酸铁锂企业设备能耗最大的便是回转窑，降低回转窑能耗是一大降本出路。比如 10 年前，生产 1t 磷酸铁锂需要 1 万多度以上的电，现在产线产能提高以后，用电能耗降低至三四千度。未来，在数智化手段的助力下，产线产能将提高 2～3 倍，能耗还会继续下降。

早期的设备自动化程度低，需要大量的人工进行现场操作，产能低，人工成本增加。比如板框压滤机，早期需要大量的人工进行铲料（滤饼卸不干净）和清洗滤布。现如今压滤机自动化程度已提高，带自动振打装置及滤布清洗装置，可以很好地节省人力，而且效率大大提升。

综上所述，磷酸铁锂工厂增效降本方案需要从材料选型、工艺优化、设备更新、能源管理以及技术创新等多个方面入手。通过综合运用这些措施，可以显著提高生产效率和产品质量，并降低生产成本，为企业的可持续发展提供有力支持。

第4章

开车前设备清洗

4.1 设备清洗

在磷酸铁锂（LiFePO$_4$）新建工厂设备调试前，设备清洗是一个至关重要的环节。这一步不仅关乎生产线的顺利启动，还会直接影响后续产品的质量和生产环境的稳定。以下将从专业角度详细阐述磷酸铁锂新建工厂设备调试前设备清洗的必要性、清洗流程、注意事项及潜在挑战。

4.1.1 设备清洗概述

新建厂房、设备等在建设、运输、施工、安装过程中，难免因焊接、切割、打磨等作业导致焊渣、油污、垃圾异物等遗留在现场的各角落及设备、管道的表面和内部。因此，新建设备系统开工前需要对现场及设备进行全面的清洗工作。清洗的主要目的是彻底清除容器、设备、管道在制造、运输和施工过程中掉落的焊渣、飞溅杂物、油污、尘土砂石、棉纱头、灰尘等，为后面的设备调试及投料工作创造一个良好的生产环境，从而保障产品的质量。

4.1.2 清洗前准备工作

① 组织搭建。组织清洗团队，进行小组分工，明确清洗区域、对象、责任划分。做好清洗设备清单和工作计划。

② 制定清洗计划。根据现场设备清单数量、布局、投产时间，制定清洗

方案和计划。

③ 制定培训计划。根据工序制定员工培训计划，编写相关培训教材，熟悉现场设备分布、设备结构原理、设备工艺流程、设备清洗方法、清洗效果、安全注意事项等。

④ 设备清洗物资准备。物资指在设备清洗过程中用到的各种清洗工具、安全防护工具、检测工具、维修工具、清洁材料等。提前确认各物资到位情况，并将物资分类存放在车间仓库。

⑤ 清洗类工具和物品。如不锈钢油灰刀、吸水排拖、塑料扫把、垃圾桶、水桶、簸箕、扫把、高压水枪、毛刷、不掉毛毛巾、稀释剂、清洗剂、洗地机等。

⑥ 安全防护类用具和工具。如橡胶/帆布手套、对讲机、安全帽、口罩、安全带、救援绳、测氧仪、强光手电筒、轴流风机、绳梯、雨鞋、雨衣等。

⑦ 生产类工具和仪器。如永磁棒、橡胶锤、电动叉车/手动叉车、临时隔膜泵、钢丝软管、油漆、电线盘、测速仪、温度仪、各类扳手工具等。

4.1.3 确认清洗必备条件

各专业安装工作已经全部完成并完成清场，个别专业工作需交叉进行，必须做好相关防护及施工隔离工作。相关的消防设施、环保设施、排水设施、防腐工程等应具备使用条件，并经有关部门验收。现场已经清理。不允许遗留安装材料，零配件及土建等材料。公共工程（水、电、汽、压缩空气等）准备齐备，可随时使用。

4.2 内外环境的清理

4.2.1 车间场地清理

在磷酸铁锂新建工厂的调试阶段，车间场地的清洗工作不仅是确保生产环境符合标准的重要步骤，更是保障后续生产顺利进行和产品质量的基石。本节从专业角度详细探讨磷酸铁锂新建工厂调试前车间场地清洗的重要性、具体步骤、技术要求及注意事项，以期为相关行业提供参考。

(1) 清洗的重要性

磷酸铁锂作为一种广泛应用于动力电池领域的电化学材料，其生产过程对环境的清洁度有着极高的要求。新建工厂在设备调试前应进行车间场地的清洗，主要基于以下几点。

保障生产环境：磷酸铁锂的生产需要在无尘、无水、无油、无杂质的环境下进行，清洗工作能有效去除车间内的尘埃、油污等杂质，确保生产环境达到标准要求。

提高产品质量：车间环境的清洁度直接影响磷酸铁锂产品的品质。杂质的存在可能导致产品性能下降，甚至引发安全隐患。

保障设备正常运行：设备在运行过程中容易积累灰尘和杂质，影响设备的散热和正常运行。清洗工作能确保设备处于良好的工作状态，延长设备使用寿命。

符合安全规范：车间内的清洁状况还关乎生产安全。积尘、油污等易燃物质的存在可能引发火灾等安全事故，清洗工作能有效降低安全风险。

（2）清洗的具体步骤

磷酸铁锂新建工厂设备调试前车间场地清洗工作应遵循一定的步骤进行，以确保清洗效果和质量。具体的清洗步骤如下。

① 制定清洗方案。根据车间的实际情况和生产要求，制定详细的清洗方案。方案应明确清洗范围、清洗方法、所需设备和材料、人员分工及时间安排等。

② 准备清洗工具和材料。根据清洗方案，准备相应的清洗工具和材料，如高压水枪、吸尘器、清洁剂、消毒剂、防护用品等。

③ 清理杂物和垃圾。首先清理车间内的杂物和垃圾，包括废纸、废料、工具等，确保车间内无大件物品阻碍清洗工作。

④ 清洗地面。使用高压水枪、吸尘器等工具对地面和设备进行彻底清洗。特别注意设备缝隙、角落等难以清理的地方，确保无死角。

⑤ 消毒处理。在清洗完毕后，对车间进行彻底的消毒，以杀灭细菌、病毒等有害微生物，确保生产环境安全卫生。

⑥ 检查验收。清洗工作完成后，组织相关人员对清洗效果进行检查验收，确保车间场地达到预定的清洁度标准。

清洗过程中可参照表 4.1 中的相关标准。

表 4.1　车间场地清洗标准

区域	清理方式	验收标准
清洁工具	不掉毛毛巾和抹布、拖把、铲刀、除磁车、吸尘器、高压水枪、清洗剂、水桶、软毛刷等	

续表

区域	清理方式	验收标准
车间内墙壁	用压缩空气、高压水枪将内墙壁冲洗干净	墙面无污渍、脏污
杂物清理	将与生产无关的所有杂物清理出去	无杂物
横梁、钢架平台、管道、检修口等清理	横梁、钢架平台、管道、检修口等地方先用铲子将结垢物清理掉→然后用毛刷清理干净→再用空气管进行吹扫和高压水枪进行冲洗→最后用湿抹布或拖把擦拭	无粉尘
地面、楼梯等清理	清扫地面粉尘,用铲子将结垢物清除→用洗地机或高压水枪进行冲洗→用干净的拖把将地面拖至无粉尘→脱漆区域重新刷油漆	地面无粉尘
地沟(应急池)清理	先拆开板盖用铲子将异物、泥巴等清除→用高压水枪进行清洗→将水泵出车间→用干净的拖把将地沟拖至无粉尘和印迹(含应急池)	无杂物、泥巴等污渍
窗户清理	一楼窗户玻璃内外均可用高压水枪进行冲洗,二楼及三楼外窗用高压水枪冲洗,内部用抹布擦拭干净	无污渍

（3）技术要求及注意事项

① 清洁度标准。磷酸铁锂生产车间的清洁度应达到一定的标准，如地面、设备表面无可见尘埃、油污等杂质；空气中微粒含量符合规定要求等。

② 高效过滤器的使用。在清洗过程中，应使用高效过滤器等设备，减少空气中尘埃和微粒的含量，提高车间空气质量。

③ 防水防潮。磷酸铁锂材料的生产对湿度也有一定要求，清洗过程中应注意防水防潮，避免设备受潮损坏或影响产品质量。

④ 员工管理。加强员工管理，确保员工在清洗过程中穿戴好防护用品，避免将外部尘垢和杂质带入车间。同时，禁止在车间内吃饭、吸烟等危险行为。

⑤ 能耗控制。在满足清洗要求的前提下，尽可能选择节能环保的清洗工具和工艺，减少能源消耗和环境污染。

⑥ 定期维护和检查。清洗工作完成后，应定期对车间环境进行维护和检查，确保车间始终处于清洁状态。同时，对清洗设备和工具进行保养和维护，延长使用寿命。

（4）小结

通过制定详细的清洗方案、准备充分的清洗工具和材料、遵循科学的清洗步骤和技术要求以及加强员工管理和能耗控制等措施，可以确保车间场地达到预定的清洁度标准和生产要求。这不仅有利于提升产品质量和保障生产安全，还有助于提高工厂的经济效益和竞争力。因此，各相关企业应高度重视车间场地清洗工作，确保新建工厂顺利调试并投入生产。

4.2.2　设备外部清理

在磷酸铁锂材料生产过程中，设备表面干净整洁至关重要，它直接影响材料以及电池的性能、安全性和使用寿命。以下是一套专业且详尽的磷酸铁锂材料生产设备表面清洗流程，旨在帮助相关从业者更好地执行清洗任务。

（1）准备阶段

选择合适的清洗液。清洗液的选择应基于设备表面的污染情况。一般情况下，可以使用纯净的乙酸作为清洗液，能够有效去除表面污渍和杂质。对于难以清除的污渍，可考虑使用高纯度的无水酒精或微粒干冰。

① 准备清洗工具。准备软毛刷、喷壶（用于喷洒清洗液或干冰）、吸干机、高压水枪、刮刀或刮片、防护手套和眼镜等个人防护装备。避免使用硬毛刷或金属刷，以免刮伤设备表面。

② 确保环境安全。清洗工作应在通风良好的环境中进行，特别是在使用易燃、易爆或有害的清洗材料时，更需确保周围无明火和静电等危险因素。

（2）清洗步骤

① 喷淋清洗液。将清洗液（如乙酸或无水酒精）与纯水按一定比例混合，制成洗涤溶液。使用喷壶将洗涤溶液均匀喷洒在设备表面，然后用软毛刷轻轻刷洗，确保清洗液能够渗透到污渍中。

② 冲洗清洗液。用大量清水冲洗设备表面，将残留的清洗液彻底冲洗干净。此步骤非常重要，因为残留的清洗液可能会对设备造成腐蚀或影响后续工艺。冲洗后，使用吸干机、干毛巾将表面水分吸干。

③ 再次清洗与干燥。去除油渍后，再次使用清水冲洗设备表面，确保无残留物。然后用吸干机将表面水分吸干，并将设备放置在通风良好的环境中自然干燥，或使用鼓风干燥箱进行烘干。烘干过程中需注意安全，避免烘干温度过高导致设备氧化。

设备外部清洗时，清洗标准可参考表 4.2。

表 4.2　设备外部清洗标准

内容	验收标准	清理方式	注意事项
清洁工具	不掉毛的毛巾和抹布、拖把、铲刀、磁棒、除磁车、吸尘器、高压水枪、清洗剂、水桶、软毛刷、梯子等		

内容	验收标准	清理方式	注意事项
设备顶部清理	设备外表用白色手套擦拭不变色	用湿抹布或拖把、高压水枪进行冲洗,用毛巾或抹布擦拭干净	超过2m,无固定防护支撑时必须系好安全带
大部件清理	设备周围无大件杂物	搬离清理区域	作业时佩戴好安全帽及手套
设备周围地面清理	设备周围地面干净整洁无杂物	使用扫把、油灰刀、拖把对地面进行清理	作业时佩戴好安全帽及手套
初步清理	设备外表面无明显异物	扫把、毛刷对设备表面粉尘、异物清理	作业时佩戴好安全帽及手套
焊渣等清理	设备外表面无油漆和焊渣粘连	用油灰刀将设备表面的焊渣铲掉,用毛刷、撮箕进行清理	作业时佩戴好安全帽及手套
油渍、水渍等清理	干净无污渍	使用干净的抹布、拖把进行清理	作业时佩戴好安全帽及手套
除锈刷漆	设备外部无锈点	使用砂纸将锈点打磨至金属本色,再刷防锈漆,最后刷与设备颜色一样的面漆	佩戴好口罩、安全帽及手套;刷漆前先将设备铭牌用胶布粘好,刷漆完毕后撕下
除磁	磁棒全面检查,无明显磁物	用磁棒对设备外部进行全面清理	作业时佩戴好安全帽及手套

(3) 清洗注意事项

注意事项:①外部卫生清理要从上至下;②清理储罐顶部需系安全带(高挂低用),若无可悬挂处,可用救援绳拉线,将安全绳挂到上面,超过2m属于高空作业,必须办证作业;③设备清洗前需断电。

(4) 后续处理

① 检查与评估。清洗完成后,应对设备表面进行全面检查,确保无污渍、无划痕、无残留物。同时评估清洗效果,确保设备表面达到预期的清洁度要求。

② 维护与保养。定期对磷酸铁锂材料生产设备进行清洗和保养,可以延长其使用寿命,提高设备生产稳定性。在日常使用过程中,应注意避免设备表面受到污染和刮伤。

③ 记录与归档。将清洗过程、使用的清洗液、清洗效果等信息详细记录下来,并归档保存。这些信息对于后续的工艺改进和设备维护具有重要意义。

（5）小结

磷酸铁锂材料生产设备表面清洗是一项复杂而精细的工作，需要严格遵循专业步骤和操作规程。通过选择合适的清洗液、工具和方法，在确保环境安全的前提下，可以实现对磷酸铁锂材料生产设备表面的高效、彻底清洗，从而保障电池的性能、安全性和使用寿命。

4.2.3　设备内部清理

本节将从专业角度详细介绍磷酸铁锂材料生产设备内部的清洗步骤，确保每一步都符合操作规范，且能有效去除设备内部的杂质和残留物。

（1）设备清洗的必要性

① 去除残留物。新工厂在建设过程中，设备内部可能残留建筑粉尘、油污、焊渣等杂质。这些残留物若不清除，将直接影响磷酸铁锂材料的纯度及生产过程的稳定性。

② 预防污染。作为锂离子电池常用的正极材料，磷酸铁锂对生产环境的洁净度有极高的要求。设备清洗可有效防止杂质混入生产过程，降低产品合格率。

③ 保护设备。清洗过程中可以检查设备的密封性、管路连接是否完好等，及时发现并处理潜在问题，延长设备使用寿命。

④ 满足行业标准。根据相关行业标准和规范，新建工厂在投产前必须进行全面的设备清洗和消毒，以确保生产环境符合卫生和安全要求。

（2）设备清洗流程

① 制定清洗计划。根据设备类型、材质及污染程度，制定详细的清洗方案，包括清洗剂的选择、清洗方法、清洗周期等。

② 准备清洗工具及材料。包括清洗剂、清洗刷、高压水枪、防护服、手套、口罩等。

③ 停机与隔离。在清洗前，必须将设备完全断电并停机，确保清洗过程中不会发生意外启动或触电事故。

④ 安全准备。确保所有操作人员穿戴好防护服、手套、护目镜等安全防护用品，以防止化学品接触皮肤和眼睛。

⑤ 设备检查。检查设备内部是否有松动的部件或残留物，确保清洗过程中不会损坏设备或影响清洗效果。

⑥ 预清洗。使用清水或低压水枪对设备表面进行初步冲洗，去除表面浮

尘和松散杂质。检查并清理设备内部的死角和难以触及的区域。

⑦ 化学清洗。根据设备材质和污染情况，选择合适的清洗剂进行化学清洗。对于磷酸铁锂生产线，可能需要使用含磷酸或氨氮的清洁剂，以去除特定的化学残留。清洗剂应均匀涂抹在设备表面，并保持一定时间以确保充分反应。使用高压水枪或清洗刷对设备进行彻底冲洗，确保清洗剂无残留。

⑧ 清水冲洗。使用清水对设备进行多次冲洗，直至排出的水清澈无泡沫，确保清洗剂完全清除。

⑨ 循环清洗。对于混料罐、粗磨机、细磨机等设备，需开启其内置的循环装置（如均质泵、隔膜泵等），使清洗液在设备内部循环流动，进一步增强清洗效果。循环清洗的时间可根据实际情况调整，一般建议 5~10min。

⑩ 干燥与检查。使用干毛巾或自然风干法对设备进行干燥处理，防止水分残留导致设备腐蚀。对清洗后的设备进行详细检查，确保无遗漏的污渍和杂质，并确认设备功能正常。

在进行设备内部清洗时，可参考表 4.3 标准。

表 4.3　储罐设备内部清洗标准

内容	处理方式	验收标准
清洁工具	不掉毛的毛巾和抹布、拖把、铲刀、磁棒、除磁车、吸尘器、高压水枪、清洗剂、水桶、软毛刷、测氧仪、通风机等	
进罐前准备工作	准备相关工具；打开人孔；测含氧量；通风	办理受限空间作业证，做好清理计划，提前打开通风；作业人及监护人必须经过相应的安全培训
清洗	用高压水枪进行冲洗（从上至下）；借助手电观察釜壁，未清理干净处用抹布进行擦拭，有结垢处用不锈钢油灰刀铲除	内部罐壁无明显污渍、结垢
清理	清理罐内杂物与污水；用磁棒对槽罐底部进行除磁清理	底部干净，无污渍
进水	釜罐内打入 1/3 的纯水	进水检测钙、镁、铁含量，需要符合要求
除磁	在设备人孔上用绳子绑好磁棒，磁棒直接落入储槽内，移动绳子让磁棒在储槽内搅动	取水样送检磁性物质；磁性物质 <10ppb。若不合格将水排掉继续除磁

(3) 注意事项

① 清洗剂选择。应选用环保、无毒、易降解的清洗剂，避免对环境和设备造成二次污染。

② 受限空间。如果涉及受限空间清洗，必须按要求办理受限空间作业证，

并按要求做好通风、含氧量检测、监护工作。

③ 废水处理。清洗过程中产生的废水应经过适当处理后再排放，避免对环境造成污染。特别是对于含磷酸或氨氮的废水，应采用物理沉淀、化学中和或生物降解等方法进行处理。

④ 记录与归档。清洗过程中应详细记录清洗时间、清洗剂用量、清洗效果等信息，并归档保存以备查。

储罐内部清洗过程的流程图如图 4.1 所示，其余设备内部清洗现场图如图 4.2 所示。

1.工器具准备和确认	2.用扳手打开人孔盖	3.槽罐送空气	4.测氧含量	5.办理受限空间作业证
6.拉闸断电	7.作业人员劳保用品穿戴齐全，清点人数	8.作业人员进罐	9.罐内异物清理	10.高压水枪冲洗
11.放水或铲水	12.毛巾擦拭吸水	13.磁棒除磁	14.恢复槽罐人孔	15.进水试水联动

图 4.1　储罐内部清洗图

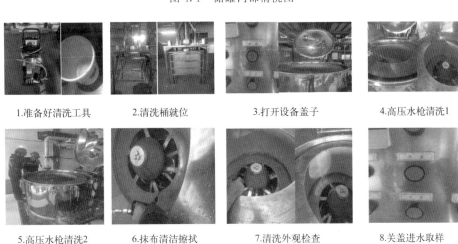

| 1.准备好清洗工具 | 2.清洗桶就位 | 3.打开设备盖子 | 4.高压水枪清洗1 |
| 5.高压水枪清洗2 | 6.抹布清洁擦拭 | 7.清洗外观检查 | 8.关盖进水取样 |

图 4.2　其余设备内部清洗图

（4）潜在挑战与应对策略

① 清洗难度大。部分设备结构复杂，清洗难度大。可通过拆解清洗或采用高压水射流等先进工具进行清洗。

② 清洗剂残留问题。应选用合适的清洗剂并控制用量，确保清洗后无残留。同时加强清洗后的冲洗和检查环节。

③ 废水处理成本高。针对含磷酸或氨氮的废水处理成本高的问题，可考虑引入先进的废水处理技术和设备，降低处理成本并提高处理效率。

（5）小结

磷酸铁锂新建工厂调试前设备清洗是一项复杂但重要的工作。通过制定科学的清洗计划、选择合适的清洗剂和工具、加强安全防护和废水处理等措施，可以确保设备清洗干净、无残留，为生产线的顺利启动和后续产品的稳定生产奠定坚实基础。

4.2.4 管道清洗吹扫

新装置开工前，需对其安装检验合格后的全部工艺管道和设备进行吹扫与清洗，目的是通过空气、蒸汽、水及化学溶液等流体介质的吹扫、冲洗、物理和化学反应等，清除施工安装过程中残留在设备间和附于其内壁的泥砂、油脂、焊渣和锈蚀物等杂物。防止开工试车时，由此引发的堵塞管道、损坏机器、阀门和仪表，玷污催化剂及化学溶液、影响产品质量，防止发生燃烧等安全事故，是保证装置顺利试车和长周期安全生产的一项重要试车程序。

磷酸铁锂生产装置中管道、设备多种多样，它们的工艺使用条件和材料、结构等状况都各有不同，因而适用它们的吹洗方法也有区别。但通常包括以下几种方法：水冲洗、空气吹扫、酸洗钝化、油清洗和蒸汽吹扫等。它们的主要特点和使用范围概述如下。

（1）水冲洗

水冲洗是以水为介质，经泵加压冲洗管道和设备的一种方法，被广泛用于输送液体介质的管道及塔、罐等设备内部残留脏杂物的清除。水冲洗管道应以管内可能达到的最大流量或不小于 1.5m/s 的流速进行（这里不包括高压、超高压水射流清洗设备，管束内、外表面积垢方法）。一般设备、管道冲洗常用纯水。水冲洗具有操作方便、无噪声等特点。

管道与设备相连的，冲洗时必须在塔器入口侧加盲板，只有待管线冲洗合格后，方可连接。管道上凡是遇有孔板、流量仪表、阀门、疏水器、过滤器等装置，必须拆下或加装临时短路设施，只有待前一段管线冲净后才能将它们装上，方可进行下一段管线的冲洗工作。

（2）空气吹扫

空气吹扫是以空气为介质，经压缩机加压（通常为 0.6～0.8MPa）后，对输送气体介质的管道吹除残留脏杂物的一种方法。采用空气吹扫，应有足够的气量，使吹扫气体的流动速度大于正常操作的气体流速，一般最低不小于 20m/s，以使其有足够的能量（或动量），吹扫出管道和设备中的残余附着物，保证装置顺利试车和安全生产。空气吹扫时空气消耗量一般都很大，并且要一定的吹扫时间。对于缺乏提供大量连续吹扫空气的中小型工厂，也可采用分段吹扫法，即将系统管道分成许多部分，每个部分再分成几段，然后逐段吹扫，吹扫完一段与系统隔离一段。这样在气源量小的情况下，可保证吹扫质量。对大直径管道或脏物不易吹除的管道，也可选用爆破吹扫法吹除。忌油管道和仪表空气管道要使用不含油的空气吹扫。

空气吹扫应将吹扫管道上安装的所有仪表测量元器件（如流量计、孔板等）拆除，防止吹扫时流动的脏杂物将仪表元器件损坏。吹扫时，应将安全阀与管道连接处断开，并加盲板或挡板，以免脏杂物吹扫到阀底，使安全阀底部密封面磨损。系统吹扫时，所有仪表引压管线均应打开进行吹扫，并应在系统综合气密试验中再次吹扫。

按照吹扫流程图中的顺序对各系统进行逐一吹扫。吹扫时先吹主干管、主干管合格后，再吹各支管。吹扫中同时要将导淋、仪表引压管、分析取样管等打开，防止出现死角。吹扫开始时，需缓慢向管道送气，当检查排出口有空气排出时，方可逐渐加大气量至要求量进行吹扫，以防因阀门、盲板等不正确造成系统超压或使空气压缩机系统出现故障。

每段管线或系统吹扫是否合格，应由生产和安装人员共同检查，当目视排气清净和无杂物时，在排气口用白布或涂有白铅油的靶板检查。如 5min 内检查其上无铁锈、尘土、水分及其他脏物和麻点，即为吹扫合格。

（3）蒸汽吹扫

蒸汽吹扫是以不同参数的蒸汽为介质进行吹扫，它由蒸汽发生装置提供汽源。蒸汽吹扫具有很高的吹扫速度，因而具有很大的能量（或动量）。而间断的蒸汽吹扫方式，又使管线产生冷热收缩、膨胀，这有利于管线内壁附着物的剥离和吹除，故能达到最佳的吹扫效果。用蒸汽吹扫是动力蒸汽管道所必需的清洁步骤。动力蒸汽管道吹扫时，不但要彻底吹扫出管道中附着的脏杂物，而且还应把金属表面的浮锈吹除，因为它们一旦夹带在高速的蒸汽流中，将对高速旋转的汽轮机叶片、喷嘴等造成极大的损害。蒸汽吹扫温度高、压力大、流速快,管道受热后要产生膨胀位移,降温后又将发生收缩,因而蒸汽管道上都装有补偿器、疏水器、管道支、吊架、滑道等也都考虑了膨胀位移的需要。非蒸汽管道如果用空气吹扫不能满足清扫要求时,也可用蒸汽吹扫,但应考虑其结构能否承受高温和热胀冷缩的影响并采取必要的措施,以保证吹扫时人身和设备的安全。

中压蒸汽吹扫时温度高、流速快、噪声大,且蒸汽呈无色透明状态,所以吹扫时一定要注意安全,排放口要有减噪声设备,且排放口必须引至室外并朝上,排放口周围应设置围障,在吹扫时不许任何人进入围障内。以防人员误入吹扫口范围而发生人身事故。

蒸汽吹扫通常按管网配置顺序进行,一般先吹扫中压管道,最后吹扫低压管道。对每级管道来说,应先吹扫主干管,在管段末端排放,然后吹扫支管,先近后远,吹扫前干、支管阀门最好暂时拆除、临时封闭,当阀前管段吹扫合格后再装上阀门继续吹扫后面的管段。对于高压管道上的焊接阀门,可将阀心拆除后密封吹扫。各管段疏水器应在管道吹洗完毕后再装上。

蒸汽管线的吹扫方法用暖管-吹扫-降温-暖管-吹扫-降温的方式重复进行。直至吹扫合格,周而复始。蒸汽吹扫必须先充分暖管,并注意疏水,防止发生水击(水锤)现象。在吹扫的第一周期引蒸汽暖管时,应特别注意检查管道的热膨胀、滑动,弹簧支吊架等的变形情况是否正常。暖管应缓慢进行。即先向管道内缓慢地送入少量蒸汽,对管道进行预热,当吹扫管段首端和末端温度相近时,方可逐渐增大蒸汽流量至需要值进行吹扫。

中压蒸汽管道的吹扫效果需用靶板检查吹扫质量。靶板可以是抛光的紫铜片,厚度 $2\sim3mm$,宽度为排气管内径的 $5\%\sim8\%$,长度等于管子内径。亦可用抛光的铝板,厚度 $8\sim10mm$。连续两次更换靶板检查,吹扫时间 $1\sim3min$,如靶板上肉眼看不出任何因吹扫而造成的痕迹,即吹扫合格。低压蒸汽管道,可用抛光木板置于排气口检查,板上无锈和脏物,蒸汽冷凝液清亮、透明,即为合格。

4.3 生产设备的清理

4.3.1 投料配料系统设备清理

在磷酸铁锂材料的生产过程中,投配料设备的清洁与维护是确保产品质量与生产效率的关键环节。磷酸铁锂材料具有独特的物理化学性质,其投配料设备的清洗工作需按照一定的工序进行，以确保生产环境的洁净度、设备性能的稳定以及产品的安全性与一致性。

（1）清洗前的准备

① 停机与隔离。首先，确保所有相关设备已停止运行，并切断电源，防止意外启动。同时，将待清洗设备与生产线其他部分有效隔离，避免交叉污染。

② 安全检查。检查设备内部是否有残留物料，特别是易燃、易爆和有毒物质，确保清洗环境安全。穿戴好个人防护装备，如防护服、手套、眼镜和呼吸器等。

③ 制定清洗计划。根据设备类型、污染程度及生产安排，制定详细的清洗计划和时间表，明确清洗步骤、所需材料、工具及责任人。

（2）清洗过程

① 初步清理。使用铲子、刷子等工具手动清除设备表面的大块物料和结块物，减少后续清洗难度。

② 选择清洗剂。选用适用于磷酸铁锂材料的专用清洗剂，避免使用强酸、强碱等腐蚀性清洗剂，以免对设备造成损害或引入新的污染源。同时，确保清洗剂符合环保要求，可生物降解或易于处理。

③ 高压水冲洗。利用高压水枪对设备内部及难以触及的角落进行冲洗，去除表面附着的颗粒和杂质。

④ 浸泡清洗。对于重度污染区域，可将清洗剂按比例稀释后，对设备进行浸泡处理，使清洗剂充分渗透并分解污染物。

⑤ 机械搅拌或循环清洗。对于大型储罐或搅拌设备，可启动搅拌装置或采用循环泵，使清洗剂在设备内部循环流动，增强清洗效果。

⑥ 清水冲洗。使用大量清水彻底冲洗设备内部，确保所有清洗剂残留被清除干净。

⑦ 干燥与检查。清洗完毕后，使用压缩空气吹干设备内部，或自然风干。之后，仔细检查设备内外是否干净无残留，确保无水滴、污渍等。

投配料系统设备清洗标准可参考表 4.4。

表 4.4　投配料系统设备清洗标准

部位	清洗内容	标准
清洗工具	不掉毛的毛巾和抹布、拖把、铲刀、磁棒、除磁车、吸尘器、高压水枪、清洗剂、水桶、软毛刷等	
安全防护	安全带、安全绳、安全绳梯	

部位	清洗内容	标准
清洗前	设备拉闸断电,受限空间通风,测含氧量	
钢平台	清扫平台、楼梯及各死角异物,用拖把拖干净,再用除磁设备除磁	平台表面无明显异物、杂物、灰尘
开袋站	使用干净的抹布、拖把对投料仓口、开袋站、格栅进行清理,清洗完后用除磁工具进行除磁	设备表面无明显灰尘、油污
料仓	由人孔进入料仓内部,先对料仓内部进行持续通风,测含氧量,开受限空间作业证。系好安全带、安全绳、安全绳梯进入。用湿抹布、拖把对内部进行清洗,并用强光手电照射检测内壁有无油污、涂层破损等问题。清洗完后,用除磁工具进行除磁	内部罐壁无明显污渍、结垢、灰尘
直排筛	拆开筛网并用湿抹布对内部及筛网进行清洗	设备表面无明显灰尘、油污
计量仓	参见料仓清洗过程	参见料仓标准
预混罐	参见料仓清洗过程	内部罐壁及罐底、搅拌浆无明显污渍、结垢、灰尘
带料清洗	主要用报废物料对整套设备、管道进行洗机,冲刷设备、管道表面残留的毛刺、金属异物及前期清洗不到的部位。此过程需要反复多次。每一次洗机完,都要测试磁性物质数据,跟下次的进行对比	磁性物质无明显增加

(3) 清洗后的维护与保养

① 记录与反馈。详细记录清洗过程、使用的清洗剂种类及用量、清洗效果等信息,为后续清洗工作提供参考。同时,将清洗中发现的问题及时反馈给相关部门,以便及时解决。

② 定期维护。建立设备定期维护制度,对易损件进行更换,对润滑部位进行润滑,保持设备处于良好状态。

③ 培训与宣传。加强员工对设备清洗重要性的认识,定期进行清洗技能培训和安全教育,提高员工的操作水平和安全意识。

(4) 环保与节能

① 环保要求。在清洗过程中,严格遵守环保法规,合理处理清洗废水和废弃物,防止对环境造成污染。

② 节能降耗。优化清洗流程,减少清洗剂的用量和水的消耗,采用节能型设备和工具,降低清洗成本。

4.3.2　砂磨系统清理

砂磨机作为磷酸铁锂材料生产的关键一环，其清洗工作的有效性直接影响产品质量、生产效率及设备使用寿命。以下是对磷酸铁锂砂磨机设备清洗要点的全面总结，旨在帮助操作人员掌握高效、安全的清洗方法。

（1）清洗前准备

① 停机断电。确保砂磨机完全停止运转，并切断所有电源，防止意外启动造成安全事故。

② 穿戴防护。操作人员应穿戴好防护服、手套、护目镜及防尘口罩等防护装备，以防化学品或粉尘对皮肤、眼睛造成伤害。

③ 清理残留物。使用铲子或吸尘器等工具，初步清除砂磨机内残留的磷酸铁锂粉末、砂粒及其他杂质，降低后续清洗难度。

（2）清洗剂选择

优先选用环保、可降解的清洗剂，减少对环境的污染。清洗剂需能有效溶解磷酸铁锂粉末及砂粒，同时不对砂磨机材质造成腐蚀或损害。要确保清洗剂无毒或低毒，对人体无害，且排放的废液易于处理。

（3）清洗步骤

① 初步清洗。采用高压水枪或喷淋装置，对砂磨机内外进行初步冲洗，去除表面大部分附着物。

② 化学清洗。根据砂磨机内部结构及材质，选择合适的清洗剂，按比例稀释后，通过循环清洗系统或手工擦拭的方式，对难以清除的污垢进行深度清洗。注意控制清洗时间和温度，避免过度清洗造成设备损伤。

③ 清水冲洗。化学清洗后，使用大量清水彻底冲洗砂磨机内部，确保无清洗剂残留。

④ 干燥处理。利用热风干燥机或自然晾干的方式，将砂磨机内部及外部彻底干燥，防止水分残留导致锈蚀或影响后续使用。

砂磨系统清洗标准可参考表4.5。

表 4.5　砂磨系统清洗标准

部位	清洗内容	标准
清洗工具	不掉毛的毛巾和抹布、拖把、铲刀、磁棒、除磁车、吸尘器、高压水枪、清洗剂、水桶、软毛刷等	

部位	清洗内容	标准
安全防护	安全带、安全绳、安全梯	
清洗前	设备拉闸断电,受限空间通风,测含氧量	
均质罐	由人孔进入罐内部,先对罐内部进行持续通风,测含氧量,开受限空间作业证。系好安全带、安全绳、安全绳梯进入。可以用高压水枪对内部进行冲洗,然后用抹布擦干净,并用强光手电照射检测内壁有无油污等。清洗完后,将水由底部阀门放出,并用除磁工具进行除磁	内部罐壁及罐底、搅拌浆无明显污渍、结垢、灰尘
粗磨罐	参见均质罐清洗过程	参见均质罐标准
粗磨机	拆开砂磨机,拉出研磨桶,可用高压水枪或湿抹布对研磨桶内壁及研磨转子、棒销、分离筛网进行冲洗,然后用抹布擦干净。并检查研磨腔内壁及研磨转子有无油污、破损现象	内壁及研磨转子、筛网表面无明显污渍、结垢、灰尘
细磨罐	参见均质罐清洗过程	参见均质罐标准
细磨机	参见粗磨机清洗过程	参见粗磨机标准
除磁罐	参见均质罐清洗过程	参见均质罐标准
成品罐	参见均质罐清洗过程	参见均质罐标准
除铁器	拆开除铁器,用纯水和抹布将每一根磁棒上的沾料及铁屑抹洗干净;将除铁器内残存浆料用纯水冲刷后排净	磁棒表面及除铁器内部无明显污渍、异物
过滤器清洗	用纯水冲洗干净压盖、过滤网和网桶,将过滤器内残存浆料用纯水冲刷后排净	表面及内部无明显污渍、异物
走水清洗	预混罐进 2/3 纯水,启动分散泵,将水依次打到均质罐、粗磨罐、粗磨机进行循环,再泵入细磨罐、细磨机进行循环,再打入后面的除磁罐、成品罐。主要通过走水,对管道内部及前期清理不到的部位进行清洗,将管道内的异物带出来。可重复多次	每到一个罐,取水样测磁性物质,磁性物质无明显增加
带料清洗	主要用报废物料对整套系统设备、管道进行洗机,冲刷设备、管道表面残留的毛刺、金属异物及前期清洗不到的部位。此过程需要反复多次。每一次洗机完,测试磁性物质数据,跟下次的进行对比	磁性物质无明显增加

（4）注意事项

① 安全第一。在整个清洗过程中，严格遵守安全操作规程，防止触电、滑倒、化学品溅入眼睛等安全事故的发生。

② 定期检查。清洗完成后，应对砂磨机的关键部件进行检查，如密封圈、轴承等，确保其完好无损，无泄漏现象。

③ 记录存档。建立清洗记录制度，详细记录每次清洗的时间、使用的清

洗剂种类及浓度、清洗效果等信息，为后续维护提供参考。

④ 维护保养。根据设备使用说明书，定期对砂磨机进行维护保养，如更换磨损件、调整设备参数等，以延长设备使用寿命，提高生产效率。

4.3.3　喷雾干燥系统清理

喷雾干燥设备作为磷酸铁锂材料生产的核心设备之一，其定期清洗与维护对于保障生产效率和产品质量具有不可忽视的作用。以下是对磷酸铁锂喷雾干燥设备清洗要点的详细总结，旨在帮助操作人员高效、安全地完成清洗任务。

（1）清洗前准备

① 断电与隔离。确保设备已完全断电，并挂上"禁止合闸"警示牌，防止意外启动。同时，关闭所有与设备相连的管道阀门，确保设备处于隔离状态。

② 穿戴防护装备。操作人员应穿戴好防护服、手套、护目镜及防尘口罩等个人防护装备，以防化学品或粉尘对皮肤、眼睛及呼吸系统的伤害。

③ 制定清洗计划。根据设备使用情况、污染程度及生产安排，制定合理的清洗计划，包括清洗时间、清洗剂的选择、清洗步骤及预期效果等。

（2）清洗剂选择

优先选择环保、无毒、可生物降解的清洗剂，减少对环境的污染。清洗剂需能有效去除磷酸铁锂材料生产过程中产生的污垢，如残留物料、油脂、水垢等，同时不对设备材质造成腐蚀或损害。在保证清洗效果的前提下，考虑清洗剂的成本，选择性价比高的产品。

（3）清洗步骤

① 初步清理。使用压缩空气或软质毛刷等工具，清除设备表面及内部的可见污物，如大块物料、粉尘等。

② 浸泡清洗。将选定的清洗剂按一定比例稀释后，注入设备内部或喷洒在需清洗部位，进行浸泡。浸泡时间根据清洗剂说明及实际污染情况确定。

③ 高压冲洗。利用高压水枪或专用清洗工具，对浸泡后的设备进行高压冲洗，彻底清除残留清洗剂及污垢。注意控制水压，避免对设备造成损伤。

④ 烘干或自然晾干。清洗完毕后，使用热风烘干机或自然晾干的方式，确保设备内部完全干燥，防止水分残留导致腐蚀。

喷雾干燥系统清洗可参考表 4.6 的清洗标准。

表 4.6　喷雾干燥系统清洗标准

部位	清洗内容	标准
清洗工具	不掉毛的毛巾和抹布、拖把、铲刀、磁棒、除磁车、吸尘器、清洗剂、水桶、软毛刷等	
安全防护	安全带、安全绳、安全梯	
清洗前	设备拉闸断电，受限空间通风，测含氧量	
钢平台	清扫平台、楼梯及各死角异物，用拖把拖干净，再用除磁设备除磁	平台表面无明显异物、杂物、灰尘
干燥塔	打开干燥塔人孔，由人孔进入干燥塔内部，先对内部进行持续通风，测含氧量，开受限空间作业证。系好安全带、安全绳、安全绳梯进入。可以用高压水枪对内部进行冲洗，然后用抹布或拖把擦干净，并用强光手电照射检测内壁有无油污、结垢、毛刺等问题。清洗完后，将水由底部阀门放出，并用除磁工具进行除磁	内部塔壁及塔底、无明显污渍、结垢、灰尘
除尘器	打开除尘仓人孔，由人孔进入仓内部，先对内部进行持续通风，测含氧量，开受限空间作业证。可以用湿抹布对内部进行清洗，然后用抹布或拖把擦干净，并用强光手电照射检测内壁有无油污、结垢、毛刺等问题。清洗完后，用除磁工具进行除磁	内壁及仓底无明显污渍、结垢、灰尘
下料缓存仓	打开缓存仓人孔，用湿拖把或抹布对内壁进行清洗，并用强光手电照射检测内壁有无油污、结垢、毛刺等问题。清洗完后，用除磁工具进行除磁	内部无明显污渍、结垢、灰尘
带料清洗	主要用报废物料对整套系统设备、管道进行洗机，冲刷设备、管道表面残留的毛刺、金属异物及前期清洗不到的部位。此过程需要反复多次。每一次洗机完，测试磁性物质数据，跟下次的进行对比	磁性物质无明显增加

（4）注意事项

① 安全第一。整个清洗过程中，严格遵守安全操作规程，防止触电、烫伤、中毒等安全事故的发生。

② 保护设备。在清洗过程中，注意保护设备的关键部件，如传感器、电机等，避免水或清洗剂直接接触造成损坏。

③ 清洗效果检查。清洗结束后，对设备进行全面检查，确保无残留物，设备表面光洁度符合要求。

④ 记录与总结。记录清洗过程中的关键参数、清洗剂用量及清洗效果等信息，为下次清洗提供参考。同时，总结清洗过程中的经验教训，不断优化清洗方案。

（5）维护与保养

① 定期保养。按照设备说明书要求，定期对设备进行维护保养，如更换

磨损件、检查密封性、调整参数等。

② 监测与预警。建立设备监测系统，实时监控设备运行状态，及时发现并处理潜在问题，预防故障发生。

③ 培训与提升。加强操作人员的培训与教育，提高其专业技能和安全意识，确保清洗工作的顺利进行。

4.3.4　辊道窑系统清理

辊道窑作为磷酸铁锂材料生产中的关键设备之一，其清洁度直接影响产品的质量与生产效率。因此，定期对辊道窑系统进行全面而细致的清洗尤为重要。

（1）清洗前准备

① 安全检查。首先进行设备安全检查，确保电源已切断，并悬挂"禁止合闸"警示牌，防止意外启动。同时，检查通风系统是否正常运行，确保清洗过程中有害气体能及时排出。

② 制定计划。根据辊道窑的使用情况和污染程度，制定合理的清洗计划，包括清洗时间、所需材料、人员配置及安全预案等。

③ 预热与降温。若窑炉刚结束生产，需待其自然降温至安全温度范围后再进行清洗，避免高温作业引发危险。

④ 防护装备。为清洗人员配备必要的防护装备，如耐高温手套、防护服、防护眼镜和防尘口罩等，减少化学清洗剂或高温对人体的伤害。

（2）清洗步骤

① 表面清理。使用铲刀、钢丝刷等工具，先去除辊道表面附着的大块物料残渣和结块物，注意避免划伤辊道表面。

② 化学清洗。根据污染物的性质选择合适的清洗剂，如酸性或碱性溶液，通过喷洒或浸泡的方式对辊道及窑内其他部件进行深度清洁。注意控制清洗剂的浓度和温度，避免对设备造成腐蚀。

③ 烘干与检查。使用热风枪或自然风干的方式，将辊道及窑内空间烘干，防止水分残留导致生锈或影响后续生产。清洗完毕后，仔细检查辊道表面是否光滑平整，无划痕或腐蚀现象。

④ 细节处理。特别关注辊道接缝处、窑门密封面等易积污且难以清洗的部位，采用专用工具或刷子进行细致清理，确保无死角。

辊道窑烧结系统设备清洗可参考表 4.7。

表 4.7　辊道窑烧结系统设备清洗标准

部位	清洗内容	标准
清洗工具	不掉毛的毛巾和抹布、拖把、铲刀、磁棒、除磁车、吸尘器、清洗剂、水桶、软毛刷等	
安全防护	安全带、安全绳、安全梯子	
清洗前	设备拉闸断电,受限空间通风,测含氧量	
钢平台	清扫平台上、楼梯及各死角异物,用拖把拖干净,再用除磁设备除磁	平台表面无明显异物、杂物、灰尘
真空上料机	打开真空上料机人孔,用湿抹布或拖把对内壁进行清洗,并用强光手电照射检测内壁有无油污、结垢、毛刺等问题。清洗完后,用除磁工具进行除磁	内部无明显污渍、结垢、灰尘
料仓	参见真空上料机清洗过程	参见真空上料机标准
直排筛	拆开筛网,用湿抹布对内部及筛网进行清洗	设备表面无明显灰尘、油污
装钵机	打开装钵机防尘罩,用湿抹布对内部进行清洗	内部无明显污渍、结垢、灰尘
循环线	打开循环线防尘罩,用湿抹布对内部及循环线上的振动装置、滚筒等进行清洗	内部无明显污渍、结垢、灰尘
辊道窑进出口	依次打开窑炉进出口三道门,用湿抹布或拖把对内部进行清理。清洗完后,用除磁工具进行除磁	内部无明显污渍、结垢、灰尘
倒钵机	打开倒钵机防尘罩,用湿抹布对内部进行清洗	内部无明显污渍、结垢、灰尘
缓存仓	参见真空上料机清洗过程	参见真空上料机标准
发送仓罐	参见真空上料机清洗过程	参见真空上料机标准
匣钵	先用气枪对匣钵内外进行吹扫,再用抹布进行擦拭	匣钵内外部无明显污渍、结垢、灰尘
带料清洗	主要用报废物料对整套系统设备、管道进行洗机,冲刷设备、管道表面残留的毛刺、金属异物及前期清洗不到的部位。此过程需要反复多次。每一次洗机完,测试磁性物质数据,跟下次的进行对比	磁性物质无明显增加

（3）清洗后维护

① 记录与反馈。详细记录清洗过程、使用的清洗剂种类及用量、发现的问题及处理措施等，为后续清洗工作提供参考。同时，收集生产部门的反馈意见，不断优化清洗方案。

② 设备保养。清洗完成后，对辊道窑进行常规保养，如检查传动系统、润滑部件等，确保设备处于良好状态。

③ 环境清理。将清洗过程中产生的废弃物按照环保要求进行分类处理，保持工作区域整洁有序。

④ 安全复查。在恢复生产前，再次进行安全检查，确认所有安全防护措施到位，无安全隐患后方可启动设备。

（4）注意事项

① 环保意识。在整个清洗过程中，应严格遵守环保法规，妥善处理清洗废水和废弃物，防止对环境造成污染。

② 培训与考核。定期对清洗人员进行安全操作、清洗剂使用及环保知识等方面的培训，并进行考核，确保清洗工作的专业性和安全性。

4.3.5　粉碎系统清理

气流粉碎机作为磷酸铁锂材料生产中的关键设备之一，其高效、精细的粉碎能力对于保证产品质量至关重要。下面介绍粉碎系统清理流程。

（1）清洗前准备

① 停机断电。确保设备已完全停止运行，并切断所有电源，防止意外启动造成人员伤害或设备损坏。

② 穿戴防护。操作人员应穿戴好防护服、口罩、手套及护目镜等个人防护装备，以避免接触可能的有害物质或粉尘。

③ 清理残留。使用合适的工具（如吸尘器、软毛刷）初步清理设备表面及周围环境的可见粉尘和残留物，减少清洗时的粉尘飞扬。

（2）清洗步骤

① 拆卸可拆部件。根据设备结构，逐步拆卸易于拆卸且需要深度清洗的部件，如进料口、出料口、筛网、喷嘴等，以便于彻底清洁。

② 选择合适的清洗剂。根据磷酸铁锂材料的特性及设备材质，选择温和、无腐蚀性的清洗剂，避免使用可能对设备造成损害的强酸、强碱溶液。

（3）清洗操作

① 湿洗。对于非电气部件，可采用湿洗法，使用软布或海绵蘸取适量清洗剂，轻轻擦拭表面污渍。注意避免水分进入电气元件。

② 干洗。对于电气部件及不易湿洗的区域，可使用压缩空气或专用吸尘设备进行干洗，去除粉尘和微粒。

③ 高压水枪（慎用）。对于某些大型设备表面，可在确保电气部分完全隔

离后，使用低压水流冲洗，但需谨慎操作，避免损坏精密部件。

④ 清洗缝隙与死角。特别注意清洗设备内部的缝隙、死角及难以触及的区域，这些往往是污垢积累的重灾区。

⑤ 冲洗与干燥。清洗完成后，用清水（或适当溶液）彻底冲洗设备，确保无清洗剂残留。随后，使用压缩空气或自然风干法将设备内外彻底干燥。

粉碎系统的清洗可参考表 4.8 的标准。

表 4.8　粉碎系统清洗标准

部位	清洗内容	标准
清洗工具	不掉毛的毛巾和抹布、拖把、铲刀、磁棒、除磁车、吸尘器、清洗剂、水桶、软毛刷等	
安全防护	安全带、安全绳、安全梯子	
清洗前	设备拉闸断电，受限空间通风，测含氧量	
钢平台	清扫平台、楼梯及各死角异物，用拖把拖干净，再用除磁设备除磁	平台表面无明显异物、杂物、灰尘
真空上料机	打开真空上料机人孔，用湿抹布或拖把对内壁进行清洗，用强光手电照射检测内壁有无油污、结垢、毛刺等。清洗完后，用除磁工具进行除磁	内部无明显污渍、结垢、灰尘
进料缓存料仓	参见真空上料机清洗过程	参见真空上料机标准
直排筛	拆开筛网，用湿抹布对内部及筛网进行清洗	表面无明显灰尘、油污
气流磨	拆开气流磨主机盖，用湿抹布或拖把对内壁及分级轮进行清洗，并用强光手电照射检测内壁有无油污、结垢、毛刺等。清洗完后，用除磁工具进行除磁	内部无明显污渍、结垢、灰尘
除尘器	打开除尘仓人孔，由人孔进入仓内部，先对内部进行持续通风，测含氧量，开受限空间作业证。可以用湿抹布对内部进行清洗，然后用抹布或拖把擦干净，并用强光手电照射检测内壁有无油污、结垢、毛刺等。清洗完后，用除磁工具除磁	内壁及仓底无明显污渍、结垢、灰尘
下料缓存仓	参见真空上料机清洗过程	参见真空上料机标准
发送仓罐	参见真空上料机清洗过程	参见真空上料机标准
气力输送系统	气力输送系统分正压和负压输送，开启正压发送仓泵及负压真空上料机，用空气对管道进行吹扫	管道内部无异物、焊渣等
带料清洗	主要用报废物料对整套系统设备、管道进行洗机，冲刷设备、管道表面残留的毛刺、金属异物及前期清洗不到的部位。此过程需要反复多次。每一次洗机完测试磁性物质，跟下次进行对比	磁性物质无明显增加

（4）检查与维护

① 检查磨损情况。在清洗过程中，同时检查设备各部件的磨损情况，如有必要，及时更换磨损严重的部件。

② 润滑与紧固。对需要润滑的部件进行重新润滑，并检查所有紧固件是否牢固，防止松动导致的运行故障。

③ 记录与反馈。详细记录清洗过程中发现的需要更换的部件及清洗效果，为后续的设备维护提供参考，并向相关部门反馈清洗情况。

（5）安全与环保

① 安全操作。整个清洗过程应严格遵守安全操作规程，确保人员安全。

② 环保处理。清洗产生的废水、废液需按照环保要求进行妥善处理，防止污染环境。

4.3.6　超声波振动筛清理

超声波振动筛作为磷酸铁锂材料制备的关键设备之一，用于筛分和去除磷酸铁锂材料颗粒中的杂质，保障产品纯度与性能。然而，随着生产的持续进行，筛网及设备内部易积累粉尘、细小颗粒及化学残留物，影响筛分效率与产品质量。因此，定期对超声波振动筛设备进行彻底清洗成为一项重要的工作。以下为该设备清洗要点的详细总结。

（1）清洗前准备

① 停机断电。确保设备完全停止运行并切断电源，防止意外启动造成人员伤害或设备损坏。

② 排空物料。彻底清理筛网及周围区域的残留物料，避免清洗过程中物料飞溅或堵塞清洗设备。

③ 安全防护。穿戴好防护服、手套、护目镜等个人防护装备，防止清洗剂溅入眼睛或皮肤。

（2）清洗工具与材料选择

① 清洗剂。根据磷酸铁锂的化学性质及可能残留的污染物类型，选择温和、无腐蚀性的清洗剂，如专用工业清洗剂或弱碱性溶液。避免使用强酸强碱，以防腐蚀设备或影响后续产品质量。

② 清洗工具。选用软质毛刷、高压水枪（配合适当压力）、超声波清洗机等工具，确保既能有效清除污垢，又不损伤筛网和设备表面。

③ 防护垫。在设备下方铺设防水布或防护垫，防止清洗液外溢污染环境。

（3）清洗步骤

① 初步清洗。使用软质毛刷初步清除筛网上的大块物料和易冲洗的污垢。

② 超声波清洗。将筛网或可拆卸部件放入超声波清洗机中，加入适量的清洗剂和水，开启超声波清洗模式。利用超声波的空化效应和冲击力，深入清洗筛网孔隙中的微小颗粒和顽固污渍。

③ 精细清洗。对于超声波清洗难以触及的角落或顽固污渍，可手动使用软质毛刷蘸取清洗剂进行精细清洗。

④ 冲洗与干燥。使用清水彻底冲洗清洗后的部件，去除残留的清洗剂。然后，将部件置于通风处自然晾干或使用干燥设备快速烘干，避免水分残留导致锈蚀。

（4）清洗后检查与维护

① 检查筛网。清洗后仔细检查筛网是否完好，确保无破损、变形或堵塞现象。必要时进行更换或修复。

② 设备润滑。对设备的传动部件进行润滑保养，确保设备运行顺畅。

③ 记录与反馈。记录清洗过程中的发现与问题，及时反馈给相关部门或技术人员，以便持续优化清洗流程和设备维护计划。

（5）注意事项

清洗过程中应避免清洗剂直接接触皮肤或眼睛，一旦发生应立即用大量清水冲洗并就医。

清洗后的废水应按照环保要求妥善处理，不得随意排放。

定期对清洗效果进行评估，确保清洗质量满足生产要求。

4.3.7 电磁除铁器清理

磷酸铁锂电磁除铁器设备作为工业生产中关键设备之一，其有效运行对于保障产品质量、提高生产效率及延长设备寿命至关重要。定期清洗是维护这类设备不可或缺的一环，旨在去除附着在设备表面的铁磁性杂质、灰尘、油污等，确保电磁场的均匀性和强度，从而优化除铁效果。以下是对电磁除铁器清洗要点的总结。

（1）清洗前准备

① 停机断电。必须确保设备完全停止运行，并切断所有电源，挂上"禁

止合闸"警示牌，以防止意外启动造成伤害。

② 安全防护。穿戴好个人防护装备，如绝缘手套、安全鞋、防护眼镜等，以防清洗过程中可能产生的飞溅物或触电。

③ 工具与材料准备。根据设备结构和污染情况，准备合适的清洗工具（如刷子、高压水枪、吸尘器）、清洗剂（选用对磷酸铁锂无害的环保型清洗剂）及必要的辅助设备（如梯子、照明设备等）。

（2）清洗步骤

① 初步清理。使用干布或吸尘器清除设备表面的大块杂物和积尘，特别注意电磁线圈周围区域，避免灰尘积累影响散热和电磁性能。

重点清洗以下部分。

② 电磁线圈。用软毛刷轻轻刷去线圈上的灰尘，避免使用水直接冲洗，以防短路或损坏绝缘层。必要时，可使用专用清洗剂配合软布擦拭。

③ 除铁区域。应仔细清除残留的铁磁性杂质，采用磁力棒或手动方式逐一取出。对于难以触及的缝隙，可使用细长的清洁工具辅助。

④ 传动部件。检查并清理传动链条、轴承等部件，确保其灵活运转，无卡滞现象。使用适量润滑油进行润滑，减少摩擦和磨损。

⑤ 深度清洁（视情况而定）。对于长期未清洗或污染严重的设备，可采用高压水枪进行冲洗，但需注意水压和角度，避免对设备造成冲击损伤。冲洗后，应立即用干布擦干水分，防止锈蚀。

（3）清洗后检查与维护

① 功能测试。清洗完成后，重新接通电源，进行空载运行测试，检查设备是否正常工作，电磁力是否稳定，除铁效果是否达标。

② 紧固检查。检查并紧固所有螺丝、螺母等紧固件，确保设备结构稳固，减少振动和噪声。

③ 记录与反馈。详细记录清洗过程、发现的问题及处理措施，为后续维护和保养提供参考。同时，将清洗结果反馈给相关部门，以便评估清洗效果和优化清洗计划。

（4）注意事项

清洗过程中应严格遵守操作规程，避免对设备造成二次伤害。

选择合适的清洗剂和工具，确保不对设备造成腐蚀或损伤。

定期对设备进行清洗和维护，可延长设备使用寿命，提高生产效率。

清洗后的废水和废弃物应按照环保要求妥善处理，防止污染环境。

4.3.8 包装机清理

在磷酸铁锂材料生产过程中，自动包装机作为关键设备之一，其清洁度直接关系到产品质量、生产效率和设备寿命。因此，定期对磷酸铁锂自动包装机进行彻底而有效的清洗很重要。以下是对该设备清洗要点的详细总结。

(1) 清洗前准备

① 停机断电。确保设备已完全停止运行，并切断所有电源，防止意外启动造成人员伤害或设备损坏。

② 穿戴防护。操作人员应穿戴好防护服、手套、护目镜等个人防护装备，以防清洗剂溅射或接触皮肤造成伤害。

③ 准备工具与材料。根据清洗计划，准备好所需的清洗工具（如刷子、喷枪、吸尘器）、清洗剂（需选择对设备无腐蚀性的专用清洗剂）及清洁布等。

(2) 清洗步骤

① 外表面清洗。使用吸尘器或干布清除设备外表面的灰尘和颗粒物。对于顽固污渍，可使用湿布蘸取适量清洗剂擦拭，注意避免水分渗入电气部件。

② 内部结构清洗。拆卸可拆部件，如输送带、料斗、封口装置等，拆下后逐一单独清洗。特别注意输送带缝隙、封口机构、传感器周围等易藏污纳垢的区域，使用刷子或喷枪配合清洗剂进行彻底清洗。对于物料输送管道，可采用高压水枪或专用清洗设备进行冲洗，确保无残留物。

③ 电气部件处理。电气控制箱、电机、传感器等电气部件严禁直接用水清洗，可用干布或吹风机清理灰尘。清洗后，检查所有电气连接点是否干燥，确保绝缘性能良好。

包装系统清洗可参考表 4.9 的标准。

表 4.9　包装系统清洗标准

部位	清洗内容	标准
清洗工具	不掉毛的毛巾和抹布、拖把、铲刀、磁棒、除磁车、吸尘器、清洗剂、水桶、软毛刷等	
安全防护	安全带、安全绳、安全梯子	
清洗前	设备拉闸断电，受限空间通风，测含氧量	
钢平台	清扫平台、楼梯及各死角异物，用拖把拖干净，再用除磁设备除磁	平台表面无明显异物、杂物、灰尘

续表

部位	清洗内容	标准
真空上料机	打开真空上料机人孔,用湿抹布或拖把对内壁进行清洗,并用强光手电照射检测内壁有无油污、结垢、毛刺等。清洗完后,用除磁工具进行除磁	内部无明显污渍、结垢、灰尘
缓存料仓	参见真空上料机清洗过程	参见真空上料机标准
超声波振动筛	拆除进出料软连接,转动星形下料阀排出异物。拆除上、下层筛网,清理电机底座内异物。清扫筛网,除磁。擦拭筛上料管、阀和接料桶	内部无明显污渍、结垢、灰尘
电磁除铁器	拆开电磁除铁器盖,并吊出除铁器;拆除除铁器磁芯,检查筛网,用毛刷清理;擦拭电磁除铁器表面和管道,清理排铁料接料桶	内部无明显污渍、结垢、灰尘
包装料仓	参见真空上料机清洗过程	参见真空上料机标准
包装机	清扫包装机上方平台,除磁。擦拭下料口内壁、擦拭挂袋机架。清理热封机。包装机机架下方清扫、除磁	表面无明显污渍、结垢、灰尘
输送装置	用湿抹布对输送装置各部件及滚筒进行擦拭清理	无污渍结垢、灰尘
带料洗机	主要用报废物料对整套系统设备、管道进行洗机,冲刷设备、管道表面残留的毛刺、金属异物及前期清洗不到的部位。此过程需要反复多次。每一次洗机完,测试磁性物质数据,跟下次的进行对比	磁性物质无明显增加

(3) 清洗后检查与恢复

① 全面检查。清洗完成后,对设备进行全面检查,确认无遗漏的污渍和残留物,特别是传动部件和接触面干净无杂质。

② 功能测试。在确认设备干燥后,进行空载试运行,检查各部件运转是否正常,确保无异常声响和卡顿现象。

③ 组装恢复。将拆卸的部件按原样装回,注意安装顺序和紧固力度,确保设备恢复完好。

(4) 注意事项

① 清洗剂选择。务必选用对设备无腐蚀性的清洗剂,避免对产品和设备造成损害。

② 安全第一。整个清洗过程,严格遵守安全操作规程,防止触电、机械伤害等事故发生。

③ 定期维护。建立设备清洗维护档案,记录每次清洗的时间、内容、所用材料等信息,以便跟踪设备状态,及时调整清洗策略。

包装系统设备清洗示意图如图 4.3 所示。

1.清洁用具准备

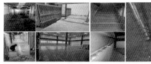
2.现场环境清理清洁及除磁

3.拉闸断电

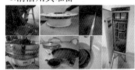
4.振动筛料仓、超声波过筛机
清理及除磁

5.布袋除尘器及其电柜清理、除磁

6.电磁除铁器清理及除磁

7.包装机、热封机清理及除磁

8.吨袋鼓风机清理及除磁

图 4.3　包装系统设备清洗示意图

通过上述清洗要点的有效执行，可以确保磷酸铁锂材料自动包装机处于良好的工作状态，从而提高生产效率，保障产品质量，延长设备使用寿命。

第 5 章

投产前设备调试

5.1 设备调试介绍

5.1.1 设备调试概述

设备调试也称试车，是检验新建装置成功与否的关键。在施工完成之后，项目竣工之前进行。主要目的是验证生产装置及辅助系统是否具备设计要求的生产能力，同时验证整个生产管理体系是否能够有效运作；全面检查装置的机器设备、管道、阀门、自控仪表、联锁和供电等公用工程配套的性能与质量、施工安装是否符合设计与标准规范以及是否达到化工投料的要求，使装置能平稳持续地进行生产，尽快达到设计规定的各项工艺技术指标和经济指标；对试生产中所暴露的各种安全问题进行处理，消除隐患，杜绝安全事故；检验、调节各个仪表；提高操作人员现场操作熟练程度，加强实际操作能力，对生产操作人员进行岗位实战培训。

设备调试可分为三个阶段，即单机调试、联动调试、带料调试。

单机调试。也称为打点，即在屏蔽 PLC 内部程序后，对设备进行上电，然后通过强制置位/复位等操作，对系统的输入/输出进行测试，以确保所有 I/O 点的功能均正常（包括所有数字量和模拟量点）。主要检验其除介质影响外的力学性能和制造、安装质量。

联动调试。对规定范围内的机器、设备、管道、电气、仪表、自动控制系统等，在不对自动化系统加载真实载荷的情况下，对系统进行联调。着重测试系统的自动化联动、手动功能操作、报警及紧急停止功能。主要检验系统的逻辑联锁功能等是否准确。

　　带料调试。对规定范围内的全部生产装置用设计文件规定的介质打通生产流程，进行各装置之间首尾衔接的试运行，从而检验其除经济指标外的全部性能，并生产出合格产品。

5.1.2　设备调试前准备工作

　　设备调试是化工项目建设的重要组成部分。按照相关规定和要求，编制总体试车方案和配套细化方案，做好调试车前的生产准备、单机联动调试、带料调试等工作，可为装置投产后运行的"安、稳、长、满"奠定良好的基础。

　　设备安装并清洗好后可以进行调试。具体的准备工作清单见表 5.1。

表 5.1　设备调试前准备工作清单

工作类别	工作内容及标准
组成机构	完善项目部试车领导小组、试车现场指挥、正常生产机构,建立从班组到集团公司级的、职责清晰的管理体系
人员培训	同类装置培训、实习
	岗位练兵、模拟练兵
	各工种人员上岗证办理
	发放岗位操作规程并组织学习,进行试车方案交底、学习、讨论
技术准备	总体试车方案编制完成并印发
	蒸汽吹扫、清洗、气密试验、N_2 置换、三剂装填、催化剂硫化等方案编制完成并印发
	单机试车、联动试车、化工投料试车方案和装置操作规程编制完成并印发
	设备操作规程,检修规程,管理、维护保养制度编制完成并印发
	电器仪表操作规程,检修规程,管理、维护保养制度编制完成并印发
	事故应急预案、装置安全技术规程及各安全管理制度、台账、作业票编制完成并印发
	分析规程、化验室管理制度、计量器材校验规程及化验单编制完成并印发
生产管理体系建立	岗位分工明确,班组生产作业制度已建立
	指挥人员已值班上岗,并建立例会制度(根据需要)
	各级生产调度制度已建立
	岗位责任、巡回检查、交接班等 8 项相关制度已制定
	原始记录数据表格发放并开始记录
设备	设备外部、内部已完成清洗,清理干净
场地	装置现场、平台已完成清洗,清理干净

工作类别	工作内容及标准
单机试车 中间交接	质量初评
	"三查四定"的问题整改消缺,遗留尾项已处理
	影响投料的设计变更项目施工完毕
	单机试车
	工程办理中间交接手续
	化工装置区内施工用临时设施拆除
	系统吹扫、清洗、气密试验工作完成
联动试车	置换、三剂装填等完成
	设备全面检查,处于备用状态
	在线分析仪表、仪器经调试具备使用条件
	化工装置的检测、控制、联锁、报警系统调试完毕
	现场岗位工器具已配齐
	联动试车暴露出的问题以及整改
维修工作	保运后备人员已落实;机电仪修人员已上岗;实行 24h 值班(值班根据需要)
给排水系统	水网压力、流量、水质检查确认,并符合工艺要求
	循环水预膜工作(是否要进行评估);纯水、消防水、冷凝水、循环水、排水系统均检查确认,运行可靠
供电系统	工艺要求的供电已实现;仪表电源稳定运行;保安电源已落实,事故发电机处于良好备用状态;电力调度人员已上岗值班;供电线路维护已落实,人员开始倒班巡线
蒸汽、氮气、 空气系统	蒸汽系统已按压力、流量等级正常运行,参数稳定;无跑、冒、滴、漏,保温良好
	工艺空气、仪表空气、氮气系统运行正常;压力、流量、露点等参数合格
原材料	化工原材料、辅料已全部到货并检验合格;润滑油三级过滤制度已落实,设备润滑点已明确
设备油	设备润滑油(脂)、轴承油已加注,并点检确认
备品配件	备品配件可满足试车需要,账物相符;库房已建立昼夜值班制度,保管人员熟悉库内物资规格、数量、存入地点,出库满足及时准确要求
通信	岗位值班电话已开通好用;调度、火警、急救电话可靠好用;无线电话、对讲机已准备好,呼叫清晰
安全、消防、 急救系统	制订相应的安全措施和事故预案发布
	安全生产管理制度、规程、台账齐全,安全管理体系建立,人员经安全教育后取证上岗
	动火制度、禁烟制度、车辆管理制度等安全生产管理制度已建立并发布
	岗位消防器材、防护用具已备齐
	气体防护、救护措施已落实,制定气防预案并演习
	消防水系统、可燃气体和有毒气体检测器已投用,完好率达到 100%,消防验收通过
	安全阀试压、调校、定压、铅封完毕
	锅炉、压力容器、压力管道、吊车、电梯等特种设备已经由质量技术监督管理部门监督检验,登记并发证

接下来介绍各系统设备的调试要点。因为各家设备规格、型号、操作界面有差异，无法整合具体调试操作方法。因此本节只讲调试的要点，为大家提供参考。

5.1.3　设备调试注意事项

装置开车调试一般由设备厂家或设备安装单位负责进行单机、联调，调试好后再交由业主单位。业主单位设备部、生产部人员现场配合、学习设备的相关操作、参数设置、设备启停机、常见故障现象处理、注意事项等。

5.2　投配料系统设备调试

在磷酸铁锂（LFP）材料的生产过程中，投料与配料是至关重要的一环，直接关系到最终产品的性能与质量。为了确保生产线的稳定运行和产品质量，对投配料设备的单机调试十分关键。本节将详细介绍磷酸铁锂投配料设备的单机调试方法，涵盖设备准备、调试步骤、注意事项及常见问题处理等方面。

设备检查主要包括：外观检查，确认设备外观无损坏，紧固件无松动，防护罩完整；电气检查，检查电机、控制柜、传感器等电气元件接线正确，无短路、断路现象；机械检查，检查传动部件、轴承、齿轮等机械部件润滑良好，无卡滞、异响。

（1）调试步骤

原料称量系统调试。首先校准传感器，使用标准砝码对称重传感器进行校准，确保称量精度满足生产要求；然后进行软件设置，在控制系统中按照界面提示设置原料的称量参数，如目标重量、误差范围等；最后进行模拟测试，在不加入实际原料的情况下，模拟称量过程，检查系统是否能准确称量并显示结果。

上料系统调试。检查电源与控制系统，确保自动上料系统的电源已接通，控制系统正常运行；进行空载试运行，在无物料的情况下，启动自动上料系统，检查各部件的运行情况，包括输送带、计量装置、振动给料机等；开始带料试运行，在确认空载试运行无异常后，加入少量物料进行带料试运行，观察物料的输送和计量是否准确，原料是否能准确、连续地输送到指定位置；计量精度测试，使用标准物料进行计量精度测试，确保计量误差在允许范围内，如发现有偏差，需及时调整控制系统参数或检查上料机械部件。

根据试运行结果，调整控制系统的参数，如输送速度、计量精度等，以达到系统最佳运行状态。在控制系统中设定均混罐搅拌机频率、混合时间。混合结束后，取样检查原材料是否充分混合均匀。

调试过程中需确认投配料系统设备是否正常，按表5.2进行调试。

表 5.2　投配料系统设备调试内容

部位	项目	调试内容
投料站	电动葫芦、气缸拍打装置、自动压袋装置、安全光栅、振动下料装置、旋转除铁器、夹袋器、吸尘装置	设备启停开关是否正常，气动装置是否动作
储料仓	活化料斗、除尘脉冲反吹过滤器、下料阀、称重软连接等装置	设备启停开关是否正常，气动装置是否动作
计量仓	振动电机、活化料斗、称重模块、U形螺旋输送机、卸料蝶阀以及称重软连接	设备启停开关是否正常，气动装置是否动作，电机旋转方向是否正常
称重模块	称重模块校验	误差在技术要求范围内
控制柜	操作屏	检查触摸屏是否正常显示，通过触摸屏观察输送工艺流程是否正确
参数设置	手动操作、自动操作	按操作界面步骤提示设置相关工艺参数，如配方参数重量、各料仓料位、气锤时间、下料时间、分散时间、搅拌频率、监控报警设置等

（2）联动调试

单机调试都正常以后，可以开始系统联动调试，包括开袋站、存料仓（含星形下料阀）、计量罐、配料分散罐等自动控制装置，料仓（含称重系统）以及星形下料阀联控、气锤联控、加料联控、分散搅拌联控等。在联动调试过程中注意观察仪表指示、报警、自控、联锁应准确、可靠。

（3）带料调试

联动调试没问题后，可以进行带料调试，从投料站依次投入洗机物料，启动自动模式。注意观察各料仓、管道有无喷料、漏料现象，气锤效果，料仓料位显示，计量精准度以及各设备在荷载状态下的电流、电压、温度、压力是否正常，报警界面有无报警显示，物料在设备之间的传送是否顺畅，有无堵料问题，物料分散搅拌效果等。

（4）调试注意事项

在调试过程中，应严格遵守安全操作规程，佩戴好个人防护装备，详细记录调试过程中的各项参数和结果，以便后续分析和改进。如发现异常情况或问题，应立即停止调试，并查找原因进行处理。

（5）常见问题及处理

称量误差大。检查传感器是否损坏或污染，进行清洗或更换；检查称量系统参数设置是否正确。

混合不均匀。检查搅拌时间是否足够；检查搅拌机方向是否运转正常，频率是否合理。

（6）小结

磷酸铁锂投配料系统的单机调试是确保设备高效、准确完成投配料任务的关键环节。通过细致的调试和严格的质量控制措施，可以确保设备在后续的生产过程中稳定运行，并生产出高质量的锂电池产品。

5.3 砂磨系统调试

卧式研磨机是磷酸铁锂材料生产中不可或缺的关键设备之一，其性能直接影响产品的纯度和粒度分布，进而影响电池的整体性能。因此，正确的单机调试方法对确保设备正常运行、提高生产效率和产品质量至关重要。以下是对磷酸铁锂材料砂磨机设备调试要点的总结。

（1）前期准备

首先，确保研磨机所有部件已安全安装，无松动或损坏现象。然后，检查电机、传动装置、冷却系统、研磨介质（如研磨球）等关键部件完好无缺。再次，清理工作区域，确保无杂物、无灰尘，保持环境整洁。这有助于减少外部因素对调试过程的干扰，提高调试效率和安全性。最后，根据磷酸铁锂材料的特性和生产要求，设定合适的工艺参数。这些参数包括转速、进料速度、研磨时间等，它们的合理设定将直接影响加工效果和效率。

（2）电气系统调试

确认电源电压、频率与设备要求相匹配，并安全接入电源。检查电气线路连接是否牢固，绝缘层有无破损。调试 PLC 或触摸屏控制系统，确保各控制按钮、指示灯功能正常。设置并验证自动/手动切换、紧急停机等保护功能。对温度、压力、流量等传感器进行校准，确保监测数据准确可靠。

（3）工艺参数调试

调整研磨介质在砂磨腔内的压力和物料进给流量，以达到最佳研磨效率与细度。注意观察研磨过程中的温度变化，避免过热影响材料性能。根据物料特性及产品要求，设定合理的研磨时间，确保产品质量稳定。调试物料循环系统和清洗系统，确保物料均匀研磨，并有效清洗残留物。

（4）砂磨机调试

在开机前，进行砂磨机的试转和调试。打开电源开关，观察砂磨机的运行情况，确保电机运转平稳、无异常振动和噪声。如有异常，应立即停机检查并排除故障。检查冷却水是否畅通，启动水泵，确保冷却系统正常运行。冷却系统对于降低研磨过程中的温度和减少设备磨损至关重要。检查三角带等传动装置的松紧度，确保其在合适的范围内。必要时进行调整，确保传动平稳，无打滑现象。从气缸顶部向研磨机内添加适量的研磨介质（如研磨球），确保介质分布均匀，无堆积或空缺现象。检查介质填充量，避免过多或过少影响研磨效果。

在确保所有准备工作就绪后，启动研磨机主机。注意观察电机的转动方向是否与箭头所示方向一致，如有异常应立即停机检查。根据生产需求，通过控制面板设置研磨时间、转速和研磨模式等参数。初始调试时，可选择较低的转速和较短的研磨时间进行试运行。在研磨过程中，要定期检查研磨罐和研磨介质的状态，确保研磨均匀且无异常声响。同时，注意观察冷却系统的运行情况，确保水温在合理范围内。根据试运行结果和产品质量要求，对研磨参数进行逐步调整和优化。包括增加或减少研磨介质的数量、调整研磨液的配比、改变研磨时间等。

在调试过程中，需要确认砂磨机的部件是否正常，可按表 5.3 进行调试。

表 5.3　砂磨系统设备调试内容

部位	调试项目	内容
均质分散系统	预混罐、均质泵、均质罐、各气动阀门、搅拌装置、称重传感器、纯水系统	设备启停开关是否正常、搅拌装置方向是否正确、气动阀门开关是否正常、设备功率电流是否正常、纯水是否正常进料、搅拌分散效果是否达标
砂磨系统	检查确认	砂磨机润滑油、冷却液、密封剂、研磨介质是否按要求添加
	粗磨机、细磨机、砂磨罐、给料泵、各气动阀门	设备启停开关是否正常、搅拌装置方向是否正确、气动阀门开关是否正常、设备功率电流是否正常、纯水是否正常进料、搅拌分散效果是否达标
参数设置	手动操作、自动操作	按操作界面步骤提示设置相关工艺参数，如基本参数设定、自动参数设定、转速、时间、温度、压力、时间校定、自动运行、手动运行、报警监视等

（5）装填研磨介质

第一次运行时研磨介质的装填量不超过理论研磨填充量（筒体实际容量的65％～75％）。步骤是：打开添加研磨介质漏斗的球阀，将所需研磨的介质逐一加入研磨腔内。初次使用时先从少量加起，这样可以避免高损耗产生的空转，若研磨效率不达标或温度不高时再适量增加。

（6）加入机械密封冷却液

打开机封冷却罐顶端的球阀开关，从漏斗中加入与所生产产品相符合的溶剂或水，作为机封冷却循环水。机封液加至观察窗刻度线上标线位置，工作中机封液面低于观察窗刻度线下标线时应及时补充。注意：机封冷却罐的机封液进出口球阀应保持常开状态，严禁关闭。砂磨机加机封示意图如图5.1所示。

图 5.1　砂磨机加机封示意图

（7）性能评估与优化

采集调试过程中的样品进行检测，评估粒度分布、纯度等关键指标。对比目标值，分析差异原因并调整调试参数。连续运行砂磨机一段时间，观察其稳定性、噪声、能耗等指标是否符合要求。记录并分析数据，为后期维护保养提供依据。根据调试结果和实际操作经验，不断优化调试方案，提升设备性能和生产效率。

（8）操作注意事项

安全操作。在整个调试过程中，务必遵守安全操作规程，避免手部接触研磨罐或传动部件等危险区域。穿戴好防护装备，如安全帽、防护眼镜和手套等。

避免过度研磨。过度研磨不仅会增加能耗和磨损设备，还会影响产品的纯度和粒度分布。因此，在调试过程中要严格控制研磨时间和转速，避免过度研磨。

防止交叉污染。在更换不同样品进行研磨时，要及时清洁研磨罐和研磨介质等部件，以防止交叉污染，影响实验结果。

定期维护。定期对研磨机进行清洁和维护保养工作，包括清理研磨罐和研磨介质的残留物、检查传动装置和冷却系统的运行状态等。确保设备处于良好的工作状态，以提高生产效率和产品质量。

记录与反馈。在调试过程中要做好详细记录，包括调试时间、调试参数、设备运行状态以及遇到的问题和解决措施等。这些记录对于后续的生产和设备维护具有重要参考价值。

开机前注意事项。检查水管、料管、气管、电线管，确保连接好。打开回水阀，再打开进水阀，确保各接口处无渗漏。打开机械轴封冷却罐顶端的卡箍，用漏斗往内加入与所生产产品相容的溶剂或水（水性产品），作为轴封冷却液循环使用。冷却液加至液位刻度 8 的位置（正常液位刻度为 2～8），太多和太少都不行。冷却罐到机封的球阀应保持常开状态，严禁关闭（中间清洗球阀则保持常闭状态）。接上气源，压力调到 0.5MPa 以上。机封冷却罐一般加压到 0.3MPa，当压力超出安全值后会从机封冷却罐顶部的安全溢流阀卸压，当压力低于气压开关的设定值时（一般设为 0.25MPa），机器则无法工作。加压压力和低压保护压力开关的设定值在出货前均已调好，一般情况下请勿调节。将进料压力表的上限设为 0.15～0.22MPa，根据材料设定温度上限（PU 材质的温度上限不能超过 60℃）。调节方法：用一字螺丝刀（防爆仪表用一字螺丝刀，普通仪表用插在仪表表身上的专用旋钮）将温度表或压力表的拨针移到红色上限指针的前方，然后往下压拨针并转动拨针，将上限指针移到所需位置。启动主机按钮开关，观察电机风扇的转向。若主轴转向不对（参照转动方向标识），将电源线（三线）对换，使其转向。

（9）启动和运行注意事项

先按"主机启动"按钮（变频调速型的就将主机调到所需速度），然后按"泵浦启动"按钮，标配型供料泵为气动隔膜泵，可通过调节其用气量来调节其供料速度（如果为电动泵，则通过变频调速或机械式无级调速减速机进行供料速度的调节）。如遇压力过高或温度急速上升情形，应降低供料泵的速度，使其压力、温度、流量均处于一个平衡适中的数值。温度和压力一般都会在温度表和压力表上有直接的指示，也有某些机型采用温度压力变送器在操作箱显示相应的数据。触摸屏式的会在触摸屏显示所有的按钮及相关温度、压力、转速、电流及故障等内容。

（10）停机注意事项

当研磨结束后，先停止料泵，然后再停止主机。如果先停电机，料泵会将大量的研磨珠压向筛网，容易造成堵网。停机前用一定的溶剂或水（针对水性物料）将研磨桶内的物料进行稀释，避免物料在研磨桶内凝固或结皮，方便下次机器顺利启动。

（11）常见问题处理

电机不启动。检查电源是否接通、保险丝是否熔断以及电机本身是否损坏等。如电源和电机均正常，则可能是传动装置故障导致电机无法启动，此时应检查传动装置并进行相应的处理。

研磨效果不佳。检查研磨介质的数量和质量是否符合要求以及研磨参数设置是否合理等。若研磨介质数量不足或质量不佳则应及时补充或更换；若研磨参数设置不合理，则应进行调整优化。

冷却系统故障。检查冷却水管路是否畅通以及水泵是否正常工作等。若管路堵塞，则应及时清理；如水泵故障则应及时更换或维修。

（12）小结

卧式研磨机的单机调试是一个复杂而细致的过程，需要严格按照操作规程进行，并注重细节处理。通过正确的调试方法和注意事项可以确保设备正常运行，提高生产效率和产品质量，为锂离子电池的生产提供有力保障。同时在使用过程中要注意安全操作和维护保养工作，以延长设备的使用寿命和降低运行成本。

5.4 喷雾干燥系统调试

喷雾干燥设备在磷酸铁锂材料生产中扮演着至关重要的角色，其设备调试步骤执行正确与否直接关系到设备的稳定性和产品的品质。以下将详细阐述喷雾干燥设备的单机调试步骤，确保每一步操作都符合专业要求。

（1）调试前准备

首先进行环境检查，确保设备安装地面平整、无倾斜，四周设有排水槽，以便于清洁和维护。检查电气原理图，确保电源连接正确，电气操作柜放置在便于操作的位置，并做好地线连接，以保障生产安全。检查供水、供电、供气（如压缩空气）系统是否稳定可靠。然后进行设备检查，检查离心风机、加热器、雾化器等关键部件的安装是否牢固，确保无松动现象。核对设备各部件是否齐全无损，安装位置是否符合设计要求。检查电气线路、管道连接是否牢固可靠，安全装置（如温度报警、压力释放阀）是否完好。确认喷雾系统（喷嘴、雾化盘）、干燥室、收集系统（旋风分离器、布袋除尘器等）及排风系统安装正确无误。

（2）调试步骤

进入系统设置界面，按照界面提示输入工艺要求的设定值。打开风机，使空气流动起来，为加热做准备。然后开启离心风机，调整离心风机的出口方向，将其引至室外，以避免增加室内空气湿度，提高干燥机的蒸发效率。开启加热炉，检查电源线路，确保无漏电现象。设备预热后，在不影响被干燥物料质量的前提下，适当提高进风温度。在不投料的情况下，启动设备进行空载运行，检查各电机、风机、加热器运转是否正常，有无异常噪声或振动。观察各仪表（如温度表、压力表、流量计）指示是否准确，调整至最佳工作范围。

进行喷雾系统调试。首先调节雾化器，根据进料液的性质（如黏度、浓度等），选择合适的雾化器，并调节其雾化速率，确保液滴分布均匀。设定送料泵频率，并调节通针气压，以防止物料堵塞雾化器。调整喷雾压力、流量及喷嘴角度，确保雾滴均匀细小，覆盖整个干燥室。注意观察雾滴的干燥效果，避免湿壁现象，可通过调整干燥室风速、温度来优化。精确设定并监控进风温度、排风温度及干燥室内湿度，确保在磷酸铁锂材料最佳干燥工艺参数范围内。根据实际干燥效果调整加热功率，避免过热导致物料性能下降或能耗增加。检查旋风分离器及布袋除尘器的收集效率，确保成品收集率高且排放达标。定期清理收集系统与排风管道，防止堵塞影响生产。

负载试机过程中，首先启动引风机，再启动鼓风机，调节风门，保证气体流量，使干燥机在微负压下工作。打开加热装置，并进行温度设定，待温度达到设定值后保持稳定。开启干燥机搅拌器。油循环电机与干燥机搅拌器并接，检查油泵电机的旋向，检查循环油量（适用于带油冷却系统）。开启热风系统，使干燥机的进口温度达到需要的温度（注意除尘器进口温度必须低于布袋使用温度），并稳定 $10 \sim 20min$。启动冷却泵，并查看冷却泵的循环水是否回流，确保冷却系统正常运行。当加热温度达到设定温度时，打开雾化器，并通过声音检查雾化器的运转是否正常。启动送料泵开始送料，调节送料泵频率，控制料液流量。开动螺旋加料器，渐渐地升速至需要的转速（约需用 $10min$），将湿物料加入干燥机内进行干燥作业。观察干燥过程，调整排风温度，保持干燥效果稳定。注意调节速度要慢，避免粘壁现象。根据料液的黏稠度和含水量，适当调整加液量，以保持排风温度稳定。当干燥物料出口温度达到预定值时，启动喷头运转，先加水进行预喷，再逐渐加入料液。调节料液流量时，注意控制速度，保证良好的流动性。注意，干燥成品的湿度取决于排风温度。运行过程中要保持排风温度稳定，根据产品湿度情况适时调整加液量。

（3）运行监控

监控干燥室内的温度和湿度，确保其在设定范围内。如产品湿度过高，可适当减少加液量；如产品湿度过低，可增加加液量以调节排风温度。控制干燥机进、出口温度，保证在工艺要求的条件下工作。收集干燥成品，检测其水分含量、粒度分布等关键指标，评估干燥效果是否满足生产要求。

定期检查风机、加热器、雾化器等设备的运行状态，确保其正常运转。注意观察设备是否有异常声音、振动或漏液现象，如有异常应立即停机检查。

对调试初期产出的磷酸铁锂样品进行粒度、比表面积、含水量等关键指标的检测，评估干燥效果。根据检测结果调整调试参数，直至产品质量符合预定标准。

统计设备运行过程中的能耗数据，如电能、热能等，评估能效水平。优化操作参数，如合理控制加热时间、减少启停次数等，以提高生产效率并降低能耗。

（4）关机与清洗

当料液即将用完时，换上一个空的收粉器，在加料桶内加入清水，减少进入雾化器的水量，使出口温度保持不变。为了初步清洗雾化盘和进料管，用水运行 10min 左右。首先关闭加热，然后关闭送料泵，再关闭雾化器。待温度降到 50℃ 左右时，关掉引风机。最后关闭冷却泵和电源。

设备电源关掉后，打开干燥室门清扫干燥室壁和底部以及离心雾化器附近的积粉。清洗所有与料液接触的部分，如加料桶、进料管、离心雾化器的料液分配盘和雾化盘。对干燥室壁、排风管道、旋风分离器等与成品接触的部分也要进行彻底清扫。清洗空气过滤器和离心风机，保持设备的清洁和干燥。

使用后，将喷雾盘和料液分配器拆下，用水清洗干净。若残留物质难以用水冲洗掉，建议使用工具刷清理。保持喷头的润滑和清洁程度，以延长使用寿命。拆装喷雾盘时，注意保持轴不被弯曲。装喷头时，用塞片控制盘和壳体的间隙。禁止将喷头卧放，以免影响使用效果。

（5）调试注意事项

各风机经全面检查合格后，方可进行试运行。在开启风机前，应关闭进口阀门，出口阀门稍开，使风机在空负荷下启动，待运转正常后，逐渐打开阀门，试运行 2h 以上的时间，无异常现象方可投入正式使用。在运转中电机电流不得超过额定值，轴承温升不得大于 40℃，表温不得超过 70℃。如发现风机有剧烈振动、撞击、轴承温度迅速上升等异常现象时，应立即停车检查。排除故障后才能继续进行试验。检查干燥机搅拌、螺旋进料器（含减速机）、排料阀的转向是否正确，运转是否平稳，有无异常噪声等现象。核定温度表、压力表、电流表、电压表，合格后方可使用。干燥系统首先试压、试漏。打开鼓风机，使系统保持微正压，用肥皂水检查各设备法兰连接处、人孔、手孔、放料阀等密封处是否漏气，发现漏点应及时排除。干燥系统确认无泄漏后，对空气加热器、干燥机等需要保温的设备和管道进行保温（保温材料可用玻璃棉或硅酸铝纤维，厚度按设计）。各运转设备经盘车灵活、正常后可准备开车。

（6）安全与维护

应制定并严格执行设备操作规程，确保操作人员安全。定期进行安全培训，提高员工安全意识及应急处理能力。制定设备维护计划，定期检查润滑系统、紧固件、易损件等，及时更换或维修。清理设备内部积尘，保持设备清洁卫生，延长使用寿命。

（7）小结

喷雾干燥设备的调试是一个系统工程，涉及前期准备、调试步骤、性能评估与优化以及安全与维护等多个方面。通过细致入微的调试与持续优化，可以确保设备稳定运行，提高产品质量与生产效率，为电池材料的生产提供有力保障。

5.5　窑炉烧结系统调试

辊道窑作为磷酸铁锂材料生产中的关键设备之一，其调试步骤的精确执行对确保生产线的稳定运行和产品质量至关重要。以下为生产磷酸铁锂材料辊道窑的调试步骤。

（1）前期准备

在开始调试前，应对辊道窑设备进行全面的检查，确认设备型号、规格及零部件完整无缺。检查设备外观是否有损坏，各连接部位是否紧固，传动部件是否灵活。然后对电气系统、气路、传动部件等进行检查。检查电气线路是否连接正确，确保无短路、断路现象。检查各控制柜、电机、变频器等电气设备是否安装牢固，接地良好。对电气系统进行空载试运行，检查各设备是否运行正常，无异常声音、振动。检查供气系统是否畅通无阻，各阀门、压力表、过滤器等是否安装正确，无泄漏。对气路系统进行压力测试，确保供气压力稳定，符合设计要求。检查传动部件（如辊道、传动电机、减速机等）是否安装正确，润滑良好。进行空载试运行，检查传动系统是否平稳运行，无卡滞、异响。对辊道窑的各部件（如辊棒、窑炉壳体、加热元件、温控系统等）进行逐一检查，确认无损坏、变形或缺失，并检查紧固件是否牢固。

（2）参数调整

温度。根据产品工艺要求，设定窑炉各段的温度控制参数。使用 PID 智能控制系统对温度进行精确控制，确保窑炉内温度分布均匀、稳定。

压力。根据窑炉结构和气流压力分布特点，调整排烟风机、助燃风机等设备的运行参数。通过调整排烟口挡板、挡墙等装置，优化窑炉内气流压力分布，确保窑炉内压力稳定、合理。

气氛。根据产品工艺要求，设定窑炉内氮气气氛控制参数（如含氧量、氮气流量等）。通过调节燃料量与助燃空气量的配比，实现窑炉内气氛的稳定控制。

燃烧系统调整。调试燃烧系统的 PID 智能控制，确保燃烧过程稳定，温度控制精确。

报警系统测试。测试传动异常、供气异常、温度异常等报警功能，确保报警系统灵敏可靠。

变频器参数设置。根据设备要求，设置变频器的各项参数，如频率范围、加减速时间等。

电机运行测试。启动电机，观察电机运行是否平稳，确保无异常振动和噪声。

（3）燃烧系统调试

检查供气管道，确保供气管道无泄漏，压力稳定。进行燃烧器点火测试，观察火焰是否稳定，燃烧是否充分。通过调节燃料量和助燃空气量的配比，实现燃烧气氛的精确控制。通过烟气分析仪，监测烟气含氧量，确保燃烧效率。根据产品要求，设定并调整烧成温度曲线，确保产品烧成质量。通过测温环实时监测窑内温度，调整燃烧参数，使温度曲线符合预设要求。

（4）机械系统调试

辊道运行调试。启动辊道电机，观察辊道运行是否平稳，确保无卡滞现象。然后根据烧结时间要求，调整辊道运行速度，确保产品输送平稳。

挡板、挡墙调整。根据窑内压力曲线和温度分布，逐步调整挡板、挡墙位置，优化窑内气流和温度分布，确保气流分布合理。

冷却系统调试。通过温度监测点实时监测冷段的温度变化，调整冷却水压力和流量，确保冷却效果。

（5）系统联调

在确认各子系统调试完毕后，启动整个系统，进行联动测试。观察系统运行状态，记录各项参数，确保系统稳定运行。

（6）空载试运行

在确认各系统参数调整完毕后，进行空载试运行。观察窑炉内温度、压力、气氛等参数是否稳定，各设备是否运行正常。对辊道等运动部件进行充分润滑，检查传动系统是否顺畅，确保无卡滞现象。逐步启动电机，观察电机运行是否平稳，确保无异常声响，并调试电机调速系统，确保能够准确控制辊道速度。在无载情况下，按照设定的升温曲线进行加热测试，观察并记录各测温点的温度变化，确保温控系统响应迅速、准确。

（7）负载调试

使用洗机物料进行生产测试，观察物料在窑炉内的烧成情况。检查产品质量（如颜色、尺寸、性能等）是否符合要求。具体步骤如下：准备适量合格的磷酸铁锂原料，确保物料粒度、湿度等参数符合工艺要求；逐步将物料投放至辊道窑内，观察物料在窑内的运动轨迹、受热情况及成品质量，调整辊道速度、加热温度等参数，以达到最佳烧结效果；根据试生产结果，对辊道窑的各项参数进行微调，包括加热功率、保温时间、辊道速度等，以优化烧结工艺，提高产品产量和质量。对窑炉参数进行进一步优化调整，确保窑炉运行稳定、产品质量可靠。

在辊道窑系统设备调试过程中，可参照表 5.4 进行调试。

表 5.4　辊道窑系统设备调试内容

部位	调试项目	内容
外循环系统		
输送线	输送驱动电机、滚筒链轮、链条	是否运转正常,有无卡滞
出、入口横送装置	驱动电机、滚筒、滚轮、链条	是否运转正常,有无卡滞
匣钵分离装置	真空吸盘、揭盖机、气缸、电机	气缸升降、气缸抓夹、吸盘、电机是否动作,匣钵分离是否正常
倒料装置	翻转装置、集尘装置、旋转气缸	翻转倒料是否运作正常,有无卡滞

部位	调试项目	内容
外循环系统		
匣钵清扫	空气喷头、集尘装置、气缸夹持、电机驱动	升降、夹持是否运作正常,有无卡滞
加料装置	装料机、螺旋杆、真空脱气装置、摇匀机、称重传感器	是否运作正常,有无卡滞
振实装置	振动器、气缸、吸尘罩	气缸、夹持、振动器是否运作正常,有无卡滞
匣钵组合装置	气缸、装盖机、夹持装置、真空吸盘	气缸升降、夹持、吸盘是否动作,匣钵组合是否正常
出、入口转角装置	驱动电机、滚筒、升降机构、链条	是否运转正常,升降是否平稳,有无卡滞
引风机		
助燃风机	助燃风机	启动是否正常、转向是否正确
排气风机	排气风机	启动是否正常、转向是否正确
窑炉本体		
驱动系统	驱动电机、减速机、链条、辊棒	每根辊棒是否运转正常,有无卡滞,链速是否合适
加热元件	热电偶、温度传感器	加热装置是否能点亮,温度是否上升
冷却系统		
冷却盘管	打开冷却进出水管	观察有无漏水、滴漏情况

(8) 窑炉升温烘窑调试

升温前准备。确认主空开三相电压为 380V。确认主空开及各温区空开在 OFF 状态。确认每个温区电阻值是否符合《电气容量表》中设计值,误差±10%。确认每个温区加热元件绝缘。确认每个温区接线端子做好隔绝保护。确认每个温区热电偶型号设置与实物对应。确认每隔一个温区打开一块天井盖板,用于排水蒸气。确认出入口置换室门板全部打开,用于排水蒸气。确认天井排气口插板阀开度,以使排焦温度段最大,两边依次为递减的开度设置。800℃以上温区建议不开排气口。

升温。升温前准备确认好后,给主空开及各温区空开送电。按如下程序进行:

第 1 天。升温速率设置为 10℃/h,目标温度设置为 100℃。

第 2 天。升温速率设置为 10℃/h,目标温度设置为 200℃,打开排气风机,打开冷却水。

第 3 天。升温速率设置为 10℃/h,目标温度设置为 300℃。

第 4 天:升温速率设置为 10℃/h,目标温度设置为 400℃。

第 5 天。升温速率设置为 10℃/h，目标温度设置为 500℃，关闭出入口置换室闸门，关闭天井盖板。

第 6 天。升温速率设置为 10℃/h，目标温度设置为 600℃，打开阀门打入气体，确认含氧量合格后开始进匣钵。确认焚烧炉风机启动，焚烧炉内为负压。确认燃气入口压力。确认焚烧炉设定温度，启动焚烧炉点火程序。

第 7 天。升温速率设置为 10℃/h，目标温度设置为 700℃。

第 8 天。升温速率设置为 10℃/h，目标温度设置为 800℃。

第 9 天。升温速率设置为 10℃/h，目标温度设置为 900℃，升温曲线温度不足 900℃时，设为升温曲线温度。

如设定温度曲线最高温在 900℃ 以上，则按照升温速率 10℃/h，每天 100℃ 的幅度升温，直至达到需求温度。

降温。降温速率设置为 15℃/h，目标温度设置为 500℃。窑炉入口不再进钵，将炉内匣钵排空。关闭焚烧炉点火程序，关闭燃气控制阀。温度降到 500℃ 之后，将各温区空开断电。温度降至 200℃ 之后，停止驱动程序。温度降至 100℃ 之后，停止打入气，停止冷却水，停止排气风机。

（9）数据记录与归档

在调试过程中，详细记录窑炉各参数的变化情况（如温度、压力、气氛等）。记录各设备的运行参数（如电机电流、变频器频率等）。根据记录的数据，建立窑炉参数档案。参数档案应包括产品配方、产品规格、产品产量（窑炉速度）、风机参数、挡板挡墙参数、各闸板参数、烧嘴情况、能耗数据、烧成温度曲线、压力指标、气体成分指标等。对调试过程中遇到的问题进行总结，提出改进措施。为后续的生产运行提供经验借鉴和技术支持。

（10）小结

生产磷酸铁锂材料的辊道窑设备的单机调试步骤涉及安装准备、系统检查、参数调整、测试验证及数据记录等多个环节。通过精确执行这些步骤，可以确保辊道窑设备在生产过程中稳定运行，产品质量可靠。同时，建立完整的窑炉参数档案和标准化调节监控方案，对于提高设备利用率，降低能耗及成本具有重要意义。

5.6　气力输送系统调试

气力输送系统作为生产磷酸铁锂材料的关键设备之一，其单机调试步骤的准确性和专业性对于保障整个生产线的稳定运行至关重要。以下将详细阐述磷酸铁锂材料气力输送系统单机调试的各个环节，包括调试前的准备、调试步骤以及调试后的检查与优化等，确保系统能够高效、稳定地运行。

（1）调试前的准备

在调试前，首先需要深入理解气力输送系统的整体设计和工作原理，包括系统的结构、各部件的功能以及相互之间的连接关系。同时，应对设计图纸、技术规格书等文档进行仔细审核，确保设计合理，符合实际需求。准备调试所需的设备和材料，包括但不限于气源设备（如空压机、储气罐等）、输送管道、阀门、仪表（如压力表、流量计等）、物料样品等。确保所有设备完好无损，材料充足，并符合设计要求。同时要求制定详细的安全措施和应急预案，确保调试过程中的人员和设备安全。对参与调试的人员进行安全教育和培训，使其了解调试过程中的潜在风险及应对措施。

（2）调试步骤

进料阶段调试。此阶段主要调试进料阀和排气阀的开启与关闭逻辑以及料位计的信号反馈。打开进料阀和排气阀，使物料自由落入罐体内。观察物料上升过程，当物料触及料位计时，检查料位计是否能准确发出料满信号。验证进料阀和排气阀在接收到料满信号后是否能自动关闭，完成进料过程。

气力输送阶段调试。此阶段主要调试进气阀的开启逻辑以及压缩空气在罐体内的扩散和流化效果。自动或手动开启进气阀，使压缩空气进入罐体。观察压缩空气在罐体内的扩散情况，确保能够均匀流化物料。监测罐内压力上升情况，确保压力上升速度符合设计要求。

输送阶段调试。此阶段主要调试出料阀的开启逻辑以及物料在管道内的输送情况。当罐内压力达到一定值时，检查压力表是否能准确发出信号。验证出料阀在接收到信号后是否能自动开启，开始输送物料。观察物料在管道内的输送情况，确保物料能够顺畅流动，无堵塞、无喷粉现象。

吹扫阶段调试。此阶段主要调试压缩空气对管道的吹扫效果，以确保管道内无残留物料。当罐内物料输送完毕，压力下降到管道阻力时，检查压力表是否能发出信号。延续通气一定时间，使压缩空气清扫管路。关闭进气阀和出料阀，同时重新打开进料阀和排气阀，准备下一次输送循环。

（3）调试后的检查与优化

对调试后的系统进行全面的性能评估，包括输送效率、稳定性、能耗等。通过对比设计要求和实际测试结果，判断系统是否满足生产需求。根据调试过程中的实际情况和评估结果，对系统的各项参数进行调整与优化。例如，调整气体压力和流量、改变输送管道的尺寸、增加支撑装置等，以提高物料的输送效率和稳定性。对系统的安全装置和可靠性进行检查，确保所有设备和阀门都能正常工作，无泄漏、无故障。同时，对与物料接触的部分进行特殊处理（如喷涂碳化钨），以减少杂质含量并提高耐磨性。考虑将气力输送系统与自动化控制系统相结合，实现全程自动化控制。通过引入智能传感器、执行器等设备，实现系统的自我控制、自我诊断等功能，提高生产效率，降低人力成本。

在气力输送系统设备调试过程中，可参照表 5.5 确定调试内容。

表 5.5　气力输送系统设备调试内容

部位	调试内容
喷雾干燥机出口物料送入窑炉装钵机料仓负压气力输送系统	
高气密性星形给料器	给料器是否运转、是否调频
高效滤筒收集器	脉冲清灰系统是否动作、喷吹频率是否正常
装钵机上收料仓	料仓料位传感器是否工作、气锤是否动作
下料阀	下料阀是否运转、是否调频
高压引风机	引风机是否运转、是否调频、运转方向是否正确
输送管道、弯头等	输送管道是否漏气
空气滤清器及调节风阀	风阀是否动作、过滤器是否有进风
窑炉卸钵机出口到气流磨原料仓的正压气力输送	
储气罐	气压压力表显示是否正常
发送仓泵	气动蝶阀是否动作、料位计是否显示、发送频率是否正常
输送管道、弯头	管道是否漏气
高效滤筒收集器	脉冲清灰系统是否动作、喷吹频率是否正常、压差传感器是否显示、气锤气蝶是否动作
引风机	引风机是否运转、是否调频、运转方向是否正确

（4）小结

气力输送系统的调试是一个复杂而细致的过程，需要充分理解系统的工作原理和设计要求，并严格按照调试步骤进行操作。通过合理的调试方案和严谨的操作流程，确保系统能够稳定、高效地运行。未来，随着科技的不断发展，气力输送系统有望实现更高程度的自动化和智能化升级，为锂电行业带来更多的便利和效益。

5.7　粉碎系统调试

磷酸铁锂作为高性能锂离子电池的正极材料，其粒度控制对于电池性能至关重要。气流粉碎设备以其高效、精细的粉碎能力，在磷酸铁锂材料生产中扮演着重要角色。下面详细阐述磷酸铁锂材料气流粉碎设备的调试步骤，以确保设备稳定运行，并达到预期的粉碎效果。

（1）前期准备

在调试前，需对气流粉碎机进行全面检查，包括但不限于主机、分级轮、风机、进料系统、除尘系统及电气控制系统的完好性和安装正确性。确认所有紧固件紧固，传动部件润滑良好，无卡滞现象。清理设备内部及周围杂物，确保无杂质影响设备运行。检查并补充必要的润滑剂，如轴承润滑脂、齿轮油等，以保证设备各运动部件的顺畅运行。校准压力表、流量计、温度计等仪表，确保测量数据准确可靠，为调试提供精确的参数。启动控制系统，检查各指示灯、显示屏是否正常显示。检查 PLC 控制系统是否能够正常接收和发送指令。

（2）气源系统调试

打开气源阀门，调节气压至设备要求的范围。对于磷酸铁锂材料气流粉碎设备，通常需调节加料气压至 0.5MPa 左右，粉碎气压至 0.38MPa 左右。在调试过程中，应逐步增加气流量，观察设备运行情况，确保气压稳定且满足生产需求。检查气流通道是否畅通无阻，无漏气现象。特别注意喷嘴、筛网等关键部件的安装情况，确保其位置正确，固定牢固。

（3）参数设定与调整

启动电机，观察其运转是否平稳，有无异常声响。检查传动系统的皮带、链条等是否张紧适度，无打滑现象。调整电机转速至设备推荐的工作转速范围。需根据磷酸铁锂的物理特性和目标粒度要求，调整风机转速或进风口大小来控制气流速度，使物料在粉碎室内获得足够的动能进行高效粉碎。通过调整分级轮转速和叶片角度，可以优化分级效果，确保产品粒度符合预设标准。需根据设备容量和粉碎效率逐步调整进料速率，直至达到最佳平衡点。合理的进料速率能够保持粉碎室内的物料浓度稳定，避免过载或空转现象。

需设置并监控设备内部温度，必要时采取冷却措施。检查粉碎腔内是否清洁无杂质，筛网是否安装正确，且无明显破损。根据磷酸铁锂颗粒的粒度要求，选择合适的筛网孔径。在调试过程中，可根据实际情况逐步调整筛网孔径，以达到最佳粉碎效果。在设备运行过程中，注意观察设备的振动情况，确保其在允许范围内。若振动过大，应检查设备基础是否稳固，紧固件是否松动等。同时，注意监听设备噪声，确保其在正常范围内。若噪声异常，应停机检查并排除故障。

（4）气流粉碎部分调试

根据设备说明书，设置合适的转速范围（1000～3000r/min）、电机功率等参数。设定气流粉碎机的加料气压和粉碎气压。逐步增加气流量，观察气流管道内的气流是否稳定，有无波动。通过调整气流量，找到最适合设备稳定运行的气流量范围。使用测试用磷酸铁锂原料进行粉碎实验，观察粉碎后颗粒的粒度分布。调整气流量、转速等参数，直到达到预期的粉碎效果。

（5）控制系统调试

检查电气控制系统的接线是否正确无误，各控制元件（如接触器、继电器、PLC 等）是否工作正常。进行模拟操作，验证控制逻辑正确无误。对于配备变频器的气流粉碎设备，需进行变频调节的调试。根据设备说明书和实际生产需求，设置合适的变频参数（如频率、电压等），并观察设备在变频运行下的稳定性和粉碎效果。检查设备的安全保护系统（如急停按钮、过载保护、超温保护等）是否灵敏可靠。进行模拟试验，验证其在异常情况下的保护效果。

（6）试运行与效果验证

在确认设备各部件调试完毕后，进行空载试运行。观察设备运行是否平稳、各部件动作是否协调、有无异常声响和振动等。在无负载情况下，启动电机，观察电机运行是否平稳，有无异常声音或振动。逐步增加负载，观察控制系统是否能够稳定调节设备运行状态。将磷酸铁锂原料加入设备中，进行负载试运行。调节气流量、电机转速等参数至最佳状态，观察粉碎效果是否满足要求。使用粒度分析仪器对粉碎后的磷酸铁锂颗粒进行粒度检测，并与标准样品进行对比分析。

在粉碎系统设备调试过程中，需要确定以下部件是否正常，可按表 5.6 内容进行调试。

表 5.6　粉碎系统设备调试内容

部位	调试内容
进料缓存料仓	气锤、星形给料机是否动作，料位计是否显示正常
气流粉碎主机	电机是否启动正常、分级机、进气是否正常，是否漏气
	调整喷吹压力至 0.4～0.6MPa，对除尘器脉冲控制仪进行调试，查看电磁脉冲阀动作及喷吹情况，并设置好脉冲间隔和频宽
	检查变频器显示电压、电流是否正常，并用手摸分机主机是否振动，并查看叶轮运转方向（分级机皮带罩上标有分级机转动方向）
	气密性试验：压力管路及管件进行 0.5～0.7MPa 的气密性试验；分级机至空压机连接管道进行 40kPa 的气密性试验

续表

部位	调试内容
空气压缩系统	空压机是否启动正常,温度、压力、流量、露点是否正常;空机启动,关闭空压机出口的阀门,观察空压机工作电流和转动方向及运转情况。特别注意,空压机严禁反转
保护装置	试验各保护装置是否有效
发送仓泵	各气动阀门、气锤、电磁阀等是否动作
参数设置	根据操作屏幕上的提示设置工艺要求的相关参数,如主机频率、分级轮频率、喷吹压力、氮气压力、温度、引风机频率等;试验各保护装置是否有效

（7）性能测试与优化

通过取样分析，评估粉碎后磷酸铁锂粉体的粒度分布、比表面积等关键指标，判断粉碎效果是否满足要求。记录并分析设备在调试过程中的能耗数据，结合生产效率，评估设备整体性能，寻找节能降耗的潜力点。在连续运行状态下，观察并记录设备各部件的运行状况，包括噪声、振动、温度等，评估设备的稳定性和可靠性。根据性能测试结果，对气流速度、分级精度、进料速率等参数进行微调，以进一步优化粉碎效果和生产效率。

（8）安全与维护

在试运行过程中，若发现设备存在问题或粉碎效果不理想，应及时停机排查原因并进行调整。常见的问题包括气流量不足、筛网堵塞、电机转速不稳等。针对这些问题，可采取相应的解决措施，如增加气流量、清理筛网、调整电机转速等。确保设备周围设有必要的安全防护措施，如防护罩、急停按钮等，以防止人员误操作或意外事故发生。制定设备维护计划，定期对设备进行清洁、润滑、紧固等保养工作，以延长设备使用寿命，减少故障发生。对操作人员进行系统培训，使其熟悉设备性能、操作规程及应急处理措施，提高操作技能和安全意识。

（9）小结

在单机调试结束后，对调试过程进行总结和分析。记录设备在调试过程中出现的问题及解决措施，总结调试经验和教训。将调试过程中的相关数据（如气压、转速、粒度等）和调试结果（如粉碎效果、设备稳定性等）进行记录和归档。这些资料对于后续的设备维护、优化和升级具有重要的参考价值。

通过以上步骤的调试工作，可以确保磷酸铁锂气流粉碎设备在正式投入生产前达到最佳工作状态。调试过程中需要注意设备的安全性和稳定性，确保调试过程中不会对设备造成损坏或影响后续生产。同时，调试过程中积累的数据和经验对于后续的设备维护和优化也具有重要的参考价值。

5.8　筛分除铁包装系统调试

5.8.1　振动筛调试

超声波振动筛设备是一种高精度、高效率的筛分设备，广泛应用于化工、医药、食品、矿业等行业。其通过超声波振动技术，实现对磷酸铁锂等物料的精细筛分。以下将详细介绍磷酸铁锂超声波振动筛的单机调试步骤，以确保设备能够正常运行，并达到预期的筛分效果。

（1）前期准备

仔细审阅设备的技术图纸、使用说明书及安装调试手册，确保对设备结构、性能参数、工作原理有全面了解。检查设备安装现场的环境，包括空间布局、电源配置、通风状况及地面平整度等，确保符合设备运行要求。并检查设备各部件是否完好，无损坏或松动现象。

（2）机械部分调试

筛网选择与安装。根据磷酸铁锂物料的特性，选择合适的筛网，并按照要求正确安装在振动筛上。安装筛网时，注意筛网的张紧度和平整度，确保筛网在振动过程中不会松动或变形。检查筛网是否平整、无破损，安装时确保筛网张紧适度，四周密封良好，以防物料泄漏。

电源接入。将超声波振动筛的电源接入稳定的电源插座，并确保电源线的绝缘层无破损，接线牢固可靠。同时，检查设备是否接地良好，以防止漏电。

振幅调整。在进行振幅调整前，必须先关闭设备电源，确保操作安全。拆除振动器上的防护罩，以便观察并调整振捣器轴上的平衡块。转动振捣器轴上每对平衡块中的最外层一个，以改变振捣器产生的激振力。根据物料的筛分要求，逐步调整平衡块的位置，直到达到所需的振幅。将调整后的平衡块置于最大激振力的相同百分比处，并锁定偏心块，确保在设备运行过程中振幅不会发生变化。

振幅和频率调整。根据物料特性和筛分要求，调整振动筛的振幅和频率至最佳状态，一般通过改变偏心块的位置或调整变频器参数来实现。调整超声波振动筛上、下偏心块的相位角，以改变物料在筛网上的运动轨迹和停留时间。上偏心块一般不可调整角度，需通过调整下偏心块的相位角来实现。调整时，需根据所筛分物料的运动轨迹进行反复试验，直到达到最佳筛分效果。

（3）超声波系统调试

确认超声波发生器工作正常，输出电压、电流稳定，无异常噪声或过热现象。确保换能器（即超声波振子）与筛网接触良好，无间隙，通过调整换能器的位置或角度，优化超声波在筛网上的传播效果。根据物料特性，逐步调节超声波功率，观察物料筛分效果，避免功率过大导致筛网损坏或功率不足影响筛分效率。确保超声系统正常工作，通过观察振幅、声音等方式进行判断。如发现异常，应及时检查并排除故障。

（4）联动调试与性能测试

在确认各部件单独调试无误后，进行整机联动试运行，观察振动筛与超声波系统的协同工作情况。闭合电源开关，进行 20~30min 的空运转测试。观察电机转向是否符合要求（按照超声波振动筛机座上标的红色箭头方向运转），如方向不对，需调整三相电源。同时，观察筛子是否启动平稳迅速，振动和运行是否稳定，是否有特殊噪声。在筛子空运转正常后，可将少量的磷酸铁锂物料通过进料口投入筛机，然后慢慢增加到所需和所能承受的给料量。在进料过程中，注意观察物料的筛分效果，包括筛分效率、过网率等参数。根据实际情况调整进料速度、筛网角度等参数，以达到最佳的筛分效果。记录筛分时间、通过率、筛分精度等关键指标，评估设备性能是否达标。长时间运行设备，观察其运行稳定性，记录噪声水平，确保设备在正常工作状态下不会对生产环境造成不良影响。根据网面出料情况，对偏心块进行进一步调整，使筛机的效率达到最佳状态。

在超声波振动筛系统设备调试过程中，可按照表 5.7 进行调试。

表 5.7　超声波振动筛系统设备调试内容

部位	调试内容	标准
缓存仓	气锤	气锤是否动作,动作频率是否正常
	下料阀	下料阀是否动作,开关是否正常
	称重显示	称重显示是否正常
	过滤器	反吹电磁阀是否正常,动作频率是否正常
振动筛	电机旋转方向	是否与电机箭头标识方向一致
	振动筛振动	是否正常,是否有异响
	超声波	超声波工作是否正常,振动是否正常。观察所显示参数是否正常,如有异常立即关机并上报维修人员,维修或更换后方可使用,不得擅自调整参数。观察换能器有无异响、发热现象,如有应立即上报维修人员更换、维修
	筛网	振动筛网是否有异物堵塞、破损、疲劳松弛,筛网目数是否符合工艺要求
	下料阀	星形下料阀是否动作,开关是否正常

部位	调试内容	标准
振动筛		超声波电源正常运行,挡位可调整。振动筛底座稳固,无异响。锁紧各连接部位的螺栓。观察有无异响;取少量物料撒向筛网中心,观察物料运行轨迹是否符合要求,观察物料透网效率,如有异常应报维修人员进行调整,如果各种检视正常,即可投料生产。严密观察物料筛分情况,对在筛分过程中出现的异常,如物料排放异常等,及时检查超声波系统、投料系统、筛网状况,如发现问题,及时排除。观察并记录电源参数的变化
参数设置		根据操作屏幕界面上的提示设置工艺要求的相关参数,如振动频率、超声波功率、卸料阀、振动筛启动停止条件等

（5）运行监测与定期检查

在设备运行过程中,持续监测其工作状态,如振动频率、噪声、电流等参数。如发现异常,应立即停机检查并排除故障。定期检查设备的各部件是否完好,如筛网是否破损、紧固件是否松动、电机是否有异常声音和发热现象等。如有需要及时更换易损件,并进行维护保养。定期对设备的轴承、传动部件等进行润滑,以减少磨损和延长使用寿命。同时,每次使用完毕后都要将设备内部清理干净,防止物料残留对设备造成损害。

（6）安全与维护

检查并确认所有安全防护装置（如防护罩、急停按钮等）完好无损,功能正常。定期对操作人员进行设备操作、日常维护及安全注意事项的培训,确保他们能够正确、安全地使用设备。制定设备维护计划,包括日常清洁、定期检查、零部件更换等,以延长设备使用寿命,保持高效稳定运行。

（7）小结

磷酸铁锂超声波振动筛设备的调试是一个系统而细致的过程,需要综合考虑机械、电气、超声波技术等多个方面。通过科学严谨的调试步骤,可以确保设备达到最佳工作状态,为新能源材料的生产提供有力保障。

5.8.2　电磁除铁器调试

生产磷酸铁锂材料的电磁除铁器用于清除散状非磁性物料中的铁磁性杂质。为了确保设备能够正常运行并达到最佳除铁效果,单机调试是至关重要的一环。以下是电磁除铁器的调试步骤,旨在为用户提供专业的指导和参考。

（1）调试前准备

调试前,调试人员需仔细阅读设备的技术说明书、安装调试手册及电气图纸，确保对设备性能、技术参数有全面了解。确保调试环境符合设备的使用条件，包括海拔不超过 4000m，周围空气温度不高于＋40℃且不低于－20℃，无爆炸危险和不含有腐蚀性气体。仔细检查电磁除铁器的外观是否完整，各部件是否齐全，安装是否牢固。检查电气线路是否正确连接，无短路、断路现象。确认设备接地良好，以保证操作安全。

（2）电气系统调试

使用兆欧表测量绕组对磁体外壳的绝缘电阻，其值应≥10MΩ。检查行走电机及励磁回路的电气绝缘性能，确保达到要求后方可通电试运转。根据设备型号，将电源控制柜的可调电位器调至最小位置。打开电源开关，逐步调节电位器至额定值，观察电压表、电流表读数是否正常，不得超过其额定值，确保现场电压适配。启动励磁回路，确保风机风流向外，流量表指示正确。如有问题，应调整风机、专用泵电气接线。检查励磁绕组的接线是否正确可靠，无误后方可继续调试。使用兆欧表检测电磁线圈的绝缘电阻，确保无短路或漏电现象；通过逐步升压测试，验证电磁铁吸力是否符合设计要求。

（3）机械系统调试

检查传动链条、皮带或齿轮等传动部件的安装紧固情况，确保传动平稳无卡滞。检查卸铁机构的动作是否灵活可靠，无卡阻现象。启动卸铁机构，观察其是否能将铁磁性物质有效抛至集铁箱内。在无载或轻载条件下，启动设备，观察除铁效果，调整电磁吸盘与物料流之间的距离，以达到最佳除铁效果。检查设备运行时的振动与噪声水平，必要时调整设备平衡或加装减震装置，确保设备稳定运行且符合环保要求。

（4）安全保护系统调试

验证所有紧急停止按钮、拉绳开关等安全保护装置的功能是否正常，确保在紧急情况下能迅速切断电源。模拟过载情况，检查过载保护器是否能及时响应并切断电源，防止设备损坏。对于电磁线圈等易发热部件，安装温度传感器并设置报警阈值，确保设备在安全温度范围内运行。

（5）综合调试与试运行

在无物料状态下进行空载试运行，观察设备各部件运行是否平稳，有无异常声响或振动。检查电气系统、控制系统及机械系统的配合是否协调一致。在确认空载试运行无误后，进行带载试运行。将物料送入设备，观察除铁效果及物料处理情况。根据实际情况调整设备参数，如磁场强度、卸铁频率等，以达到最佳除铁效果。

在电磁除铁器系统设备调试过程中，可按表 5.8 进行调试。

表 5.8　电磁除铁器系统设备调试内容

部位	调试内容	标准
除铁器	除铁器油	除铁器是否加油，油位是否正常，油温是否正常
	冷却水	除铁器冷却水是否安装，是否漏水
	卸料管	除铁器的卸铁料管是否连接，接料是否方便
	下料阀	星形下料阀是否动作，开关是否正常
	励磁强度、励磁电流、卸铁间隔、卸铁时间可调整； 除铁器持续运行，油温稳定且不超过 45℃	
参数设置	自动模式参数	根据操作屏幕界面上的提示，设置工艺要求的相关参数，如工作时间、卸铁时间、吹气时间、冷却泵延时、除铁器启动停止条件、磁场调节等

（6）调后检查与记录

调试完成后，全面检查设备各部件的状态，确保无损坏或松动。检查电气系统、控制系统及机械系统的运行参数是否满足设计要求。详细记录调试过程中的各项数据，包括电压、电流、绝缘电阻、磁场强度等。编写调试报告，总结调试过程中的经验教训，为后续的设备维护和优化提供参考。

（7）使用注意事项

定期对设备进行检查和维护，清理设备周围的粉尘和杂物。对轴承等易损件进行定期加油和更换，确保设备运行顺畅。在设备运行过程中，严格遵守安全操作规程，防止触电、机械伤害等事故发生。禁止在设备周围放置仪器仪表等易受磁场干扰的物品。

（8）小结

磷酸铁锂电磁除铁器设备的单机调试步骤涉及电气系统调试、机械系统调试、综合调试与试运行等多个环节。通过严格遵循调试步骤和注意事项，可确保设备正常运行并达到最佳。

5.8.3　包装机调试

磷酸铁锂材料自动包装机作为新能源材料生产线上的重要一环，其高效、精准地运作直接关系到产品质量与生产效率。设备调试作为确保机器性能达标的关键步骤，需细致入微，且涵盖多个方面。以下是对磷酸铁锂自动包装机设备调试要点的总结。

（1）前期准备

仔细查阅磷酸铁锂材料自动包装机的《操作与安装手册》，确保按照手册中的要求完成所有前期准备工作，包括检查设备的各个部件是否齐全，配件是否完整，是否具备调试所需的所有工具和材料。确保包装机的运行环境符合标准：环境温度应控制在 20～30℃，以保证设备的正常运行。同时，环境应保持洁净，无杂物，少粉尘，以减少对设备的污染和损坏。此外，机械运行应稳定，无噪声和振动现象。对所有润滑点进行检查，并添加适量的润滑油。确保润滑强度适中，以保证设备的顺畅运行。同时，检查润滑油的品质和有效期，避免使用过期或劣质的润滑油。检查电缆连接是否完整，确保无松动或破损现象。在联机时，必须关闭控制柜上的接触器，确保控制系统能够正常工作。此外，检查 PLC 控制盒上的所有跳线是否已正确清理，以确保机器能够正常启动和运行。

（2）电源与安全检查

根据设备的高度和功率需求，设置合适的启动电源。确保电源接入稳定，无电压波动或供电不足现象。同时，检查电源线的绝缘性和安全性，避免漏电或短路等安全隐患。在电源接入前，进行电源的安全性检查。检查机器的接地是否良好，确保接地电阻符合标准。同时，检查设备的绝缘性，防止因绝缘不良导致的触电事故。此外，检查安全杆的位置是否正确，确保在紧急情况下能够迅速切断电源。

（3）机械部分调试

首先调整包装机的机械臂、夹具、输送带等部件的位置和角度，确保物料抓取、搬运、定位准确无误。其次检查控制系统，检查网络接口和 J15 接口的连接是否正常，确保机器控制系统能够正常运行。然后，通过控制系统进行各项功能测试，包括输入、输出控制信号的执行情况，电机启停和传动精度等。在调试过程中，注意观察控制系统的反应速度和稳定性，确保各项功能正常。再次对传动系统进行调试，包括电机、传动带、滚筒等部件的启停和传动精度。通过调整传动系统的参数和设置，确保传动系统的稳定性和可靠性。在调试过程中，注意观察传动部件的运行情况，及时发现并处理异常情况。检查自动化活动部件的运行情况，包括搬运、分送、封口等功能。将包装袋装入吊钩，使用临时物料等进行反复测试，确保各项功能正常无误。同时，检查自动化活动部件的响应速度和准确性，确保能够满足生产需求。同时，检查机器的运行稳定性，确保在长时间运行过程中不会出现异常现象。针对磷酸铁锂包装的特殊需求，重点调试封口温度、压力和时间，确保封口牢固且密封良好，同时避免材料过热损伤。

在包装系统设备调试过程中，可按照表 5.9 进行系统调试。

表 5.9　包装系统设备调试内容

部位	调试内容	标准
料仓	气锤	气锤是否动作，动作频率是否正常
	下料阀	下料阀是否动作，开关是否正常
	称重显示	称重显示是否正常
包装机	给料阀	螺旋给料阀是否动作正常
	夹带装置	气缸是否动作正常
	升降装置	升降装置是否动作正常
	气动膨胀装置	是否吹气，动作是否正常
	自动脱钩装置	自动脱钩装置是否动作正常
	正常装入托盘、空吨袋，挂袋后进行夹袋、松袋、脱钩、振动、进料等操作。运行下料过程中观察负压情况，不能出现胀袋或抽扁的情况	
输送	滚筒输送装置	链条、驱动电机、滚筒运转是否正常，是否可正反转
参数设置	称重传感器标定	用已知标准重量的砝码进行重量标定
	参数	根据操作屏幕界面上的提示，设置工艺要求的相关参数，如包装重量、精度误差值、吹气胀袋时间等
包装间	除湿机	除湿系统是否启动正常，包装间温、湿度是否在设计范围内

（4）电气控制系统调试

加载并验证 PLC 控制程序，检查逻辑控制是否正确，执行动作是否流畅，确保无逻辑错误或冲突。对位置传感器、重量传感器、光电开关等进行校准，确保信号准确传输，为自动控制提供可靠依据。测试触摸屏或按钮面板的响应速度和操作便捷性，验证参数设置、故障诊断等功能是否完善。

（5）联动调试与性能评估

在机械、电气调试完成后，进行整机联动测试，模拟实际生产流程，观察设备整体运行是否协调，有无卡顿、错位等问题。连续运行设备，检查包装成品的质量，包括外观整洁度、封口密封性、重量一致性等，确保符合产品标准。根据测试结果，评估设备效率、稳定性、能耗等性能指标，针对不足之处进行优化调整，如调整参数设置、更换更高效的零部件等。

（6）安全与维护

确保所有安全门、防护罩等安全装置安装到位，测试紧急停止按钮等安全装置的有效性。对操作人员进行设备操作、日常维护及简单故障处理的培训，提高设备使用效率和安全性。制定设备定期维护计划，包括清洁、润滑、紧固等日常维护项目，以及定期更换易损件、检查电气元件等深度维护内容。

（7）小结

磷酸铁锂自动包装机的调试是一个系统工程，涉及前期准备、机械部分、电气控制系统、联动调试与性能评估以及安全与维护等多个方面。通过全面细致的调试工作，可确保设备达到最佳运行状态，为生产线的稳定高效运行提供有力保障。

5.9　设备调试过程中的异常分析

5.9.1　投配料系统异常分析

在磷酸铁锂（LFP）材料的生产过程中，投配料工序至关重要，它直接影响到物料的性能、安全性和生产效率。本节将对磷酸铁锂投配料过程中可能出现的工艺调试异常进行深入分析，并探讨相应的解决措施，以期为行业内从业者提供有价值的参考。

（1）磷酸铁投料异常

① 问题描述。投料站在开袋投磷酸铁时，发现物料下料不顺畅，在投料口格栅处有严重的搭桥现象，严重影响投料进度。

② 原因分析。磷酸铁物料的流动性较差，若包装量太大（如大于 1t/包），会导致物料被长时间堆压，板结现象严重。

③ 解决措施。临时拆掉投料口的格栅，并用塑料铲助力，加快落料。长期对策，要求采购更换更小的包装（如 500kg/包）形式，减少因包装和运输储存过程中导致的物料板结。

（2）投料顺序异常

① 问题描述。在配料过程中，未按照工艺单顺序加料，导致增加了混料及研磨的难度。

222

② 原因分析。由于员工操作不熟练，且对投料的先后顺序及工艺原理领悟不深，认为先投哪一种料都一样，在投料时把葡萄糖跟磷酸铁一起投了。因磷酸铁物料比较黏、流动性差，加上葡萄糖容易团聚，影响分散和研磨的效果。

③ 解决措施。对操作人员进行工艺培训，强调加料工艺顺序，必须按照纯水→碳酸锂→葡萄糖→D 剂→F 剂→磷酸铁的顺序进行加料。

（3）配料计量不精准

① 问题描述。对配料分散后的物料溶液浓度进行检测，发现浓度过高。

② 原因分析。称重计量误差导致。在投料过程中，由于计量设备的不精确或操作失误，原料计量错误。配料罐搅拌不充分、不均匀会导致溶液局部浓度差异。经过延长搅拌 30min 后，物料浓度若还不达标，可以判定是物料计量称重不精准导致，而非搅拌的问题。

③ 解决措施。通过标准砝码重新对计量称重模块进行校验，纠正偏差值和精度。

5.9.2 砂磨系统异常分析

在磷酸铁锂材料的生产过程中，研磨机常会出现各种调试异常，不仅影响生产进度，还可能对设备造成损害。本节将从磷酸铁锂研磨机的结构特点出发，深入分析调试过程中常见的异常现象及其原因，并提出相应的解决措施。

（1）研磨后粒度异常

① 问题描述。对细磨后的物料取样进行粒度测试，发现 D_{50} 未达到工艺要求。

② 原因分析。影响研磨粒度的因素很多，包括研磨时间、研磨频率、转速、锆球大小等，若通过排查确定这些都没有问题，则检查锆球的添加量。锆球添加量计算公式：$G = \rho$（锆球堆积密度）$\times V$（研磨机容积）$\times$ 填充比例（常取 0.8）。

③ 解决措施。根据计算结果重新补加锆球，再开启研磨 2h，最后浆料粒径达标。

（2）工艺指令下达混乱异常

① 问题描述。在调试过程中，发生了工艺参数调整错误异常。具体为工艺员在调整参数后未走变更评审流程，直接下达指令给现场操作员。现场操作

员按照工艺员的指令直接进行参数调整。中控室人员在中控画面上发现参数与原工艺单要求不符后，又把参数改回原来的参数。最后导致整批调试物料没有按照修改后的参数进行调试验证。

② 原因分析。各个工艺环节的责任人没有按既定要求对工艺参数的调整进行上报，对设备的参数调整工作认识不到位，随意修改，不走既定评审流程，缺乏对生产工作的敬畏之心。

③ 解决措施。针对工艺参数调整变更，必须严格按照变更流程走会签，并由生产部领导下达指令给生产人员。禁止工艺人员直接下达指令给现场操作员。

5.9.3 喷雾干燥系统异常分析

在喷雾干燥系统实际调试工程中可能遇到多种异常问题。本节将从专业角度，结合实践经验与知识，对磷酸铁锂喷雾干燥工序中的调试异常进行深入分析。

(1) 进喷雾干燥塔前物料堵筛网异常

① 问题描述。在进喷雾干燥塔前，湿物料粘在筛网上，水过去了，物料没有过去。

② 原因分析。筛网的规格、浆料的粒径、输送泵的压力以及浆料的固含量均会导致此问题。就本次调试异常，首先排查了筛网（200 目），符合设计要求；浆料的粒径及输送泵的压力和扬程也没有问题；取浆料分析固含量在50%左右，已超出要求范围。原因是精磨后浆料打到成品罐内，未在 4h 内进喷雾干燥塔，且期间成品罐未开启搅拌，浆料长时间存放糖分分解，产生二次团聚，导致浆料黏性过大，粘在筛网上。

③ 解决措施。重新加水搅拌，并加入适量的聚乙二醇分散剂，调整浆料固含量（35%左右）和黏度，此问题得到解决。

(2) 喷雾料自燃问题

① 问题描述。由于后段辊道窑出现异常，喷雾干燥出来的料无法及时装钵进窑烧结，临时暂存在物料桶内，放置 4 天左右。第 4 天发现物料在料桶里剧烈反应冒泡，类似燃烧现象，物料颜色发黑。

② 原因分析。因为喷雾刚出来的物料温度较高，直接装在料桶里，未进行降温导致热量散不出去，物料积温过高，加之物料里面包裹着葡萄糖。葡萄糖燃点低，在 100℃左右会发生自热缓慢燃烧。

③ 解决措施。立即将物料铲出来进行通风降温散热。后续喷雾干燥后的粉料应及时冷却至室温，并储存在通风良好的干燥处。

（3）干燥塔物料粘壁异常

① 问题描述。在喷雾干燥时，发现物料下料缓慢，出料量不够。

② 原因分析。经检查发现是物料在干燥塔内粘壁了，物料下不来。原因是设备操作人员经验不足，操作步骤不当导致。

③ 解决措施。当干燥室进口温度达到设定温度时，开启离心喷头，当喷雾头达到最高转速时，开启进料泵，加入清水喷雾 10min 后更换成料液，进料量应由小到大，否则容易产生粘壁现象，直到调节到适当的要求。

（4）干燥塔蒸发能力异常

① 问题描述。调试过程中发现喷雾干燥的蒸发能力远远未达到设计要求，产能受限严重。

② 原因分析。经查是操作人员进料前未进行充分预热，进风温度达不到要求。

③ 解决措施。热风预热决定着干燥设备的蒸发能力，在不影响被干燥物料质量的前提下，应尽可能提高进风温度，并进行充分的预热。

（5）物料温度和湿度异常

① 问题描述。检测蒸发出来的物料水分，发现物料含水率超标。

② 原因分析。经分析为进料量过大，干燥塔排风温度过低导致。干燥成品的温度和湿度，取决于排风温度，在运行过程中，保持排风温度为一个恒定值极其重要。若料液的固含量和流量发生变化时出口温度也会出现波动。

③ 解决措施。产品温度太高，可减少加料量，以提高出口温度；产品的温度太低，则反之。

5.9.4　窑炉烧结系统异常分析

本节将从专业角度，结合实际案例分，探讨磷酸铁锂高温烧结工序中出现的调试异常案例及其解决措施。

（1）出料温度异常

① 问题描述。在调试过程中，测量出炉后的物料温度在 95℃，已超过控制要求（＜90℃）。

② 原因分析。影响出料温度的因素主要有冷却水进水压力、流量、温度

以及冷却段的降温速率、冷却时间等。经确认冷却水的进水压力在 0.3MPa，进水温度为 12℃，流量在 80m³/h、出水温度为 30℃，均在范围内。查看温度曲线，温度设置均在工艺要求范围内。最终判定为冷却时间过短、降温速率过快导致，即冷却段的传送速率过快，物料在冷却段停留的时间过短。

③ 解决措施。重新设置合理的降温速率，延长冷却段的时间，出料温度最终在要求范围内。

（2）含氧量超标异常

① 问题描述。在调试阶段，测得窑炉进口置换室的含氧量为 40ppm，超出要求（≤30ppm）。

② 原因分析。影响含氧量的因素主要有炉膛压力、氮气进气压力与流量、窑炉置换室门气密性等。通过确认炉膛的压力为 250kPa，氮气进气压力0.3MPa，流量在 60m³/h，均在设计范围内。经检查发现，窑炉进口置换室第一道门因感应器被粉尘覆盖遮挡，导致气缸下降过程中门关闭不严，有可能有空气进入。

③ 解决措施。清除感应器上的粉尘后，气缸能降到底，门能关严。含氧量也在范围内了。

（3）匣钵拱窑异常

① 问题描述。窑炉主传动异响，窑炉出口出现破碎的匣钵，19、20 温区积钵，破碎的匣钵已经顶到隔区梁。另外，此两温区的辊棒大面积断裂，导致窑炉紧急停窑。

② 原因分析。a. 匣钵破损，匣钵破损碎块或其他异物将辊棒卡住，辊棒断裂导致积钵拱窑；b. 加热棒保护套断裂掉落在双层匣钵上，破碎的套管随匣钵输送到温区的隔区梁卡住，导致积钵、拱窑；c. 辊棒从动端翘起将匣钵顶起，与隔区梁相撞导致积钵拱窑，辊棒断裂；d. 辊棒异常断裂导致积钵拱窑。辊棒斜齿轮传动不稳定，整条窑炉辊棒转动速度不均匀，匣钵在炉膛内堆积导致拱窑；e. 辊棒从动侧陶瓷轮衬套卡顿，辊棒翘起，炉膛内部匣钵运行顺序错乱，导致匣钵刮壁；f. 断棒检测功能异常，没有检测出辊棒断裂，导致窑炉拱窑。

③ 解决措施。a. 匣钵在使用过程中，增加对匣钵外表质量的检查频次，发现有裂纹等残缺，需立即更换；重新评估匣钵的使用批次，制定合理的匣钵更换批次标准。b. 修改窑炉升温、降温曲线，降低窑炉升、降温速率，延长窑炉保温时间（目前，窑炉升、降温保温时间为 14h，窑炉技术附件要求窑炉各阶段保温 16h），减少窑炉升降温速度过快导致的加热棒保护管破损、掉落

到匣钵上卡住隔区梁的拱窑。拟定窑炉加热棒保护套管更换频次。窑炉升降温2次，更换恒温区加热棒保护套管，防止破碎的套管随匣钵输送到温区的隔区梁卡住，导致积钵、拱窑。c. 窑炉主传动结构改造。现有窑炉主传动结构斜齿轮咬合间隙过小、传动可调性不一、辊棒长时间运行存在不稳定等问题，容易导致辊棒断裂、窑炉积拱窑故障。通过以上改善后，运行 2 个月，暂未发生此异常问题。

（4）匣钵喷料异常

① 问题描述。在调试过程中，磷酸铁锂在辊道煅烧炉里出现比较严重的沸腾，匣钵里的粉体出现喷粉现象。

② 原因分析。造成这种现象的原因有很多种：a. 内外含碳量差别大，在煅烧过程中，物料产生的气体基本为一氧化碳和二氧化碳；b. 窑炉排气有问题，炉内气压低且密封性差，物料就会翻腾向外喷射；c. 喷雾水分超标，粉体外面结块，不透气，内部产生的大量气体使内外产生了压强差，宏观现象就是喷粉；d. 碳酸锂分解会产气，如果喷雾温度高葡萄糖发生炭化，颗粒粒径太小，高温下结晶团聚严重，物料板结，产生的气体没有及时排出；e. 升温曲率太快，导致喷料炸锅。图 5.2 为辊道窑匣钵喷料实物图。

图 5.2　辊道窑匣钵喷料实物图

③ 解决措施。对上述原因逐一排查确认，本次故障是因为喷雾干燥出来的物料水分超标，物料装钵后板结严重，升温曲线太快，里面的水分迅速蒸发产气导致喷粉。经过控制喷雾干燥的物料水分，优化调整升温速率后，此问题得到解决。

（5）物料颜色异常

① 问题描述。在烧结调试过程中，发现出来的磷酸铁锂物料颜色不均匀、

色差较大。这种异常现象不仅影响产品的外观质量，还可能对电池电化学性能产生不良影响。

② 原因分析。此问题主要由烧结温度过高或烧结气氛含氧量不正确引起。过高的烧结温度可能导致材料表面过度氧化，形成颜色差异；而气氛不正确则可能是含氧量超标，进了空气导致物料在窑炉内氧化，分布不均匀，从而产生色差。

③ 解决措施。严格控制烧结温度，避免过高。同时，采用适当的气氛，确保烧结过程中含氧量达标。

(6) 单质 Fe 等异物超标异常

① 问题描述。包装成品取样测杂质，结果 Cu、Zn、Fe 异物杂质超标严重。

② 原因分析。磁性物质主要由外部引入、设备管道中带入或生产过程中产生。首先排查是否为外部引入，每个工序断点部分，如投料、包装员的操作规范，各环节的设备密封性检查等。然后排查设备内部。从投料工序开始，每经过一个工序取样检测杂质含量，并与上个工序数据进行对比，发现辊道窑出来后的 Fe 含量明显增高，其他元素无异常。最后在包装前取样发现 Cu、Zn 含量增高。初步判定为辊道窑烧结阶段导致 Fe 杂质增加，后段粉碎筛分包装工段导致 Cu、Zn 含量增加。

③ 解决措施。煅烧温度越高，越容易导致 $LiFePO_4$ 中形成 Fe_2P。通过优化升温曲线及调整烧结温度，对重新烧结的物料取样，发现单质 Fe 呈明显减少的趋势。针对后段的 Cu、Zn 的来源，首先排查与物料直接接触的设备材质，发现设备材质都没问题。初步判定是前期在清洗设备时，设备内的杂质未被完全洗干净。用洗机物料从气流磨的真空上料机人工加料，对后段设备、管道进行反复洗机。对经过重复多次洗机后的物料杂质含量进行对比，发现最后一次的数据已无明显变化，可以判定设备管道中 Cu、Zn 磁性物质被彻底洗掉了。最后重新生产取样，Fe、Cu、Zn 异物杂质含量已趋近范围内。

5.9.5 气流输送系统异常分析

(1) 正压输送微粉喷粉异常

① 问题描述。调试过程中发现正压输送系统接收仓的固气分离器经常有微粉喷出来，造成车间里环境污染。

② 原因分析。造成喷粉的原因一般是正压发送仓泵的发送压力及速率过高、设备的气密性不够、过滤器的布袋选型有问题，不能拦截物料。通过逐一

排查，发送仓泵的发送压力和速率均在范围内，设备的密封性也没问题。最后排查过滤器的布袋目数选型过大，导致微粉逃逸出来。

③ 解决措施。经与厂家沟通，更换目数小一号的布袋后，微粉喷粉的问题得到解决。

（2）负压输送管道堵管异常

① 问题描述。调试过程中发现辊道窑到真空上料机这段管道在转弯处经常堵管，导致物料上不去。

② 原因分析。首先对出炉后的物料进行水分检测，判断是否因水分超标导致物料黏性过大，粘壁堵管。经检测物料含水率合格，排除物料因素。其次排查真空上料机的负压是否足够，引风机频率是否在范围内。经确认，真空上料机负压值与引风机频率均在范围内。最后排查管道。经与设计院确认，管道弯头半径也正常。把堵料处的弯头拆卸下来后发现，弯头内壁在衬陶瓷时工艺细节未处理好，刚好在 90°弯头内径处，陶瓷突起一截，由于不光滑，物料在此处堆积堵料。

③ 解决措施。厂家更换弯头后，堵料问题解决。

（3）正压输送产能过低异常

① 问题描述。调试过程中发现气流磨粉碎机后的这段正压输送管道输送产能不够，物料堆积在缓存仓里输送不过来，成了瓶颈。输送设计最大产能是 2000kg/h，实际测得只有 1500kg/h。

② 原因分析。影响输送效率的因素有发送仓泵与缓存仓下料的联锁逻辑设置、发送仓泵的发送压力及速率、管道的管径及管道弯头布置、物料的特性等。首先物料的特性可以排除；管道的管径和弯头布置也可以排除，只有一个大弯头；发送仓泵的发送压力和速率均在正常范围内。通过对发送仓与缓存仓几个下料蝶阀的联锁开关动作间隔时间和发送频率、发送间隔的测量，发现逻辑设置参数有问题。

③ 解决措施。通过与厂家现场反复调试验证，最终找到了合理的参数设置，输送产能趋近设计产能。

5.9.6　粉碎系统异常分析

本节将从专业角度，结合实践经验，对气流粉碎工序调试中出现的异常进行深入分析。

（1）粉碎粒径过大异常

① 问题描述。对粉碎出来的产品取样测粒径，发现 D_{50} 在 $2.1\mu m$，未达到 $(1.1\pm0.5)\mu m$ 的要求，粒径偏大。

② 原因分析。影响粉碎粒径的主要因素有加料量、粉碎腔物料存量、分级轮转速、粉碎气压等。通过排查，原因为物料进料量不均匀，进料量过少，分级轮转速过低。

③ 解决措施。重新设定加料机振动频率，保证均匀加料和进料量，增大分级轮转速到 $40Hz$。调整后再次进料粉碎取样测得粒径合格。

（2）粉碎产能过低异常

① 问题描述。在调试过程中，经测量粉碎机的产能只有 $1000kg/h$，远低于设备设计产能 $1400kg/h$ 的要求。

② 原因分析。通过排查影响粉碎机产能的主要因素：进料量、粉碎压力、粉碎温度、分级轮转速、引风机转速等，原因为粉碎的压力过低，低于 $(450\pm100)kPa$ 的标准。另外，粉碎的温度只有 $95℃$，低于 $110\sim120℃$ 的设计标准。粉碎的压力不够及温度过低，导致物料被粉碎的时间增长，产能受限。

③ 解决措施。调整气源压力到 $450kPa$，气源加热到 $115℃$。再次开机粉碎后，测得产能在 $1350kg/h$，趋近设计产能标准。

（3）粉碎物料含水率超标异常

① 问题描述。对粉碎后的物料取样检测，发现物料含水率超标。

② 原因分析。首先排查炉后的物料含水率是合格的，那么影响气流粉碎物料含水率的因素主要有粉碎温度、气源空气露点。经过确认，粉碎温度在正常范围内，粉碎气源空气的露点不达标，可以判定是气源中含有水分造成。

③ 解决措施。通过调整空压机气源系统干燥机参数，保证出来的空气露点在 $-20℃$ 以下，对再次粉碎的物料取样检测，物料含水率达标。

（4）粉碎粒径分布不均匀异常

① 问题描述。在生产过程中发现产品粒度分布不均匀。

② 原因分析。影响粒度分布的因素主要有：压缩空气流速不稳定，气流速度的变化会直接影响物料的粉碎效果，导致粒度分布不均；喷嘴磨损或安装不当，喷嘴的磨损或安装不合理会导致气流方向偏离，影响物料的有效碰撞和粉碎；投料量控制不当，投料量过多或过少都会影响粉碎室内的物料浓度和气流分布，进而影响粒度分布。经过逐一排查发现是压缩空气流速不稳定所致。

③ 解决措施。调整压缩空气供应系统并加装稳压装置。

（5）粉碎机腔室内形成滤饼异常

① 问题描述。在调试过程中发现粉碎机腔室内出现物料结块，形成滤饼，影响粉碎效果和设备正常运行。

② 原因分析。造成腔室内形成滤饼的主要原因有物料湿度过大或含有黏性杂质。粉碎过程中气流分布不均，导致局部物料堆积。通过排查确定为物料湿度过大。

③ 解决措施。控制炉后物料的湿度和纯净度，避免带入过多水分和杂质。定期检查并清理粉碎机腔室，防止滤饼形成。

5.9.7　筛分除铁包装系统异常分析

本节是对磷酸铁锂筛分除铁包装工序调试过程中异常的专业分析，旨在从多个角度探讨其成因、影响及解决措施。

（1）振动筛出料异常

① 问题描述。在调试过程中，发现物料在振动筛内无法正常从出料口排出。

② 原因分析。现场发现物料在振动筛上振动时的走向不对，正确的走向应该是逆时针沿着出料口的方向走，如图 5.3 所示。经排查确认是上下偏心块的角度不对，位置反了。正确的逻辑是沿着物料旋转方向，上偏心块在前，下偏心块在后。

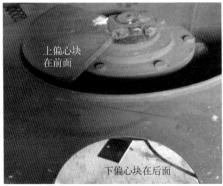

图 5.3　振动筛物料走向/上下偏心块角度示意图

③ 解决措施。重新调整上下偏心块的角度后，物料的旋转方向调整过来了，物料出料也恢复正常了。

（2）除铁器排渣料过多异常

① 问题描述。员工在收集除铁器排渣料时，发现电磁除铁器的排渣料过多，对排渣料取样检测，其中并未含磁性物质，基本上属于正常物料。

② 原因分析。通过现场排查除铁器的卸铁排渣时间参数设置，发现逻辑没问题。拆开除铁器的进料管发现，控制除铁器进料的关风机有关不严漏料的问题。即除铁器在卸铁排渣时，物料通过关风机缝隙漏入排渣桶内。

③ 解决措施。联系厂家，重新更换新的关风机后，此问题得到解决。

（3）包装水分含量超标异常

① 问题描述。质量人员在对包装后的产品取样检测时，发现水分超出标准范围。

② 原因分析。通过逐一排查，辊道窑出料水分合格，气流磨粉碎后物料水分合格，包装间的温湿度也正常。可以初步判定是粉碎后到包装这段工序造成的。经检查正压气力输送的空气露点超标，空气中含有水分。

③ 解决措施。通过调整空压机系统热干机的参数，提高出口温度，在出口管道上加装过滤器，使压缩空气的露点达到 $-20℃$ 以下。通过调整，再次生产取样，产品水分合格。

（4）包装精度异常

① 问题描述。在调试过程中，复称时发现包装重量与标准值存在明显偏差。

② 原因分析。造成这一问题的原因通常有：称重系统误差、控制系统问题、参数设置错误、控制器故障或误差补偿不准确，导致包装过程中的参数调节不准确。通过排查分析原因为包装称重系统误差。

③ 解决措施。重新用标准砝码校准称重系统，定期对称重系统进行校准，确保传感器和电子秤的准确性。

第6章

磷酸铁锂工厂安全管理及异物防控管理

6.1 磷酸铁锂工厂安全管理

6.1.1 安全管理概述

磷酸铁锂（LFP）作为重要的锂电池正极材料，因其安全性好、循环寿命长及成本效益显著而备受关注。随着其在电动汽车、储能系统等领域的应用日益广泛，磷酸铁锂材料工厂的安全管理显得尤为重要。本小节将从多个维度深入探讨磷酸铁锂材料工厂的安全管理策略与实践，旨在提升行业安全管理水平。

（1）安全管理体系的构建

① 法律法规遵循。磷酸铁锂材料工厂的安全管理首先必须严格遵守国家安全生产法律法规和行业标准，如《中华人民共和国安全生产法》《建设工程安全生产管理条例》等。同时，还需关注国际职业健康安全管理体系（如 ISO 45001）和环境管理体系（如 ISO 14001）的最新要求，确保工厂管理的国际化与标准化。

② 安全管理体系建立。工厂应建立完善的职业健康安全与环境管理体系（HSE），包括成立安全领导小组，下设安全管理办公室，负责全厂的安全管理工作。各部门、车间须设立专职安全员，负责日常安全监督与隐患排查。通过制定详细的安全管理制度和操作规程，明确各级人员的安全职责，确保安全管理工作的有效执行。

（2）员工安全教育与培训

① 新员工安全教育。对新员工进行岗前安全教育培训是确保生产安全的

第一步。培训内容应包括岗位安全操作规程、应急处理技能、个人防护装备的正确使用等，使新员工全面了解岗位安全风险和注意事项。

② 定期进行安全知识培训。定期组织全体员工进行安全知识培训，提高员工的安全意识和安全技能。培训内容可涵盖最新的安全生产法律法规、事故案例分析、安全操作规程更新等，确保员工能够持续保持高度的安全意识。

③ 定期进行专业安全管理培训。针对安全管理人员，需进行更加深入的专业培训，提升其安全管理水平和应急处理能力。通过培训，使安全管理人员熟练掌握安全管理体系的运行模式，有效指导日常安全管理工作。

（3）生产现场安全管理

① 生产设备与设施管理。生产磷酸铁锂的设备和设施必须符合国家安全生产标准，并经过定期检修和保养，确保设备处于良好运行状态。定期对生产设备、设施进行安全检查，及时发现并消除隐患，防止因设备故障引发安全事故。

② 生产过程控制。严格按照生产工艺流程进行操作，严格控制生产过程中的温度、压力、流量等关键参数，防止因操作不当导致安全事故。同时，加强原料投入控制，确保原料质量符合标准，避免因原料问题影响产品质量和安全。

③ 安全防范措施。加强生产现场的安全防范措施，如设置安全警示标志、安装防护设施、配备应急救援设备等。对于易燃易爆、有毒有害等危险物品，需严格按照规定进行储存和使用，防止发生泄漏、火灾等事故。

（4）应急管理与事故处理

① 应急预案制定。工厂应制定完善的应急预案，包括火灾、泄漏、中毒等各类事故的应急处理流程和措施。定期组织员工进行应急演练，提高员工的应急反应能力和自救互救能力。

② 事故上报与处理。一旦发生安全事故，应立即启动应急预案，组织救援并上报上级主管部门。同时，配合相关部门进行事故调查处理，查明事故原因，制定整改措施，防止类似事故再次发生。

③ 事故分析与总结。对每起安全事故进行认真分析，总结经验教训，完善安全管理制度和操作规程。通过事故案例教育员工，提高员工的安全意识和安全操作技能。

（5）监督检查与持续改进

① 监督检查机制。工厂应设立专门的监督检查部门，负责对生产磷酸铁

锂的全过程进行监督检查。监督检查内容包括生产计划的执行情况、生产过程的控制情况、产品质量和安全情况等。通过监督检查，及时发现并纠正问题，确保安全生产。

② 持续改进机制。建立持续改进机制，定期对安全管理体系进行评估和审核，查找存在的问题和不足，制定改进措施并付诸实践。通过持续改进，不断提升安全管理水平，确保工厂的长期安全生产。

磷酸铁锂材料工厂的安全管理是一项系统工程，需要全体员工的共同努力和持续投入。通过构建完善的安全管理体系、加强员工安全教育与培训、严格生产现场安全管理、完善应急管理与事故处理机制以及建立监督检查与持续改进机制等措施，可以有效提升工厂的安全管理水平，保障员工生命财产安全，促进企业的可持续发展。

6.1.2　厂区（公共区域）风险源及环境因素

在磷酸铁锂材料（LFP）的生产与储存过程中，厂区的安全管理同样至关重要。这些区域不仅是员工日常活动的空间，也是物流、访客接待及紧急疏散的关键通道。本小节将从专业角度，深入分析磷酸铁锂材料厂区可能存在的风险源，并提出相应的防控措施。

（1）风险源识别

① 厂区道路——交通伤害风险。新能源材料工厂原辅材料、产品运输量较大，区域内道路机动车辆来往频繁，有可能因道路参数（转弯半径、视距、路面平整程度等）、视线不良、缺少行车安全警示标志、违章驾驶、无证驾驶及车辆或驾驶员的管理等方面的因素，引发车辆撞伤行人事故。

要求：司机持证驾车；厂内叉车限速5km/h、其他车限速15km/h（测速器监测）；人车分流，人离作业车辆1m远，不站在车尾；不在交通作业区域逗留或接打电话（看手机）；指定位置停车、充电、加油；厂内严禁使用私人滑轮、独轮车、自行车等交通工具；驾驶或搭乘两/三轮车均需佩戴头盔（厂内外）。

② 罐区——化学品泄漏与中毒风险。新能源材料厂区储存设施主要为室外罐组（如氨水储罐、双氧水储罐、磷酸、硫酸储罐、液碱储罐等），这些罐区内的物品一般都是易燃易爆易腐蚀性液体。有可能因储罐或管道腐蚀泄漏、储罐超温超压、人员违章操作、罐车卸料不当泄漏、违规抽烟或遇到明火等因素，导致液体泄漏造成人体化学灼伤、中毒、火灾、爆炸等事故。

危化品包括腐蚀灼烫（如管廊架酸碱、含钴/镍溶液等）溶液、易燃易爆或有毒有害物质（如氨水、天然气、油脂类）。

要求：不靠近或碰触不明液/气体；无防护不接触物料（重金属粉尘）；取样或监督卸料、开关化学品阀门、处理泄漏化学品时应穿戴防护品；不慎喷溅到皮肤或眼睛时用流动水冲洗≥20min；听到报警（锅炉房及食堂、车间氨气和天然气有报警器）立即撤离区域并汇报；含粉尘或危化品的容器设备作为危废交EHS部处置（如废油桶等，禁止丢弃或露天堆放）。

③ 制氮站——泄漏低温冻伤风险。磷酸铁锂厂区一般都配有制氮装置，制氮装置产生的氮气温度在−192℃，有可能因装置或管道泄漏、人员违章操作、装置超温超压等因素，导致氮气泄漏造成人体冻伤事故。夏季气温较高，打雷造成装置停车时发生事故的可能性更大；一旦发生泄漏事故均可能对区域内人员造成严重伤害和生产装置停产。此外，氮气管线、氮气阀门腐蚀导致穿孔泄漏也可导致氮气泄漏。

④ 变电站、配电房——电气触电风险。变电站、配电房内各电气设备如果存在漏电、接地不良或接地装置失灵、漏电保护装置失效、绝缘部件损坏、线路老化、过流、电气设备过载过流使用、违章操作等因素，可能导致发生触电、电气火灾等事故。

要求：任何区域均要人离电关；电气高温区域周边不放可燃杂物；不使用临时接电和绝缘破损的电气设施；电动车充电应在指定区域（通风好且防雨、无可燃物、有灭火器和监护人）。

⑤ 厂区内管道管廊——高温高压泄漏风险。厂区管廊有各种各样的管道，有高温高压蒸汽管道、有高压力管道、有腐蚀性工艺管道、易燃天然气管道、超低温氮气管道等。因管道腐蚀泄漏、超压、保温层破损等因素，可导致管道泄漏造成火灾、爆炸、烧伤、腐蚀、中毒事故。

⑥ 厂区污水处理——硫酸灼烫等风险。污水处理系统使用的硫酸可对人员造成灼烫伤害。废水池、沟、管道可能积聚含易燃易爆气体、液体引发火灾、爆炸、中毒、窒息，尤其是含可燃挥发性气体的废水及事故状态下的应急处置废水，若未能有效处理，发生集聚，在动火作业时及有高温、静电、电火花等条件下可导致火灾爆炸风险。各水处理用池、井引发的淹溺；泵等设备引发的机械伤害。另外，若污水处理不达标，违规排放，可造成环保事故。

⑦ 锅炉房——高温火灾爆炸风险。锅炉设备属于高温高压设备，如因设备老化、生锈腐蚀泄漏、锅炉缺水、违章操作等因素导致蒸汽泄漏、天然气泄漏等，造成火灾、锅炉爆炸、高温烫伤事故。另外，锅炉设备温度较高，可能存在高温热辐射，长期在高温环境中工作，会损害人体内部机能，包括循环系统、神经系统、消化系统、免疫系统乃至生殖系统。

⑧ 建筑物——坍塌风险。厂区内建筑物，如储罐、空分塔、厂房等高大设备、建构筑物因结构、强度不符合要求、腐蚀老化等原因，可能发生坍塌事故。厂区内建构筑物所承受的荷载已通过工艺专业的设备布置以及公用专业的设备位置、重量专业核算，一般不会产生压塌、倾覆等事故，如果发生设备位置及重量调整、增加荷载等将有可能发生压塌、倾覆等事故，造成人员伤亡、厂房倒塌。

⑨ 仓库——火灾爆炸风险。仓库内存放着各种各样的原辅料、危险化学品、油类等物品。如管理不当、存放不当、违规作业可导致化学腐蚀、火灾、爆炸事故。

⑩ 厂区及周边坑井沟洞池、土坡——跌落风险。厂区及周边坑井沟洞池、土坡可导致坠跌、淹溺、垮塌（如废水系统、基建区、草地窨井、池塘等）风险。

要求：不独自去不熟悉的地方；不靠近孔洞、土坡、池塘；走路时不接打电话或看手机；发现无防护的孔洞立即采取临时防护措施，并通知相关部门处理。

⑪ 安全环保设施——私自关停或挪用风险。严禁私自关停或挪用安全（气体报警仪、保护罩或光电联锁）、消防（消防阀门、消防水）、环保设施（吸收塔等）。

⑫ 高处作业——坠落/坠物风险。物体打击（如高处线槽盖板被风吹落、高处工具掉落、行吊）、坠跌（打扫高处卫生等）等引发安全事故。

要求：室外大风雨时不在空中设施或沿建筑物周边通行、逗留；不在吊装或高处作业范围穿行；戴安全帽进行高处作业、进入生产区和施工作业区；≥2m 基准面的高处作业应办理审批、戴安全帽和系安全带；移动梯有人扶梯监护。

⑬ 火种、高温风险。火灾爆炸（枯草地、循环系统、锅炉房）、高温灼烫（蒸汽、热水罐）等引发安全事故。

要求：动火作业需办理审批；厂区除指定吸烟点外禁止吸烟、燃放鞭炮烟花；严禁携带火种进入循环（氢气、油类等）系统、锅炉房（天然气）、危化品库（油类、锰粉、气瓶等）；严禁将可燃废料堆放在非指定地点；严禁堵塞消防设施及逃生通道。厂区蒸汽管道、阀门等存在高温灼烫风险。

（2）风险防控措施

① 加强安全管理制度建设。制定并完善公共区域安全管理规定，明确各岗位的安全职责。定期开展安全教育培训，提高员工的安全意识和应急处理能力。

② 优化设施设备布局与维护。合理规划公共区域的设施设备布局，确保疏散通道畅通无阻。电气和机械设备等需定期检查和维护，确保其处于良好运行状态。

（3）强化化学品管理

严格执行化学品管理制度，确保化学品存储、使用、废弃等各环节的安全。加强公共区域及周边环境的监测，及时发现并处理化学品泄漏等异常情况。

（4）提高应急响应能力

制定完善的应急预案，明确各类突发事件的应急处置流程和责任人。定期组织应急演练，提高员工在紧急情况下的自救互救能力。

（5）加强外来人员管理

对进入厂区的外来人员进行严格登记和检查，防止非法入侵。加强对访客的安全教育，提醒其遵守厂区的安全规定。

（6）应对自然灾害

密切关注气象预报和地质灾害预警信息，提前做好防范准备。加强公共区域排水、防雷等设施的建设和维护，提高其抵御自然灾害的能力。

磷酸铁锂材料厂区（公共区域）的风险源多样且复杂，需从多个方面入手进行综合防控。通过加强安全管理制度建设、优化设施设备布局与维护、强化化学品管理、提高应急响应能力、加强外来人员管理及应对自然灾害等措施，可以有效降低公共区域的安全风险，保障厂区的稳定运行和人员安全。

6.1.3 车间风险源及环境因素

在磷酸铁锂材料工厂的生产车间，存在多种风险源，这些风险源可能对生产安全、工人健康及环境造成威胁。本小节将从生产设施、生产过程、物质管理以及环境影响等角度，详细分析磷酸铁锂材料工厂车间的风险源，并提出相应的防控措施。

（1）生产设施风险源

① 高温高压设备。磷酸铁锂材料的生产需要在高温高压环境下进行，如烧结炉、热风炉等。这些设备在运行过程中，温度可高达几百摄氏度，对作业人员的健康构成直接威胁。高温可能导致烫伤、中暑等职业病，同时高温环境下的设备故障风险也相应增加。

防控措施：严格操作规程，加强设备巡检和维护保养，确保设备安全运行；作业人员须穿戴耐高温防护服，定期进行防暑降温培训，配备应急降温设备和急救药品，确保突发情况得到及时有效处理。

② 机械设备。生产车间内存在大量机械设备，如混合机、辊道窑、粉碎机、电机等。这些设备在运转过程中，可能存在机械伤害风险，如衣物被卷入滚轮、部件磨损产生飞散物等。

防控措施：确保设备零部件无松动，定期进行维护和保养；作业人员须穿戴防护服、手套等个人防护装备，避免直接接触运转部件；在设备周围设置防护栏和安全警示标志，确保作业区域安全。

③ 气体储存与输送系统。磷酸铁锂生产过程中需要使用氮气、天然气、压缩空气等，气体储存和输送系统存在泄漏风险。一旦发生泄漏，可能导致爆炸、中毒等严重后果。

防控措施：严格执行气体储存和输送操作规程，定期检查管道和阀门是否完好；在气体储存区域设置泄漏检测装置和报警系统，及时发现并处理泄漏问题；加强作业人员培训，提高其对气体泄漏的应急处理能力。

（2）生产过程风险源

① 有害物质释放。磷酸铁锂材料生产过程中会释放二氧化硫、三氧化硫、氨气等有害物质。工人长期暴露在这样的环境中，会对呼吸系统、皮肤等造成损害，导致肺部感染、皮肤过敏等疾病。

防控措施：加强车间通风换气，确保有害物质浓度在允许范围内；作业人员须佩戴防毒面具、防护眼镜等个人防护装备；定期对车间进行环境监测，确保有害物质排放符合环保标准。

② 粉尘污染。磷酸铁锂材料生产过程中会产生大量粉尘，这些粉尘不仅会对环境造成污染，还可能引起工人尘肺病等职业病。

防范措施：采用湿式作业、密闭操作等工艺减少粉尘产生；安装粉尘收集和处理设备，如布袋除尘器等；工人应佩戴防尘口罩、防尘服等防护装备。

③ 电气风险。磷酸铁锂材料生产车间的电气设备较多，如电加热炉、电动机等，存在电气火灾的风险。一旦发生火灾，将严重威胁工人的生命安全和车间财产安全。另外，车间内的电气设备如果存在漏电现象，将引发触电事故。触电事故可能导致工人受伤甚至死亡。

防范措施：定期对电气设备进行检查和维护，确保其绝缘性能良好；安装火灾报警系统和灭火设备，如烟雾报警器、灭火器等；工人应掌握电气火灾的应急处理方法，如切断电源、使用灭火器等；确保电气设备的接地和接零保护系统完善可靠；工人应佩戴绝缘手套、绝缘鞋等防护装备；定期对电气设备进行漏电保护检测，确保其安全性能符合标准。

④ 碰撞、跌落风险。磷酸铁锂材料生产车间内设备大型且多，一般都有

设备钢平台、工艺管道，且仪表阀门多。人员在平台下面行走，如不注意容易碰撞到设备、钢平台等；人员在钢平台上面时，如倚靠平台护栏，护栏不牢固时会导致人员高空跌落；人员上下钢平台楼梯时，看手机或者不小心，易从楼梯上跌落等。

防范措施：禁止踩踏或翻越护栏及借力护栏，禁止背靠护栏；进入易碰头的区域应戴好安全帽；上下楼梯，抓好护手，切勿玩手机。

（3）各工序风险源

磷酸铁锂材料生产车间各工序风险源见表6.1。

表 6.1　磷酸铁锂材料生产车间各工序风险源

工序	风险源	防范措施
投配料研磨工序	投料:粉尘吸入危害; 搅拌、电机:机械伤害; 设备电气操作:触电; 平台栏杆、楼梯:高空跌落; 平台下方、行吊:高空落物和头部磕碰; 泵、管道:浆料喷溅; 设备运作:噪声伤害; 地面湿滑:滑倒、摔倒	①投料前应戴好橡胶手套、防护眼罩和防尘口罩; ②使用行车投料前,应检查行车以确保制动器灵敏可靠、防脱装置牢固,起吊时禁止人员站在吨袋下面; ③投料作业结束后,对身体及衣服上沾附的粉尘进行彻底清理,避免粉尘吸入体内; ④研磨作业时作业人员应佩戴听力保护器,保护听力; ⑤检修、调整设备和擦拭带电设备前,应切断电源,并挂好检修停用牌,挂检修停用牌应在牌上用水性记号笔写上姓名和时间见检修停用牌应与悬挂人核对情况,经允许后方可取牌送电作业; ⑥进入易碰头的槽底等区域应戴好安全帽; ⑦进行电气操作、入槽、爬梯等危险作业时,应有一人在旁防护,确保安全措施到位方可作业; ⑧禁止踩踏或翻越护栏及借力护栏,禁止背靠护栏
喷雾干燥工序	皮带轮:机械绞伤; 电气操作:触电; 平台、楼梯:跌落、高空坠落; 平台、行吊:高空落物和头部磕碰; 干燥塔、蒸汽:高温烫伤; 天然气:燃气泄漏、火灾	①开启蒸汽时,须佩戴防护手套,并使用工具; ②喷雾干燥过程中,禁止触摸干燥塔和运输管道; ③进入易碰头的喷雾塔区域应戴好安全帽,喷雾开启后,佩戴耳塞; ④异常情况需要拆卸干燥塔和运输管道相关配件时,须等待配件冷却后方可拆卸; ⑤检修、调整设备和擦拭带电设备的操作规程同投配料研磨工序中的防范措施⑤; ⑥吊装雾化器、清洗雾化塔时,应系好安全带,且至少有一人在旁看护,确保安全措施到位方可作业; ⑦拆卸弯管和斜管时,应佩戴防护手套和安全帽,且至少有两人协同作业,避免碰伤、砸伤; ⑧禁止踩踏或翻越护栏及借力护栏,禁止背靠护栏

续表

工序	风险源	防范措施
辊道窑烧结工序	电气操作:触电; 窑炉区域、自动线上下方:头部磕碰; 窑炉外部、焚烧炉:高温烫伤; 窑炉内部:UV 和 IR 辐射、中毒、窒息; 传动部位:机械绞伤; 装料卸料:粉尘吸入危害; 窑炉尾气:中毒; 氮气管道:低温冻伤; 天然气管道:火灾、爆炸; 窑炉区域:夏季高温中暑	①检修、调整设备和擦拭带电设备的操作规程同投配料研磨工序中的防范措施⑤; ②进入易碰头的区域应戴好安全帽; ③接触窑炉高温区域时,要佩戴高温手套; ④进行危险作业时,应有专人防护,确保安全措施到位方可作业; ⑤禁止踩踏或翻越护栏及借力护栏,禁止背靠护栏; ⑥进入窑炉内部检修时,要通风、检测含氧量; ⑦窑炉烧结区域要做好通风降温措施
粉碎包装工序	设备电气操作:触电; 平台、楼梯:跌倒、高处坠落; 平台下方:头部磕碰、高空坠物; 设备运行:噪声; 传动部位:机械绞伤; 管道、设备密封泄漏:粉尘吸入; 压力管道、压力容器:人体伤害、容器爆炸; 成品转运:叉车车辆撞伤; 粉尘:粉尘吸入	①检修、调整设备和擦拭带电设备的操作规程同投配料研磨工序中的防范措施⑤; ②进入易碰头的平台区域应戴好安全帽; ③进入生产区域要戴耳罩,防止噪声影响; ④进行危险作业时,应确保安全措施到位方可作业; ⑤禁止踩踏或翻越护栏及借力护栏,禁止背靠护栏; ⑥远离高压管道、容器; ⑦在使用叉车转运时,应倒车行驶,不得横冲直撞、超速、超载

磷酸铁锂材料工厂车间存在多种风险源,包括化学风险、物理风险、电气风险以及其他风险。为了确保工人的安全、健康和环境的可持续发展,必须采取全面的防范措施。通过加强车间通风换气、佩戴专业防护装备、定期进行设备维护保养和检测监测等措施,可以有效降低风险源对工人和环境的威胁。同时,企业还应加强安全管理和员工培训,提高整体安全意识和应急处理能力。

6.1.4 基建、施工区域风险源及环境因素

磷酸铁锂作为新能源汽车和储能系统的重要正极材料,其市场需求随着全球新能源汽车产业的快速发展而持续增长。因此,新建磷酸铁锂材料工厂项目如雨后春笋般涌现。然而,在基建施工区,由于工程性质、施工环境、工程规模、工程周期及法规要求等多方面因素,存在诸多潜在的风险源,需要引起高度重视。

(1) 风险源识别

① 火灾、爆炸风险 (动火作业,如焊接、切割、打磨以及吸烟等易引发火灾,并易引爆气瓶)。基建、施工区域一般会存放大量易燃易爆的气瓶,施

工材料等，如因存放、保管、防护不当，在电焊、气焊（割）、电钻、砂轮、切割、打磨等作业时可能产生火焰、火花或因室外高温天气暴晒、施工人员违章抽烟等因素，可能会引起火灾、爆炸事故。

② 高空作业风险。磷酸铁锂工厂基建施工常涉及高空作业，如钢结构安装、设备吊装等。高空作业风险源主要包括坠落、物体打击和触电等。为降低风险，需确保高空作业人员的资质和技能培训，落实安全防护措施，如佩戴安全带、设置安全网、安装防护栏杆等，并定期进行安全检查和维护。

③ 中毒、窒息风险。施工人员在封闭或者部分封闭、与外界相对隔离、出入口较为狭窄的区域、罐内、池内作业时，因长时间自然通风不良，易导致有毒有害、易燃易爆物质积聚或者含氧量不足的空间，一般会造成中毒、窒息事故。

④ 粉尘与有害气体危害风险。在基建施工过程中，建筑材料的切割、研磨等作业会产生大量粉尘，而焊接等作业则可能产生有害气体。这些粉尘和有害气体对工人的呼吸系统和眼睛会造成危害。因此，需采取适当的通风和防护措施，如设置局部排风系统、佩戴防尘口罩和防护眼镜等。

⑤ 大型起重、机械伤害风险。施工现场常使用起重机、挖掘机等大型机械设备，这些设备在操作过程中若操作不当或设备本身存在缺陷，极易引发事故。因此，需加强机械设备的日常维护和保养，确保设备处于良好状态；同时，操作人员须经过专业培训并取得相应资格证书，严格遵守操作规程。

⑥ 电气安全风险。电气设备和线路在施工中占据重要地位，但电气安全风险不容忽视。主要包括触电、电气火灾和短路等。为预防电气安全事故，需加强电气设备的定期检查和维修，确保电气线路的绝缘性能和接地保护良好。同时，加强施工现场的电气安全管理，设置警示标志和防护设施。

⑦ 垮塌风险。施工现场一般堆放大量的施工物料、建筑材料和临时搭建的简易工棚、加工房等。施工物料、建筑材料在堆叠或装卸时，由于堆叠不规范，可能会发生垮塌风险，砸伤人员。

安全措施：要求施工单位严格按照规范要求堆放物资材料，堆叠场地，堆放层数、高度要有明确要求，并定期加强巡查，对不按规范要求摆放的责令整改；操作人员与物料堆叠或正在装卸堆叠的区域应保持安全距离或站上坡位置，防止垮塌压伤。

⑧ 交通伤害风险。基建施工区域往往存在大量的叉车、货车、挖机等，这些车辆来往往比较频繁。如果厂区未做好施工区域隔离工作，与生产区域道路共用，容易发生车辆交通伤害。

安全措施：可以采用围栏、防护屏障等将施工区域与生产区域进行隔离，人物分流，施工车辆走施工区域专用道路；宣导场内员工禁止进入施工场地。

⑨ 临边跌落风险。基建施工区往往存在大量的厂房、设备基础坑井洞孔、水池深基坑及临边无防护施工区（如在建楼梯井、水井、预留的设备吊装口和洞等）；如果这些施工单位未做好临边防护工作，容易造成人员跌落风险。

安全措施：要求施工单位按要求做好临边防护、围栏及警示提示标语工作；厂区要加强巡检，发现此类问题，立即要求施工方做出整改并处罚；另外要对员工做好安全宣传工作。

⑩ 高温中暑风险。基建、施工现场如遇高温天气，长时间在户外高温条件下作业，容易导致中暑昏迷，特别是高空作业、密闭空间作业人群。

安全措施：夏季高温天气，调整室外作业休息时间，尽量避免室外高温长时间作业；加强通风措施及安排解暑降温冷饮和药品。

⑪ 环境安全风险。基建、施工现场往往会产生大量的建筑、施工垃圾和边角料等，如因清理不及时、乱排乱丢，会造成环境影响；现场施工丢弃的钉子、木屑、尖锐边角可对人体造成伤害。

安全措施：规划专用区域用来临时堆放施工建筑垃圾、边角料；对不同垃圾分类堆放；加强巡查，对不符合要求的责令整改；要求员工进基建、施工区应穿戴通用个人防护用品，如工装、安全帽、劳保鞋。

⑫ 自然灾害风险。施工区域可能面临洪水、地震、台风等自然灾害的威胁。这些自然灾害不仅会破坏施工设施，还可能引发次生灾害。因此，在施工前需进行充分的地质勘查和风险评估，制定相应的应急预案和防护措施。

（2）风险防控措施

① 加强安全管理。建立健全安全管理体系，明确各级管理人员的安全职责和权限；加强安全教育培训，提高全员安全意识；定期开展安全检查和隐患排查工作，及时发现并消除安全隐患。

② 完善应急预案。针对不同类型的风险源制定相应的应急预案，明确应急响应程序和处置措施；定期组织应急演练活动，提高应急响应能力和处置效率。

③ 强化现场监管。加强对施工现场的监管力度，确保各项安全措施得到有效落实，对发现的安全隐患和问题及时进行处理和整改；对违规行为进行严肃查处和纠正。

④ 引入科技手段。利用现代信息技术手段提高安全管理水平，如采用远程监控系统对施工现场进行实时监控，利用大数据分析技术对安全风险进行预测和预警等。

磷酸铁锂新建工厂基建施工区存在多种潜在的风险源，需要引起高度重视。通过加强安全管理、完善应急预案、强化现场监管和引入科技手段等措施，可以有效降低施工过程中的安全风险，确保施工项目的顺利进行和工人的生命财产安全。

6.1.5 交通及宿舍区风险源及环境因素

在磷酸铁锂新建工厂项目中，交通及宿舍区作为日常运营与人员生活的重要区域，其安全性不容忽视。本小节将从专业角度，针对这两个区域可能存在的风险源进行详细分析，旨在为项目管理者提供有效的安全管理参考。

（1）上下班交通安全风险

随着路况提升和交通量的不断增加，员工在上下班期间的交通安全问题日益突出。为保障员工交通安全，增强员工在上下班途中的自我保护意识，避免造成不必要的安全事故，要认真学习交通法规，严格遵守交通规则，文明、安全行车和步行。

（2）宿舍安全风险

宿舍安全风险涉及用电安全风险、火灾安全风险、违章用电（使用劣质电器）风险、盗窃安全风险、疏散风险等。需根据企业安全管理条例严格执行，确保安全生产。

（3）治安安全风险

宿舍区域作为员工的生活区，其治安状况直接关系到员工的生命财产安全。主要风险源包括：外来人员管理不严、内部矛盾激化、安全防范（如门禁系统、监控系统等）安全防范措施不足等。

（4）综合防控措施

针对上述风险源，磷酸铁锂新建工厂应采取以下综合防控措施：

① 加强交通安全管理。建立健全车辆管理制度和驾驶员培训制度；优化厂区道路设计；加强运输线路的选择和规划；建立应急响应机制。

② 提升宿舍区域安全水平。加强电气线路和设备的检查和维护；定期开展消防演练和应急疏散演练；加强宿舍区域的治安巡逻和监控。

③ 提高员工安全意识。通过开展安全教育培训、制定安全操作规程等方式提高员工的安全意识和自我保护能力。

④ 完善安全管理制度。建立健全安全管理制度和责任制体系；加强安全检查和隐患排查工作；及时整改发现的问题和隐患。

综上所述，磷酸铁锂新建工厂在交通与宿舍区域存在诸多安全风险源，但通过采取有效的防控措施和管理手段，可以显著降低安全风险的发生概率和后果严重程度。

6.2 磷酸铁锂工厂异物防护概念

在磷酸铁锂的生产过程中，异物防控管理是一项至关重要的工作。本节将从异物的来源和防控出发，结合磷酸铁锂工厂的实际操作，深入探讨异物防控管理的专业策略与措施。

6.2.1 异物的定义

所谓异物，指的是与产品属性不同的所有物质。分两大类：金属异物和非金属异物。金属异物又分为磁性异物和非磁性异物。磁性异物指受磁场作用能产生磁性的物质，如 Fe、Cr、Ni 等；非磁性异物指受磁场作用不能产生磁性的物质，如 Cu、Zn 等。图 6.1 为常见的金属异物，图 6.2 为常见的非金属异物，图 6.3 是生活中常见的异物。在磷酸铁锂的生产过程中要切实注意它们的使用要求，并进行管控。

图 6.1 常见金属异物

图 6.2 常见非金属异物

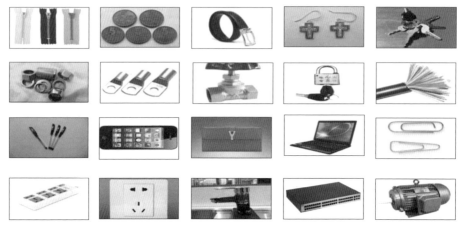

图 6.3 生活中常见异物

金属异物的主要存在形态、危害度及传入途径见表 6.2。

表 6.2 金属异物的主要存在形态、危害度及传入途径

类别	样品	实例	危害度	传入途径
颗粒		含异物粉尘、颗粒	高	空气、介质传播混入材料
镀层		塑料镀(如中性笔金属部分)、硬币	高	磨损后异物暴露、颗粒脱落
单质/合金		铜管、水龙头	高	异物暴露、颗粒脱落
化合态		316,314SUS	低	磨损后异物暴露、颗粒脱落

磷酸铁锂正极材料工厂异物管控标准见表 6.3。

表 6.3 异物管控标准

等级	风险内容	Cu/Zn 管控标准
A	与原辅料、过程产品直接接触;有磨损风险	<0.5%
B	与原辅料、过程产品间接接触;有磨损风险	<1%
C	与原辅料、过程产品不直接接触;有磨损风险	<2%
D	与原辅料、过程产品不直接接触;无磨损风险	无要求

6.2.2　异物产生不良影响的机理

在磷酸铁锂材料生产过程中要防止一切与产品属性不同的物质进入到产品当中，造成电池电压降低，甚至短路，因此异物管控在材料工厂中是非常重要的一环。

(1)　金属异物造成电池内部短路常见形式

① 物理短路。尺寸较大的金属颗粒直接刺穿隔膜，导致正负极之间短路。

② 化学溶解短路。当金属异物混入正极后，充电过程正极电位升高，高电位下金属异物发生溶解，通过电解液扩散。负极低电位下溶解的金属再在负极表面析出，最终刺穿隔膜，形成短路。

电池内部的短路过程如图 6.4 所示。

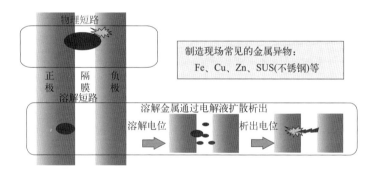

图 6.4　电池内部短路过程

(2)　金属异物化学溶解导致自放电增大机理

在电池中，金属异物发生化学和电化学腐蚀反应，金属离子溶解到电解液中：$M \longrightarrow M^{+} + ne^{-}$；$M^{+}$ 迁移到负极，并发生金属沉积：$M^{+} + ne^{-} \longrightarrow M$；随着时间的增加，金属枝晶在不断生长，最后穿透隔膜，导致正负极的微短路或不断消耗电量，导致电压降低。图 6.5 为电池的短路机理。

以上只是常见电池失效的形式，还可能有很多其他的影响机理。任何一个电池出问题，汽车上的电池管理系统就会报警，导致整个电池组无法正常工作，即最差的单个电池的性能决定了整个电池组的性能。

(3)　异物尺寸

隔膜的厚度约为 $10\mu m$，首次充电形成的正负极表面 SEI 膜，厚度约为 $100 \sim 120\mu m$。一般原则为不允许隔膜＋SEI 膜总体厚度一半以上大小的异物

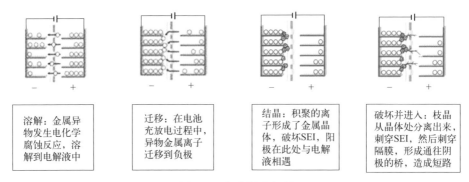

| 溶解：金属异物发生电化学腐蚀反应，溶解到电解液中 | 迁移：在电池充放电过程中，异物金属离子迁移到负极 | 结晶：积聚的离子形成了金属晶体，破坏SEI，阳极在此处与电解液相遇 | 破坏并进入：枝晶从晶体处分离出来，刺穿SEI，然后刺穿隔膜，形成通往阴极的桥，造成短路 |

图 6.5　电池短路机理

混入。人肉眼能分辨的最小理论长度为 0.1mm。

6.2.3　金属异物的危害

当正极材料中存在铁（Fe）、铜（Cu）、铬（Cr）、镍（Ni）、锌（Zn）、银（Ag）等金属杂质时，电池化成阶段的电压达到这些金属元素的氧化还原电位后，这些金属就会先在正极氧化，再到负极还原。当负极处的金属单质累积到一定程度，其沉积金属坚硬的棱角就会刺穿隔膜，造成电池自放电（失控）。金属颗粒容易引起锂电池产品发生起火、自燃、爆炸，轻则可能导致客户投诉/退货、经济损失、有损公司形象，重则可能导致巨额赔款，带来毁灭性灾难。

（1）对用户的影响

动力汽车电池里如果有金属异物，轻者会导致电池故障，性能下降；重者会导致电池短路起火爆炸，直接威胁用户的生命财产安全（图 6.6）。近年来，新能源汽车、两轮车起火爆炸事故频发，大部分是由于电池内短路造成的，因此电池安全尤为重要。

图 6.6　金属异物对用户的危害

（2）对企业和行业的影响

对于企业，如果产品中混有金属异物或金属杂质超标，轻者会造成退货，重者会面临巨额赔款，失去订单。最终不仅导致产品报废等成本损失，也将丧失企业在行业市场中的竞争力，无比珍贵的"客户信誉"也会降低。图6.7列出了金属异物对企业的危害。

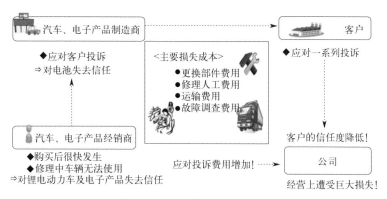

图 6.7　金属异物对企业的危害

6.3　磷酸铁锂工厂异物防护管理和管控

6.3.1　异物来源

异物的来源非常广泛，通常存在原辅材料，设备润滑油脂，设备金属部件（包括五金备品、备件、工器具，车间饰件，土建，暖通等）及车间环境中。设备部件及饰材的防控金属表现为镀层或其纯金属部件（纯金属也存在金属杂质，还要考虑杂质的形态）。该类金属存在安装拆卸及机构运转、机械摩擦或人员长期触摸后，将会造成的金属间刮擦，镀层脱皮，金属表面磨损，以致产生金属碎屑，最后通过气流，人员操作，技改施工，二次污染等介质，经过较为复杂的传播途径，最终混入产品中。材料工厂异物来源常见分为内部产生和外部引入。

（1）内部产生

主要来源：设备金属部件间相互摩擦产生的金属屑；物料和设备直接接触或摩擦产生的金属屑。气体、液体的流通管道工作过程中产生的金属屑。围护结构中腐蚀/浮动的物质掉落引入的金属屑。

（2）外部引入

主要来源：由操作工人引入的异物，例如工服上的绒毛、毛发、钥匙等；恶意加入，维修工作不当等。施工过程其他异物混入物料，例如掉落的金属碎屑、切割磨损、剪接线等。原材料引入异物，例如原材料内含有异物，原材料包装袋碎屑等。由车间外进入的粉尘异物，例如沙尘、毛絮等。

6.3.2 车间常见的异物引入风险点

磷酸铁锂工厂车间常见的异物引入风险点有原辅料引入、人员引入、设备引入、环境引入、工艺产生等。具体如下。

（1）原辅料引入

原辅料引入指的是原材料的包装袋有异物灰尘或者在拆包投料过程中，包装袋碎屑掉入；或者原料本身含有磁性异物、磁性物质超标，带入产品中。图6.8为原辅料引入的异物案例。

原料包装袋铜显色　　原料包装袋含磁性物质　　原料内部含磁性物质　　溶解槽处管道除铁器

图6.8　原辅料引入案例

（2）人员引入

人员引入指的是人员从外部进入车间，携带的金属物品，如首饰、钥匙等，或者施工方携带生锈的工具、设备进入车间等。这些携带物如果未管控好，很有可能在生产过程中，会进入产品和设备中。图6.9为人员引入异物的案例。

（3）设备引入

① 设备生锈引入。在磷酸铁锂工厂中，由于物料的特殊性、腐蚀性，非不锈钢材质很容易生锈。时间长了，这些铁锈会脱落引入到产品和设备中，导致铜锌异物超标。因此应经常巡查生锈部位，对设备进行除锈、防锈工作。图6.10为设备生锈引入的异物案例。

车间人员带入　　　　车间物料进出带入　　　断点处控制柜铜线接地　　施工方带入生锈管

图 6.9　人员引入案例

车间螺帽生锈　　　　　车间钢架生锈　　　　　车间设备生锈　　　　　车间工器具生锈

图 6.10　设备生锈引入案例

② 设备磨损引入。磷酸铁锂工厂往往有很多的旋转设备，如搅拌、电机、气锤、提升机等。这些设备在运行过程中，会产生摩擦磨损，导致金属碎屑、微粉产生，会被引入到产品和设备中，导致铜锌异物超标。因此应经常巡查旋转部位，排查摩擦磨损异常，对设备进行润滑、清洁。图 6.11 为设备磨损引入异物的案例。

回转窑敲击锤长期　　　反应釜搅拌轴承生锈　　提升机长期摩擦掉落　　车间出风口风向对着
敲击掉落磁性物质　　　摩擦掉落磁性物质　　　磁性物质　　　　　　　　烧结上料口

图 6.11　设备磨损引入案例

③ 设备本身引入。使用的设备和工器具的材质中含有铜铁锌镍元素。需要在采购这些设备和工器具时就做好材质采购要求，并在到货验收时进行材质检测。图 6.12 为设备本身引入异物案例。

(4) 环境引入

外面空气中的粉尘、金属碎屑、落叶、飞虫等从车间外面通过门窗、孔洞、风管、空调等通风系统进入车间。因此要做好车间的封闭性管理，加强巡

离心机传感器垫片含铜
50.86%，含锌17.14%

振动筛超声波接口活动件
含铜59.43%，含锌25.02%

包装机升降气缸关节轴
含铜39.7%，锌13.2%

图 6.12　设备本身引入案例

查。关闭好门窗，通风系统的过滤网、棉要定期检查、清理，确保无破损或失效。车间的孔洞要及时进行填补。图 6.13 为环境引入异物案例。

新风系统过滤网脏污　　新风系统内部锈蚀、脏污　　车间开窗进入　　除湿机内部金属粉

图 6.13　环境引入案例

(5) 工艺产生

磷酸铁锂材料的磁性异物除了以上介绍的产生来源外，还有一种来自烧结工艺过程中原材料生成的杂质，即高温烧结生成磷化铁（Fe_2P）或单质铁。烧结过程中生成大量的还原性气体且煅烧温度高，对 Fe_2P 的生成有促进作用。在预烧和煅烧过程中，对 $LiFePO_4$ 的深度还原是 Fe_2P 形成的唯一原因。实验证据有：

① 以磷酸锂、磷酸和柠檬酸铁为原料，先用溶胶凝胶法，再在不同煅烧温度和时间下制备 $LiFePO_4$，发现 Fe_2P 杂质是材料在高温下过度还原造成的。

② 以氢氧化锂、磷酸氢二铵和草酸亚铁为原料，采用固相反应法制备 $LiFePO_4$，发现随着煅烧温度的升高，产物中逐渐出现了 Fe_2P 杂质。

③ 以氢氧化锂、磷酸氢二铵和三氧化二铁为原料，采用固相反应法制备 $LiFePO_4$，发现 Fe_2P 的含量随着材料中碳加入量的递增而递增。

从上述研究可知，Fe_2P 的生成是随着材料制备过程中还原气氛的增加而增加的。煅烧温度太高，也会导致在 $LiFePO_4$ 中形成 Fe_2P。而在相对较低的

煅烧温度下制备的 $LiFePO_4$ 中，没有 Fe_2P。同时，在磷酸铁锂的合成过程中会生成少量的 $\gamma\text{-}Fe_2O_3$、FeP、Fe_2P 及 $Fe_2P_2O_7$ 等杂质，单质铁也会在还原性气氛下在 $500 \sim 700℃$ 经 Fe^{3+} 还原生成。这些杂质的存在会导致磷酸铁锂磁性物质超标，也会降低材料的比容量和能量密度。杂质铁在电解液中溶解等副反应会影响电池的使用寿命和安全性。煅烧温度越高，越容易导致单质铁的产生，主要原因是在高温下碳的还原作用较强，容易导致磷酸铁锂还原。

6.3.3　异物防控方法

（1）异物防控整体思路

异物防控方法很多，涉及人机料法各环节。首先我们要确定防控的整体思路，即不引入、不产生、不流出。

（2）异物防控四原则

异物控制需要硬件和管理相结合，以"预防"为主，才能最大限度地减少混入的可能性，以"减少来源，控制源头为主，以日常清扫，事后排查"为辅。主要分为四个原则：不带入（事前控制）、不产生（事前控制）、降低异物等级和扩散范围、不堆积。内容详述如下。

① 不带入。异物粉尘不带入。不从车间外部带入异物污染车间，不从其他产品生产区域带入异物污染产品。例如无异物化设备（工具）的设计（选定），用过滤过的空气使车间内风洁净，设置风淋，制订进入车间规定，禁止带入含异物品。

② 不产生。将异物的产生量降低，且不产生防控等级高的异物。禁止金属（Cu、Zn）＞磁性异物＞非金属异物。将异物的影响范围缩小在可控区域内。例如制作异物地图，了解设备上使用了异物的地方；制作防护罩、油漆覆盖、涂层、包裹密封有异物扩散的地方；维修时进行防异物保护管理，施工时采取隔离、围挡措施。

③ 降低异物等级和扩散范围。产生异物的源头为设备或相关作业所必需，无法完全解决异物产生问题的，则应尽量将产生的异物等级降低。例如采用陶瓷刀替代金属美工刀，自制 PV 管道支架替代原有角钢支架，烘箱小车增加PV 条，包装取样瓢用塑料瓢替代不锈钢瓢，对现场的金属部件刷漆，油漆表面替代裸露的金属表面。在实际生产过程中，新引入的工器具、部件同样也会产生陶瓷、塑料、纤维及油漆异物，但避免了高等级的铜、锌及磁性异物的产生。对于无法避免产生的异物，采用封闭或收集的办法，减少异物扩散。

④ 不堆积。持续清扫生产环境中的粉尘、杂物，保持地面通道、横梁、

楼梯及设备表面无粉尘堆积，营造一个干净整洁的生产环境。

（3）异物防控管理体系

磷酸铁锂正极材料工厂异物防控管理体系一般从以下方面进行防控。

① 设计预防。新产品开发与设计程序。如加装过滤器、除铁器、使用设备材质应不含铜铁锌等。

② 系统管理制度建立。建立异物防控管理等制度。

③ 施工管理制度建立。建立厂区施工隔离等管理制度。

④ 运输控制。产品周转、包装及运输过程中做好管理控制。

6.3.4 异物防控实施细则

（1）新产线设计

① 设备选材方面。进行工艺设计时，工程中心在采购合同中应按照公司异物防控要求将具体要求传递给供应商，如明确规定设备主体及与物料接触部件的材质，所有设备材质均以非金属材质为主，与物料接触部位的设备材质则必须为非金属材质或喷涂内衬。

② 工装或设备防护方面。工装或设备防护前，应出具评审方案，通过评审后方可执行。如新建工厂或扩建平台，防锈方案要报备评审，使用的油漆严禁含铜锌成分，需使用材质检验合格的油漆。在投料口、下料处等物料与外界接触处采取加盖等措施，使物料在密封的设备、容器或管道内流通，减少因物料与外界接触而导致的异物引入。对提升机、行车等升降设备，应制作防护罩或异物容器，防止设备升降过程中钢丝绳与电动葫芦摩擦产生金属异物掉入物料桶或外包装袋上。在溶解、配料、反应、陈化及混批等工序安装除铁器，生产部按照规定周期清理。

（2）人流、物流管理

① 人流管理。凡进入车间的人必须走人流通道进入。进入车间前，在员工衣帽间更换工作服及工作鞋，并戴上岗位安全劳保用品，经过风淋室将身上异物风淋后方可进入车间。出车间时又从此通道出车间，出车间前先换衣服与鞋子，不允许将工作服与工作鞋穿出车间。风淋门每天定期清理维护保养。图6.14为人流管理案例图。

② 物流管理。物料必须经物流通道进入车间，由双层门进入，两道门不允许同时开启。物料进入车间后，由仓管员在双层门处将罩袋或外包装塑料膜除去，并用磁棒先吸附一次，确认包装袋上无磁性异物后再用叉车转至原料仓

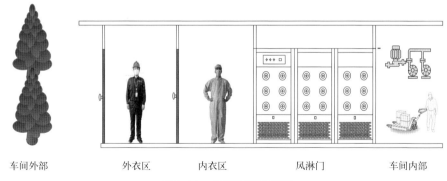

图 6.14　人流管理示意图

库存放点。同时注意以下几点：带入车间的设备和工器具材质检验合格后方可进入；进入厂区的车辆、物品严禁携带铁锈和异物。图 6.15 为物流管理示意图。

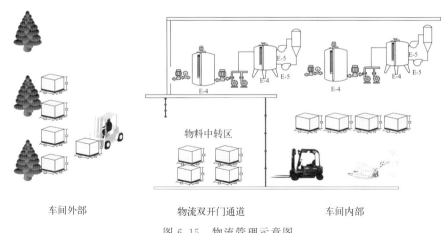

图 6.15　物流管理示意图

（3）设备/原料采购管理

公司 SQE 工程师及采购部门（含设备采购及原、辅料采购）将公司对异物管理的要求传递至供应商处，当采购的设备或备品配件不得不含有禁止类材质时，要提前告知公司异物防控小组，按照评审决议执行防护。当公司对异物的管理有新的要求时，在与供应商签订技术协议时需同步更新技术协议中的相关指标。供应商需每年确定质量改善提升项目，其中应包括对异物的管理提升。生产所用包材不得含有铜/锌金属，必须与包材供应商签订无铜锌承诺书。原辅料采购必须满足铜锌管控要求。

（4）设备维修现场管理

设备维修除做好施工隔离外，维修现场还需做好以下工作：购置维修工专用的工具箱或工具包，用于存放维修工具及较小的配件，如螺丝、垫片等；维修时不得将工具箱内工具及配件散落于工具箱外，避免小工具或配件遗漏在现场；在维修过程中将拆卸的零部件统一放入固定容器，装配后检查所有拆卸的零部件是否全部安装到位，并确认安装牢固可靠；维修完毕，及时清理现场，将更换下来的零件及维修工具、材料等全部撤离现场，并由维修人员用吸磁车清除维修现场的磁性异物；清理完成以后，生产车间的班长进行确认，并留下记录；各类现场施工、维修作业管理，施工或维修前落实围挡隔离措施；若机械设备损坏，需进行动用电焊机、角磨机等造成产品质量隐患较大的维修项目，需 IPQC 全程跟进；设备螺母划线定位，形成点检记录。

（5）施工管理

厂区（包括生产车间内部和外部）在实施设备的维修、改造、拆除、移动、安装以及厂房的维修、改造、拆除、新建时，需明确施工人员、施工材料、施工区域与生产现场的隔离管理标准，确保正在生产的产品质量，使其不受到金属异物与非金属异物等杂质的污染，避免因施工造成品质不良。项目施工现场必须围蔽，围蔽区域外禁止有工程垃圾。禁止使用铜锌施工工具，如不可避免，必须提前报备项目负责人。外来施工人员禁止携带或佩戴金属物件，如各类金属首饰、钥匙、手表等物件进入施工区域，未被允许禁止进入非施工区的生产区域。电气施工必须有防铜泄漏措施，施工完成后由使用部门、质量部门对现场进行铜锌排查。施工完毕后，立即清理现场。

（6）现场环境管理

加强现场 5S 清扫力度，防止各类异物留在生产现场。生产车间门、窗封闭管理，未经批准，严禁开启。对车间各类孔洞、窗户缝隙等进行封堵，防止异物进入。对现场的金属部件刷漆，油漆表面替代裸露的金属表面。现场放置收尘碗，监控车间落尘情况，并形成监测记录。各工序生产区域进行封闭，对易产生粉尘或磁性异物的设备或工序进行封闭或隔离。空调系统、通风系统、气路管道必须建立铜锌清单，定期开展铜锌泄漏排查，禁止在生产区域进行非必要的动火作业（如切割、打磨、焊接）。

（7）生产过程管理

表 6.4 为生产现场异物管理标准。

表 6.4　生产现场异物管理标准

项目	采取措施
人员控制	①包装房区域只允许指定人员进入
	②女工统一要求佩戴头套,头发不外露
	③正式员工需穿着工服,劳务工不得穿着有饰件(漂浮易脱落)的衣服
	④包装人员禁止使用线手套,统一规定戴乳胶手套
	⑤禁止生产人员佩戴饰品进入生产车间,如手表、戒指、项链等
设备夹具	①每日进行点检,防止设备部件掉落,有设备内物件破损需报告
	②设备维修时需清点工具,维修结束应及时打扫现场
	③禁止在生产区域进行非必要的动火作业(如切割、打磨、焊接)
	④生产区域工具交接班时需点检确认签名
	⑤如工具损坏及时上报,主管确认后进行更换并记录
容器控制	①包装袋使用前进行氮气填充气检查,严禁长时间打开袋口放置;填充及灌装完物料后检查包装袋外观是否正常,并清洁包装袋污物
	②混料区域投料前,必须先清理包装袋杂物(脏污、线头等)以及打扫投料现场的环境,确保无异物掉入混料罐
	③现场存料桶加盖进行防护,防止异物掉落到物料桶
方法控制	①包装过程控制包装重量比实际包装规格重量多,只允许从包装袋里往外取料,禁止从现场存料桶往包装袋补料
	②制程断点工序物料须有对应的防护要求,生产区域所有状态的制程物料均禁止裸露在环境中
	③定期开展铜锌泄漏的识别与排查
	④标识方法——能否有效区分,防止混杂,标识用品是否容易混入产品等;没有公司标签标识的物料,严禁进入车间
环境控制	①加强现场 5S 清扫力度,防止任何异物留在生产现场;门窗尽可能封闭
	②使用的清洁工具不得含有铜/锌金属,车间地面必须每天清道除铁 1 次
	③包装区域必须每班除铁 1 次

(8) 工器具管理

现场工器具做好台账,每日进行点检,防止设备部件掉落。有设备内物件破损需报告;小零部件、维修工具有专用工具箱,并在其上附清单,形成点检记录。生产区域工具进行编码与定位、捆绑防呆使用,每班交接进行工具点检确认签名。工器具选型和材质要求:不应为铁质、木质、麻质和玻璃制品,尽量使用硬塑料工具。

（9）物料流转及仓储管理

物料流转。叉车司机在转移物料前，生产部应检查物料的包装袋是否完好，物料是否泄漏。再根据转料单上的数量，将物料转移至目的地处。叉车司机在转移过程中，应防止外界环境对物料产生污染，下雨天物料应加盖防雨罩。所有物料搬运必须利用叉车/托盘/料桶匀速搬运。物料需堆放整齐，吨袋不得超出托盘边缘，防止货物倒塌、刮碰，损坏包装袋，严禁人坐于货物上以及脚踢货物的行为。物料移入车间之前，需将原来的缠绕膜揭掉，避免异物带入车间。原材料内外封口应严密，内外包装脏污不予接收和使用。所有物品在进入车间之前，需拆除外包装并进行必要的除磁、清洁。物料、物品从物流通道转运，内外门不准同时打开，必须一开一闭。原辅料、成品、降级品等不准有敞口现象，需封口后加罩袋，做好防尘工作。各型号物料、各工序物料、异常料均设立单独的放置区域，不得交叉混放。各物料所使用的物料桶为唯一且专用物料桶，各型号间不得共用物料桶。原辅料、成品、降级品等不能直接落地，需放在盘上。室内叉车与室外叉车不能混用，燃油叉车不准进入生产车间。

原辅料、成品外包装袋不能直接与货车车厢底部直接接触，物料需放置在洁净托盘上或为吨袋包装，外用彩条布遮盖。如来料为整车装的碳铵，货车底部需铺垫一层与车厢隔离的塑料布，再堆码物料；如为槽罐车运输的溶液，则车辆须为专车运送。装卸车用的叉车必须清洁、无锈蚀、无铜锌异物；周转托盘必须先洗干净或用新托盘，托盘四周及底部不可有灰尘或污渍，不得用盛装过铁、铜、锌物品的托盘直接盛放原料或成品。原料、成品进入仓库后，必须按要求放入指定的区域，仓管员必须检查入库产品外包装，不能有脏污、油迹、雨水、破损等，叉车不得有泥土、脏物等带入仓库，每次发放完原料后，仓管员务必及时关好仓库的门、窗，以防空气中飞散的异物、杂质进入仓库。货车装货面需平整，不可凹凸不平，装货物时原则上禁止踩踏，必要时需穿洁净的鞋套。如货代或物流公司需要在途中更换运输方式（如空运、海运），货厢或集装箱及中转工具（如叉车、行吊）不得锈蚀或有油污，在装车前必须先将集装箱或货箱清理干净；如使用盛装过铁、铜、锌等金属物品的集装箱或货箱转运，除用干净抹布将其清理干净外，还需用除磁车除磁 3 遍后方可转运磷酸铁锂产品。在运输途中不得拆卸产品外包装方式（如重新缠膜），当有不得已的情况（如物品倾斜）需要重新缠膜时，必须先用干净的无尘布将吨袋外部抹干净，并将吨袋外部因裸露吸附的异物用手持式磁棒吸磁 3 遍后方可重新缠膜。所有物品在进入车间前，需拆除外包装并进行必要的清洁。打开物流通道外侧门，将物品放在中转区域。完成所需物品放置后，人员、物流工具离开中转区，关闭外侧门。车间内部人员打开内侧门，采用内部专用工具将物品配送至所需区域。

（10）外界气流管理

产品中的很多异物是随着外界气流进来的。因此，必须根据不同车间的要求制定相应的气流管控标准。

① 密闭车间。要对车间各类孔洞、窗户缝隙等进行封堵，减少蚊虫及空气中的异物进入。

② 正压车间。安装空调送风系统，空气过滤后进入车间，减少异物风险，同时通过送风系统，保持室内压力大于室外压力，形成正压，使得车间内空气通过缝隙及孔洞等流向室外，避免室外空气通过孔洞、缝隙进入车间。图6.16 为环境气流异物管理示意图。

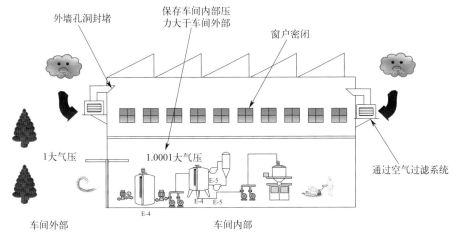

图 6.16 　环境气流异物管理示意图

（11）车间区域管理

车间各型号、各工序生产区域进行封闭，避免粉尘污染。各型号物料、各工序物料、异常料均设立单独的放置区域，专桶专用。各工序、各型号的工具器件不得交叉使用，人员不得同时生产多种产品。图 6.17 为车间区域管理案例图。

（12）车间铜锌排查及设备磨损管理

为充分识别车间设备或零配件的材质，由异物组牵头，组织质量部、设备部、技术部、生产部对设备零部件的材质进行确认，防止由于采购不当而购置了含铜锌的设备零部件。识别完成后，设备部门组织填写《设备铜锌异物排查记录/跟进表》，如某设备部件中含有铜、锌异物，则由设备部出具铜锌整改措施，质量部跟进并填写《设备铜锌异物排查记录/跟进表》。针对设备磨损管理，由设备部组织编制各设备的磨损管理基准书，并定期检查其磨损情况。按与物料直接接触、间接接触、不接触将铜锌和磁性异物风险等级分为 A、B、C 三个等级。

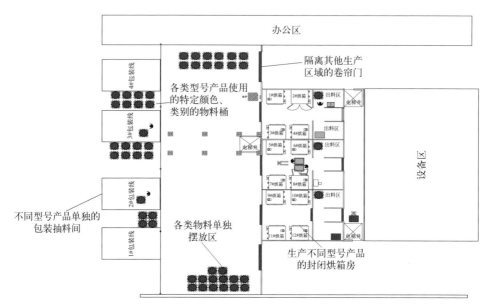

图 6.17　车间区域管理示意图

6.3.5　异物防控总结

磷酸铁锂工厂异物防控管理是一项系统而复杂的工作，需要企业从多个方面入手，建立全面的防控体系。通过加强检测机制、设备维护与管理、优化生产环境、严格工艺控制以及引入先进检测技术等措施，可以有效降低企业生产过程中的异物产生率。总结下来，必须做好以下几点。

（1）严格工艺控制

① 工艺流程优化。优化生产工艺流程，减少异物产生的环节。

② 操作规范。制定详细的操作规程，对生产人员进行培训，确保操作规范、准确。

③ 监控与记录。建立生产过程的监控和记录机制，对关键环节进行实时监控和记录，以便及时发现问题并采取措施。

（2）建立严格的检测机制

① 原材料检测。加强对原材料的检测，确保原材料中不含有磁性异物或

其他杂质。

② 设备检测。定期对生产设备进行检测和维护，特别是与物料直接接触的部件，需重点关注其磨损情况。

③ 磁性检测。建立磁性检测机制，对所有进入生产流程的材料和设备进行磁性检测，防止磁性异物进入。

（3）生产设备材质管控

生产线所有与物料直接接触的设备必须要求为非金属材质，或者在金属基材表面喷涂涂层进行防护。

（4）加强设备维护与管理

① 定期检查。生产设备定期检查和维护，确保设备处于良好运行状态。

② 磨损部件更换。对于易磨损的部件，需定期更换，防止其脱落或产生碎屑。

③ 设备升级。通过升级设备，采用高性能材料等手段，降低生产中磁性异物的产生概率。

（5）生产车间环境管控

① 车间密闭管理。车间门窗须保持密闭，防止外界异物进入。

② 新风系统。安装新风系统，并配备高效过滤器，确保进入车间的空气经过过滤处理，定期检查新风滤网更换情况。

③ 地面除磁。车间内地面采用永磁磁棒或除磁车定期进行除磁，减少磁性异物的积累。制定相应的规章制度和点检表。

④ 车间大门采用双层联锁结构，内置风淋室。车间内采用专用的转运工具或车辆，外部转运工具或车辆禁止进入车间内。外来人员进出车间需更换服装和鞋子，禁止携带手表、钥匙、硬币等金属物品进入车间内。车间放置专用的落尘收集器皿，定期监测环境中的飞散物水平，如有异常及时进行调查整改。

（6）生产作业管控

加强现场的除磁工作。包括各作业平台、地面，定期用除磁车或除磁工具进行除磁，重视设备除磁。前段湿区浆料及后段粉料的除磁，多用除磁设备进行除磁，并定期清理除磁料。

（7）生产操作规范管控

在投料或者转料、处理异常料时，注意不要带入、引入磁性物质，不宜使用金属工具，如刀片、料铲、桶等。

第7章

高压实磷酸铁锂材料的研发

7.1 材料的高压实原理和技术路径

材料的体积能量密度主要由该材料的工作电压、质量比容量和单位体积中正极片上的活性物质质量决定，其中工作电压是材料的本征特性，很难改变。各商用电极材料的质量比容量也已研究较深，提高空间不大。而单位体积中正极片上的活性物质质量，即压实密度，成为人们关注的重点。以 LiFePO$_4$ 为例，其理论压实密度为 3.60g/cm^3，而当前大部分商业电芯中 LiFePO$_4$ 极片的压实密度是 2.4～2.5g/cm^3，部分最新报道[1] 也才接近 2.6～2.7g/cm^3，可见材料的压实密度还有很大的提升空间。目前针对 LiFePO$_4$ 正极极片压实密度的提高主要有两种方法：一种是针对正极材料本身，通过改变材料的振实密度、材料的形貌、改良或减少包覆碳源、提高颗粒粒径分布等方法来提高压实密度；另一种是针对导电剂与黏结剂的改良，通过提高导电剂与黏结剂和正极材料整体的粒度配级，或使用比表面积小的导电剂及通过其他方法来提高极片的压实密度。

7.2 提高磷酸铁锂材料压实密度研究进展

关于提升材料的压实密度，科研人员已尝试了多种方法。Chen 等[2] 通过喷雾干燥结合高温固相法制备了低碳含量的多孔球形 LiFePO$_4$ 材料，球形 LiFePO$_4$ 由尺寸为 300nm 的颗粒组成，颗粒之间具有连接孔结构，连接孔隙提升了电解液的渗透和 Li$^+$ 扩散速率，且研究发现碳含量降到 1.1% 时，LiFePO$_4$

材料极片的压实密度可达 2.47g/cm^3，低碳含量的多孔球形 LiFePO$_4$ 材料显著提升了材料的压实密度和体积能量密度，计算结果表明，提升压实密度后材料的体积能量密度提升了 25％。Chen 等[3] 在研究颗粒形貌和碳含量对材料的压实密度影响后，又系统地研究了二次颗粒粒径分布对 LiFePO$_4$ 压实密度的影响。研究发现将二次颗粒中粒径 D_{50} 为 2.10μm 和 0.74μm 的正极材料按照 4：1 混合，压实密度提升了 5％，体积能量密度提升了 13％。Wang 等[4] 通过精细控制前驱体浆料的粒径，成功合成了压实密度高达 2.73g/cm^3 的 LiFePO$_4$/C 复合材料，较商用的 LiFePO$_4$（2.4g/cm^3）压实密度提升了 13％左右。同时其发现研磨料浆粒径越小，反应活性越高，合成过程中对碳源的消耗越大，这也有利于提升材料的压实密度。以此 LiFePO$_4$/C 正极材料制备的 18650 电池，容量达到 7.0Wh，与其他样品相比体积能量密度提升了 5.6％～10％。

为了提升 LiFePO$_4$ 材料的体积能量密度，研究人员在 LiFePO$_4$ 辅助材料研究上也取得了一定进展。Liu 等[5] 提出使用聚糠醇（PFA）导电树脂作为电极添加剂，以取代聚偏氟乙烯（PVDF）。PFA 结构中的氧杂原子减少了锂离子的扩散障碍，降低了所需的电解质孔体积，从而增加了极片的压实密度。LiFePO$_4$ 极片的压实密度高达 2.65g/cm^3，体积能量密度达到惊人的 1551Wh/L。使用 PFA 和 LiFePO$_4$ 制作的极片，循环 500 次后容量保持率可达 80％。这为高体积能量密度 LiFePO$_4$ 正极材料的开发提供了有效的辅助途径。另外 Wang 等[6] 采用超高液压技术制备了高压实密度 LiFePO$_4$ 正极和石墨负极（图 7.1）。压强为 250MPa 时，LiFePO$_4$ 正极和石墨负极薄片的压实密度分别为 3.2g/cm^3 和 2.0g/cm^3。电化学测试表明，压实后的 LiFePO$_4$ 和石墨在 2C 速率下的放电比容量分别为 140mAh/g 和 349mAh/g。使用高压实密度 LiFePO$_4$ 正极和石墨负极组装成方形电池后，获得了高达 733Wh/L 的体积能量密度。

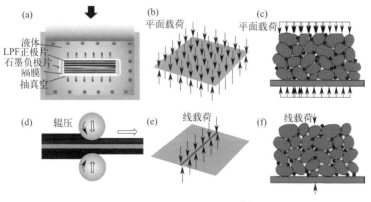

图 7.1 液压压实示意图[6]

7.3 高振实密度原料对磷酸铁锂材料压实密度的影响

为了更适合于工业化大规模生产，在不增加材料成本的前提下，通过简单工艺制得高性能磷酸铁锂材料。陈子丹等[7]选择以高振实密度磷酸铁、葡萄糖和单宁酸构成的复合碳源为原料，同时利用现有工艺制备具有良好电化学性能、高压实密度的磷酸铁锂材料。

7.3.1 样品的制备

将具有较高振实密度的磷酸铁（1.3g/cm^3）、电池级碳酸锂、复合碳源（葡萄糖与单宁酸的质量比为10∶0、8∶2、5∶5），按照1∶0.25∶0.09的质量比在行星式球磨机中以300r/min球磨1h，采用去离子水作为溶剂，采用直径为0.6mm的氧化锆球进行球磨，球料比为5∶1。所得浆料的固含量为50%，以300mL/h的速率进行喷雾快速干燥制成前驱体。喷雾机的入口和出口温度分别为180℃和100℃。喷嘴直径为1mm，入口压力为0.4MPa。然后将前驱体转移到管式炉中，在流动的氮气保护气氛下，以8℃/min的升温速率在750℃下加热4h合成了LiFePO$_4$/C复合材料，分别标记为LFP-1、LFP-2、LFP-3。

7.3.2 材料晶体结构分析

图7.2为LFP-1、LFP-2、LFP-3的XRD图谱。从图中可以看到3个样品的衍射峰均对应于橄榄石型磷酸铁锂标准卡（JCPDS卡编号为83-2092）。3组样品衍射峰峰形尖锐，说明3组样品结晶性较好；3组样品XRD图谱没有其他杂峰，说明样品纯度高，同时也说明碳含量很低，并且以无定形碳的形式存在。

7.3.3 材料微观形貌分析

湿法球磨、喷雾干燥、碳热还原法制备的磷酸铁锂材料的SEM如图7.3所示。3组LFP/C均是由纳米级的一次颗粒聚集形成的二次球形颗粒，由图7.3(a)、(c)和(e)可以看出，二次颗粒粒径在8～13μm。图7.3(b)、(d)和(f)为图7.3(a)、(c)和(e)样品的局部放大图，从图7.3(b)、(d)和(f)可以看出二次颗粒粒径在200～400nm，同时添加了单宁酸制备出来的磷酸铁锂[图7.3(d)

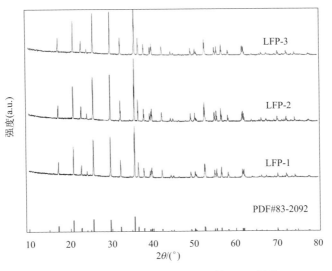

图 7.2　LFP-1、LFP-2、LFP-3 的 XRD 图谱

和(f)]相较于未添加单宁酸制备出的磷酸铁锂[图 7.3(b)]，一次颗粒的粒径分布更为均匀，颗粒与颗粒之间连接更为紧密，颗粒之间的空隙大幅减少，但是当添加的单宁酸含量过高时，一次颗粒粒径增大，颗粒与颗粒之间的连接变得疏松，空隙逐步增多。

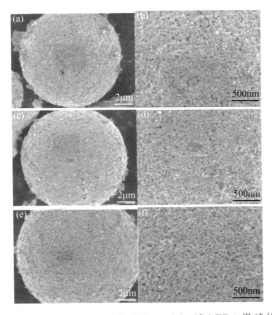

图 7.3　(a)、(b)LFP-1；(c)、(d)LFP-2；(e)、(f)LFP-3 微球的 SEM 图

7.3.4　材料压实密度分析

通过压实电导率仪器进一步测试了 3 种磷酸铁锂的压实密度，如图 7.4 所示，可以看到 LFP-2 具有最高的压实密度，在压强为 350MPa 时压实密度达到了 2.68g/cm³；其次为 LFP-3，在压强为 350MPa 时压实密度达到 2.62g/cm³；最低的则为 LFP-1，在压强为 350MPa 时压实密度为 2.55g/cm³。这与前面 SEM 结果一致，说明添加适量的单宁酸对磷酸铁锂的压实密度具有提升效果。

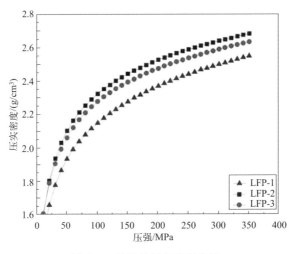

图 7.4　样品的压实密度曲线

7.3.5　材料的电化学性能分析

用制备的 3 种材料做成了纽扣电池，并测试它们的放电性能。图 7.5 为 3 种材料在常温条件下 0.2C 时的充放电曲线，可以看到 LFP-2 具有最高的放电比容量，达到了 164.1mAh/g；LFP-3 次之，放电比容量为 159.8mAh/g；LFP-1 放电比容量为 158.1mAh/g。这说明添加适量的单宁酸对磷酸铁锂的放电比容量也有很好的提升效果。

图 7.6 为 3 种材料在常温条件下 1C 倍率时循环 100 次的曲线。100 次循环后，LFP-2、LFP-3、LFP-1 样品的放电比容量分别为 156.5mAh/g、151.3mAh/g 和 145.7mAh/g。LFP-2 样品的循环保持率最高，达到了 100.71%，高于 LFP-3（99.87%）和 LFP-1（100.68%），表明 LFP-2 具有良好的循环稳定性。图 7.7 为 3 种样品的倍率曲线，可以看到 3 个样品随着放电

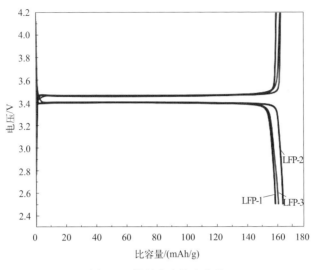

图 7.5　样品的充放电曲线

倍率的升高，容量均有所降低，其中 LFP-2 在 0.2C、0.5C、1C、2C、5C 下放电容量分别为 163.8mAh/g、159.7mAh/g、154.8mAh/g、148.9mAh/g、142.5mAh/g，较高的放电容量可能是由一次颗粒粒径分布较为均匀及良好的碳层包覆所致。当电流密度再次回到 0.2C 时，电池的放电容量与初始的 0.2C 放电容量较为接近，说明制备的材料结构稳定性较好。

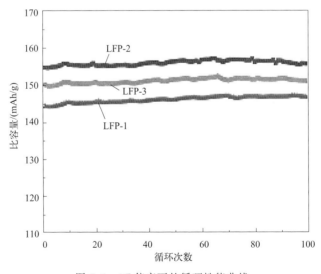

图 7.6　1C 倍率下的循环性能曲线

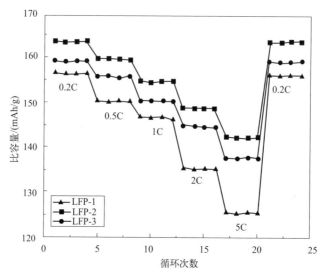

图 7.7　实验样品不同倍率下的放电性能

总之，采用高振实密度磷酸铁，并以葡萄糖与单宁酸质量比为 8 ∶ 2 的复合碳源，结合湿法球磨、喷雾干燥、碳热还原，制备出了压实密度为 2.68g/cm³、同时 0.2C 时的放电比容量达到 163mAh/g 的磷酸铁锂材料。在常温条件下 1C 循环 100 次后具有 100.71% 的容量保持率。高倍率下，具有良好的电化学特性。

7.4　颗粒形貌和碳含量对磷酸铁锂材料压实密度的影响

颗粒形貌对材料的压实密度同样具有十分显著的影响，其中普遍认为球形颗粒最优。球形颗粒具有优异的流动性，且相较于其他形貌的颗粒来说，球形颗粒的空间利用率最高。优异的流动性和较高的空间利用率能充分保证球形颗粒在压实过程中的密堆积。减少碳含量在提升材料的压实密度的同时可能会对材料的电导率产生不利影响，这就要求寻找合适的碳源，保证其在低碳含量下仍有较高的电导率。梁广川等[8] 以葡萄糖和 PEG 为复合碳源，C12APG 为研磨助剂制备 LiFePO$_4$/C 复合材料，研究颗粒形貌和碳含量对 LiFePO$_4$/C 正极材料压实密度和体积能量密度的影响。C12APG 为一种绿色非离子表面活性剂，兼具普通非离子和阴离子表面活性剂的特性，不同的是其不引入其他杂质离子。

7.4.1　样品的制备

采用球磨-喷雾-碳热还原法制备 $LiFePO_4/C$ 复合材料。首先称取 $FePO_4$（58.95g）、Li_2CO_3（14.73g）、$C_6H_{12}O_6 \cdot H_2O$（4.62g）、PEG_{6000}（1.33g）和 C12APG（0.16g），与 80mL 蒸馏水混合，然后在行星式球磨机上以 580r/min 的转速进行 2h 球磨。球磨时采用直径为 0.4mm 和 0.6mm 的氧化锆球（质量比1∶1），球料比为 5∶1。将得到的固含量为 50%（质量分数）的球磨浆料在325 目筛网上过筛，后以 300mL/h 的速度进行喷雾干燥。喷嘴直径为 2mm，进风口温度为 220℃，压力为 0.4MPa，出风口温度为 95℃。喷雾过程中，球磨浆料要进行搅拌，以防止其沉淀絮凝。在石英管式炉中将喷雾干燥的前驱体在 350℃煅烧 2h，后继续升温至 740℃保温 4h（升温速率为 8℃/min），烧结过程中通入氮气以防止 Fe^{2+} 氧化为 Fe^{3+}，得到 $LiFePO_4/C$ 复合材料。此样品命名为 LFP/PPT。

$FePO_4$（58.95g）、Li_2CO_3（14.73g）和 $C_6H_{12}O_6 \cdot H_2O$（6.61g）制备的样品命名为 LFP/P。$FePO_4$（58.95g）、Li_2CO_3（14.73g）、$C_6H_{12}O_6 \cdot H_2O$（4.62g）、PEG_{6000}（1.33g）制备的样品命名为 LFP/PP。$FePO_4$（58.95g）、Li_2CO_3（4.73g）、$C_6H_{12}O_6 \cdot H_2O$（6.61g）和 C12APG（0.16g）制备的样品命名为 LFP/PT。

7.4.2　样品形貌分析

通过 SEM 图对制备的 $LiFePO_4/C$ 复合材料形貌进行分析。从图 7.8 可以看出，喷雾干燥法所制备出的正极材料具有类似的颗粒形貌，均是由纳米级的一次颗粒组装成微米级的二次颗粒。由图 7.8(a)、(c)、(e) 和(g)看出，二次颗粒粒径在 7~11μm，二次颗粒的形貌、尺寸除受一次颗粒形貌尺寸的影响外，主要与喷雾干燥的参数有关，如喷枪喷嘴的压力、直径和进料速度等。图 7.8(b)、(d)、(f) 和(h)为样品的放大图，通过放大图可以分析不同样品一次颗粒形貌和粒径的区别。从图 7.8(a) 和(b) 可以看出，LFP/P 样品的一次颗粒粒径分布在200~300nm，一次颗粒粒径分布不均匀，颗粒之间还存在明显的团聚现象，这可能是由前驱体球磨效果不好和碳分布不均导致的。图 7.8(c) 和（d）中的LFP/PP 样品颗粒仍存在粒度分布不均匀的现象，但是团聚现象几乎消失。图 7.8(e) 和（f）中的LFP/PT 样品一次颗粒尺寸分布较为均匀，颗粒的粒径分布在 100~200nm。从图 7.8(g)和(h)可以看出，LFP/PPT 样品形貌最佳，粒径分布均匀，二次颗粒球形度好，表面光滑。LFP/PPT 优异的形貌可归功于球磨过程中引入 C12APG 后，前驱体粒径分布更均匀。此外，PEG 裂解碳均匀包覆在 LiFePO$_4$ 颗粒表面，也起到抑制颗粒团聚的作用。

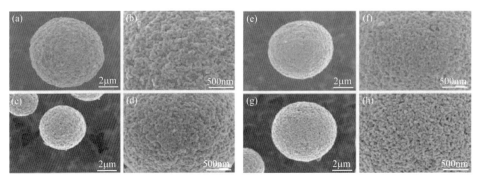

图 7.8　(a) 和 (b) LFP/P；(c) 和 (d) LFP/PP；(e) 和 (f) LFP/PT；
(g) 和 (h) LFP/PPT 的 SEM 图

通过 TEM 图像进一步分析 LFP/P 和 LFP/PPT 样品表面碳层的分布。由图 7.9 可以看到，LiFePO$_4$ 一次颗粒表面包覆着一层碳层，颗粒之间也被网状结构的碳相互连接。碳层的存在可以有效地提高 LiFePO$_4$ 的导电性。如图 7.9 (a) 和图 7.9(b) 所示，LFP/P 表面碳层分布不均匀且碳层较厚（厚度约为 11.3～11.6nm），厚的碳层会阻碍 Li$^+$ 的扩散。如图 7.9(c) 和图 7.9(d) 所示，LFP/PPT 一次颗粒表面均匀包覆了一层厚度为 5～6nm 的非晶态碳层。此外，LFP/PPT 样品表现出清晰规则的晶格条纹，测量到的条纹间距 d 为 0.245nm，这与 LiFePO$_4$ 标准卡片的 (121) 晶面相对应。

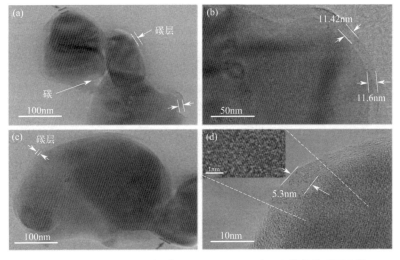

图 7.9　(a)、(b) LFP/P 和 (c)、(d) LFP/PPT 样品的 TEM 图

7.4.3　样品碳含量及石墨化程度分析

表 7.1 列出了四个样品的粉末电导率、碳含量和比表面积。样品 LFP/PP 和 LFP/PPT 相较于 LFP/P、LFP/PT 碳含量低,这与葡萄糖和 PEG 的热重分析结果相对应。虽然样品 LFP/PP 和 LFP/PPT 碳含量低,但是 PEG 裂解后的碳材料石墨化程度高且碳层包覆均匀,导致其具有较高的电导率。材料的比表面积主要与材料的颗粒尺寸、分散性以及碳含量有关。LFP/PP 具有最小的比表面积,这主要由其较低的碳含量和晶粒尺寸较大且不均匀导致。与之相反,LFP/PT 比表面积最大,主要与其高碳含量和分散的小颗粒形貌有关。LFP/PPT 样品碳含量低,但是颗粒尺寸小且分散均匀,因此具有适中的比表面积。

表 7.1　不同样品的粉末电导率、碳含量、比表面积

样品	LFP/P	LFP/PP	LFP/PT	LFP/PPT
粉末电导率(S/cm)	1.8×10^{-2}	4.3×10^{-2}	2.7×10^{-2}	5.4×10^{-2}
碳含量(质量分数)/%	1.50	1.06	1.52	1.07
比表面积/(m²/g)	14.77	12.51	16.73	14.86

拉曼光谱(图 7.10)用于分析 PEG 对 LiFePO$_4$/C 复合材料表面碳材料的石墨化程度的影响。在 1350cm^{-1}、1590cm^{-1} 处的两个强吸收谱带属于无定形碳的特征峰,950cm^{-1} 处的特征峰对应于 PO$_4^{3-}$ 的伸缩振动峰[9,10]。其中 1350cm^{-1} 处主要对应无序结构碳的 D 峰,1590cm^{-1} 处对应石墨化结构碳的 G 峰。通常通过 D 峰与 G 峰强度比(I_D/I_G)来衡量碳材料的石墨化程度,I_D/I_G 越小,碳材料的石墨化程度越高,碳层的导电性也越好。LFP/P、LFP/PP、LFP/PT 和 LFP/PPT 样品的 I_D/I_G 值分别为 0.96、0.88、0.97 和 0.88,表明 PEG 的加入可以明显提高碳材料的石墨化程度,有利于提升 LiFePO$_4$/C 材料的导电性的提升。

7.4.4　样品材料压实密度分析

为了进一步分析颗粒形貌和碳含量对正极材料压实密度的影响,对 LFP/P、LFP/PP、LFP/PT 和 LFP/PPT 样品进行了变压模式的粉末压实密度测试。如图 7.11 所示,四种 LiFePO$_4$/C 复合材料的压实密度均随压强的增加而增加,当压强达到 350MPa 时,LFP/P、LFP/PP、LFP/PT 和 LFP/PPT 四个样品的压实密度分别为 2.41g/cm³、2.63g/cm³、2.48g/cm³ 和 2.68g/cm³。结果表

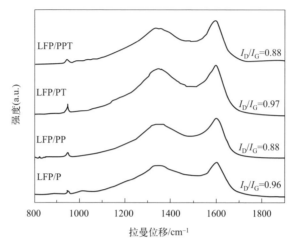

图 7.10　LFP/P、LFP/PP、LFP/PT 和 LFP/PPT 样品的拉曼图谱

明，PEG 替代部分葡萄糖作为碳源时，较低的碳含量有利于提升 $LiFePO_4/C$ 复合材料的压实密度，同时 C12APG 的加入也对压实密度有一定的提升，这是因为添加 C12APG 所制备的 $LiFePO_4/C$ 复合材料的一次颗粒为较规则的球形形貌，且粒径分布均匀。

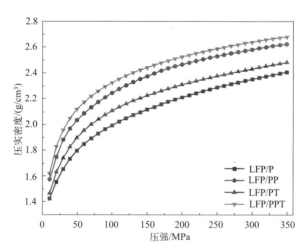

图 7.11　LFP/P、LFP/PP、LFP/PT 和 LFP/PPT 样品的压实密度曲线

7.4.5　样品电化学性能分析

为了研究包覆碳层和颗粒形貌对正极材料电化学性能的影响，对四组样品电化学性能进行了比较。图 7.12（a）展示了 LFP/P、LFP/PP、LFP/PT 和

LFP/PPT 四个样品在 0.2C 电流密度下的首次充放电曲线。每个样品的充放电曲线在 3.4V 左右均具有一对电压平台，这对应于 Fe^{2+}/Fe^{3+} 氧化还原反应。LFP/P、LFP/PP、LFP/PT 和 LFP/PPT 四个样品的首次放电比容量分别为 156.1mAh/g、159.3mAh/g、158.3mAh/g 和 161.1mAh/g。LFP/PPT 样品放电比容量最高，说明规则的一次颗粒形貌以及均匀的碳包覆层有助于提升材料的放电比容量。从 SEM 图中看到 LFP/P 颗粒较大，且团聚严重，较大的晶粒尺寸严重延长了 Li^+ 扩散路径，致使其放电比容量最差。

图 7.12(b) 对四个样品的倍率性能进行了比较，可以明显看到随着倍率的提升，容量均有所下降。其中 LFP/PPT 样品在 0.2C、0.5C、1C、2C 和 5C 下放电容量分别为 161.2mAh/g、157.2mAh/g、153.5mAh/g、148.2mAh/g 和 141.7mAh/g。在 5C 下的放电比容量为 141.7mAh/g，相当于 0.2C（161.2mAh/g）倍率下放电比容量的 87.9%。当电流密度回到 0.2C 时，电池的放电比容量与初始 0.2C 的放电比容量接近，说明制备的正极材料具有良好的结构稳定性。

图 7.12(c) 为 LFP/P、LFP/PP、LFP/PT 和 LFP/PPT 样品在 1C 倍率下循环 100 次的循环性能。100 次循环后，LFP/P、LFP/PP、LFP/PT 和 LFP/PPT 样品的放电比容量分别为 139.7mAh/g、147.0mAh/g、145.0mAh/g 和 151.2mAh/g。LFP/PPT 样品的容量保持率达到最高的 98.6%，高于 LFP/P（96.7%）、LFP/PP（98.1%）和 LFP/PT（97.8%）。这充分证明了 LFP/PPT 样品具有良好的循环稳定性。

为进一步探究材料在充放电过程中的反应机理，进行了 CV 测试。图 7.12(d) 为四个样品在 2.3～4.2V 间的 CV 曲线，扫描速率为 0.1mV/s。在 3.2～3.7V 电压范围内，四个样品均有一对氧化还原峰，这对应于 Fe^{2+}/Fe^{3+} 氧化还原反应，同时也是 Li^+ 的嵌入和脱嵌过程[11,12]。氧化峰和还原峰之间的差值通常反映电极的极化程度。电压差越小，电极的极化程度也就越小。LFP/PPT 样品的氧化还原峰清晰且尖锐，电压差为 306mV，小于 LFP/P（430mV）、LFP/PP（354mV）和 LFP/PT（383mV）样品的电压差。LFP/PPT 样品电压差最小且氧化还原峰尖锐，表明 LFP/PPT 样品具有最小的极化程度且具有最大的峰值电流密度，这归功于规则的一次颗粒形貌和碳层的均匀包覆。

7.4.6 样品圆柱电池电化学性能分析

为了测试样品在实际应用中的效果，制作 14500 型圆柱电池。为了满足制作 14500 型圆柱电池的要求，需要将正极材料粉碎到合适的粒径。之前的研究

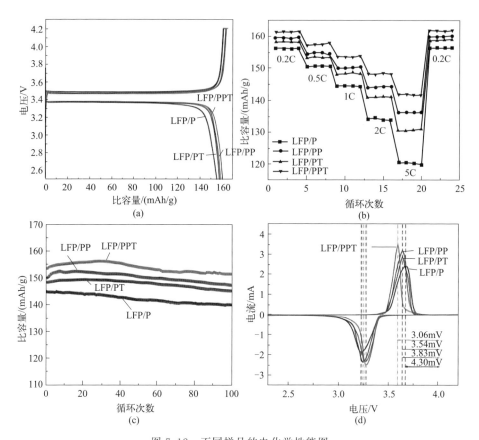

图 7.12　不同样品的电化学性能图

（a）0.2C 时的初始充放电曲线；（b）0.2C、0.5C、1C、2C、5C 时的倍率性能；

（c）1C 下的循环性能曲线；（d）0.1mV/s 下的 CV 曲线

表明，粉碎的正极材料颗粒尺寸过大会影响涂布极片的质量，极片干燥后会出现掉料的现象；粉碎粒径过小会导致制浆过程中颗粒团聚。因此，将正极材料粉碎到中位粒径 D_{50} 为 $1.3\mu m$。图 7.13 和表 7.2 显示了粉碎后不同样品的粒度分布。粉碎后的 D_{50} 值均在 $1.3\mu m$ 左右。粉碎后的粒径分布曲线表明，LFP/PPT 粉碎样品的粒度分布最集中。值得注意的是，LFP/PPT 粉碎样品 D_{10} 最小，这可能是由于其一次颗粒粒径较小且较分散造成的。

表 7.3 展示了四组正极极片的参数。正极极片统一按照 $300g/m^2$ 的面密度进行涂布，极片辊压之后的厚度越薄，表明极片的压实密度越大。LFP/P、LFP/PP、LFP/PT 和 LFP/PPT 样品的极片压实密度分别为 $2.33g/cm^3$、$2.56g/cm^3$、$2.41g/cm^3$ 和 $2.62g/cm^3$。LFP/PPT 样品的极片压实密度最大，这主要归功于其正极材料较低的碳含量和均匀规则的一次颗粒形貌。

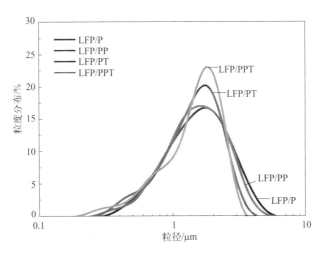

图 7.13　粉碎后不同样品的粒度分布图

表 7.2　粉碎后不同样品的粒度分布表

样品	粒径/μm			
	D_{10}	D_{50}	D_{90}	跨度
LFP/P	0.624	1.358	2.617	1.468
LFP/PP	0.602	1.325	2.459	1.402
LFP/PT	0.562	1.271	2.142	1.243
LFP/PPT	0.544	1.322	2.084	1.165

表 7.3　正极极片的参数

样品	面密度/(g/m²)	压实厚度/μm	铝箔厚度/μm	压实密度/(g/cm³)
LFP/P	300.04	143.75	15	2.33
LFP/PP	299.89	132.11	15	2.56
LFP/PT	299.93	139.44	15	2.41
LFP/PPT	300.12	129.54	15	2.62

　　图 7.14(a) 展示了四个样品的 14500 型圆柱电池在 0.2C、1C、5C 倍率下的放电曲线，可以清晰地看出 LFP/PPT 样品放电比容量最高，在三个倍率下的放电比容量分别高达 564.7mAh、544.0mAh 和 518.2mAh。5C（518.2mAh）下的放电容量相当于 0.2C（564.7mAh）倍率下放电容量的 91.8%。相较于扣式电池的 87.9%，全电池的倍率性能更突出，这主要得益于圆柱电池的内阻一般为毫欧级，远小于扣式电池的欧姆级。圆柱电池的倍率测试结果初步验证了此正极材料实际应用的潜能。

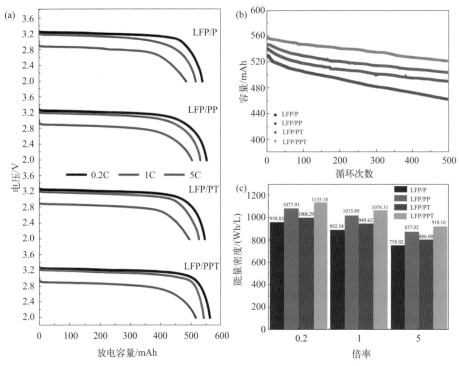

图 7.14　组装成 14500 型圆柱电池后不同样品的电化学性能图

（a）不同倍率下的放电曲线；（b）1C 下的循环性能曲线；（c）不同倍率下的体积能量密度

图 7.14（b）为四组样品的圆柱电池在 1C 下循环 500 次的循环图。LFP/PPT 样品循环 500 次后，容量维持在 511.5mAh，容量保持率为 93.9%，高于 LFP/P（87.3%）、LFP/PP（92.4%）和 LFP/PT（90.7%）容量保持率。这充分表明了 LFP/PPT 正极材料不仅在扣式电池下具有良好的循环稳定性，在圆柱电池中仍具有良好的循环稳定性。

图 7.14(c) 的柱状图展示了 LFP/P、LFP/PP、LFP/PT 和 LFP/PPT 材料制备的极片在不同倍率下的体积能量密度。LFP/PPT 极片在 0.2C、1C、5C 倍率下的体积能量密度分别为 1135.18Wh/L、1076.31Wh/L 和 918.16Wh/L，为四个极片中最好，这归功于 LFP/PPT 正极材料较高的压实密度和优异的电化学性能。

由此可见，通过表面活性剂 C12APG 辅助葡萄糖和 PEG 复合碳源制备的一次颗粒 $LiFePO_4$/C 复合材料，形貌规整，碳含量低，但碳材料石墨化程度高，碳材料能薄而均匀地包覆在一次颗粒表面。总之复合碳源的搭配既降低了碳含量，提升了材料的压实密度，又因为包覆碳层的高石墨化程度提高了电子传输能力，提升了材料的电化学性能。

7.5　分散剂对磷酸铁锂极片压实密度的影响

磷酸铁锂超细粉（亚微米级，粒径处于 $0.1\sim1\mu m$）在工业生产中极为常见，与块体以及微米级的正极材料相比，这种亚微米级的正极材料可以大范围调节材料组分。以此类材料制备的电极具有 Li^+ 传输距离短、电荷转移速度快和容量可逆程度高等优点。但是因为超细粉过大的比表面积使其具有较高的表面能，因此在制浆过程中材料之间极易发生自团聚。所制备浆料分散性差，极片表面粗糙，电极容量低且循环性能差。在本节中，梁广川等研究了亚微米级超细粉的分散状态对磷酸铁锂压实密度及性能的影响。通过加入分散剂 KD-1 消除团聚，并对比分析了分散剂添加量对磷酸铁锂分散状态的影响。

7.5.1　磷酸铁锂浆料的制备

将气流粉碎后的亚微米级磷酸铁锂超细粉筛选出来进行此项实验研究。首先将分散剂 KD-1 在 NMP 内完全溶解，然后将此溶剂倒入提前按比例分散好的 $LiFePO_4$、Super-P 和 PVDF 混合材料内，并在实验室用小型制浆机制备正极浆料。球料比为 3∶2，球磨机转速调整为 600r/min 研磨 20min，将分散剂和正极浆料之间充分混匀。不同分散剂添加量所制备的磷酸铁锂浆料和对应所制备的电极命名见表 7.4。

表 7.4　不同分散剂添加量制备的 $LiFePO_4/C$ 浆料和对应电极的名称表

分散剂添加量(质量分数)/%	浆料	电极
0.1	SA	LFP-A
0.2	SB	LFP-B
0.3	SC	LFP-C
0	SW	LFP-W

7.5.2　KD-1 添加量对磷酸铁锂分散程度的影响

图 7.15 为磷酸铁锂不同分散状态极片表面 SEM 图。对比图 7.15(a)、(c)、(e) 和(g)可以发现，未添加分散剂制备的 LFP-W 颗粒分散性差，制备的极片表面粗糙，坑洼不平。从图 7.15(g) 可以看出，这些极片表面粗糙体的粒径范围在 $10\sim15\mu m$ 之间，有个别粒径达到 $20\mu m$ 以上。其放大图显示，这些极片表面的凸起是由粒径在 $200\sim400nm$ 之间的细小颗粒组成的二次团聚体。团聚如此严重的原因可能是这些纳米级细小粉体本身过大的比表面积，具

有很高的表面能，过高的能量状态难以持续维持，因而自发团聚向低能态转化。此外，小粒径粉体之间较强的范德华力同样会促进这些纳米粉体的相互组合，因而容易形成这种粒径不一、极片表面凸起且形状不规则的二次团聚颗粒[13]。对比图 7.15(a) 和（g）可以看出，加入 0.1%（质量分数）分散剂后，LFP-A 的颗粒分散程度得到明显提升，对应极片表面团聚减少，团聚体颗粒直径降低。图 7.15(b) 显示，二次团聚体的粒径已经降至 2～4μm，这说明 KD-1 对此体系解聚效果明显。图 7.15(c) 为分散剂 KD-1 添加至 0.2%（质量分数）时极片表面的形貌。可以看出，随着分散剂添加量的继续增加，磷酸铁锂颗粒的分散程度也得到进一步提升，极片表面变得平整。图 7.15(d) 显示这些颗粒基本为本身大小，并未出现明显团聚。LFP-C 极片形貌如图 7.15(e) 所示，与图 7.15(c) 对比后发现，两组样品极片表面形貌接近，说明分散剂加至 0.2%（质量分数）颗粒分散程度基本达到最佳。

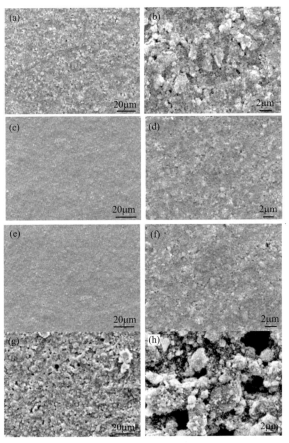

图 7.15　不同分散剂添加量制备的 LiFePO$_4$/C 极片 SEM 图

（a）和（b）LFP-A；（c）和（d）LFP-B；（e）和（f）LFP-C；（g）和（h）LFP-W

为了更好地了解颗粒分散状态对团聚体粒径的影响，对不同分散状态下的浆料进行粒度测试，粒度分布曲线如图 7.16 所示。各样品的具体粒度值如表 7.5 所示。SW 样品因未加入分散剂表现出最大的分布范围（$0.678 \sim 29.421\mu m$），并且伴随着双峰存在。双峰的出现说明磷酸铁锂颗粒在两个尺寸附近出现聚集。由于原料中并没有加入大粒径颗粒，因此大尺寸颗粒只能由原料本身团聚产生，这一结果也与其形貌图 7.15(h) 相吻合，并且粒度数据说明，团聚体直径处于 $20 \sim 30\mu m$。加入分散剂后的三组样品，粒度均呈正态分布，说明分散剂 KD-1 对磷酸铁锂的分散明显有效。在加入 0.1%（质量分数）分散剂后，颗粒分散程度得到增加，浆料 SA 表现出较小的中位粒径（D_{50} 为 $0.817\mu m$）和骤降的范围分布（$0.417 \sim 1.331\mu m$），对应极片形貌团聚程度降低，团聚体直径缩减。分散剂添加量为 0.2%（质量分数）时，浆料 SB 的粒度分布范围锐减至 $0.339 \sim 0.592\mu m$，并且中位粒径降低至 $0.448\mu m$，对应极片表面平整，基本无团聚存在。浆料 SC（$0.343 \sim 0.673\mu m$）与 SB 粒度曲线相接近，粒度值相差不大，说明颗粒的分散程度并不能随着分散剂量的增加持续提升。上述粒度结果与 SEM 结果变化趋势一致，说明颗粒的分散状态在制浆过程已基本成型，这意味着在制浆过程中优化浆料的分散状态极为重要。

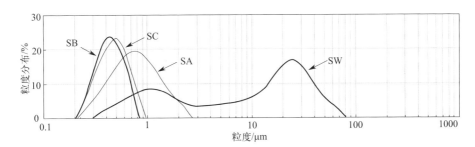

图 7.16　不同分散剂添加量制备的 LiFePO$_4$ 浆料粒度分布曲线

表 7.5　不同分散剂添加量制备浆料的粒度值

样品	粒度 /μm		
	D_{10}	D_{50}	D_{90}
SA	0.417	0.817	1.331
SB	0.339	0.448	0.592
SC	0.343	0.534	0.673
SW	0.678	10.983	29.421

7.5.3　磷酸铁锂分散状态对压实密度及电化学性能的影响

对四组样品制备成的 14500 型钢壳电池的内阻和电压进行测试，结果见表 7.6，所用测试设备为 NZY-200 电池内阻仪。从表 7.6 可以看出，四组样品电压平台统一为 3.37V，对应 LFP-A、LFP-B、LFP-C 和 LFP-W 的化成内阻分别为 41.53mΩ、38.21mΩ、38.87mΩ 和 46.34mΩ。LFP-W 具有最大的内阻，这是因为正极材料之间团聚可能会将导电炭黑包围起来而难以形成有效的碳网。此外，磷酸铁锂超细粉团聚后同样增加了颗粒与颗粒之间的距离，不利于 Li^+ 和电子传输。加入 0.1%（质量分数）分散剂的 LFP-A 样品内阻值为 41.53mΩ，明显低于 LFP-W，这归因于正极材料之间团聚程度的降低。对比发现 LFP-B 的内阻值最低，这是因为正极材料在得到充分分散的同时，导电炭黑也被均匀分散在一次颗粒之间，形成了完整的导电碳网。更大的比表面积有利于 Li^+ 和电子的传输，从而提升了电池的倍率性能。LFP-C 的内阻值略高于 LFP-B，是因为 KD-1 加入量过多，而 KD-1 本身并不导电。此外，更好的分散程度明显提高了电极的压实密度，LFP-A、LFP-B、LFP-C 和 LFP-W 正极片的压实密度分别为 2.54g/cm³、2.60g/cm³、2.60g/cm³ 和 2.38g/cm³。压实密度增大缩短了活性物质之间的距离，这为降低电池阻抗提供了有力保证[14]。电池本身更小的内阻为电子提供了更快的传输速度。

表 7.6　$LiFePO_4$/C 样品所制备电池的内阻、电压和压实密度

样品	内阻/mΩ	电压/V	压实密度/(g/cm³)
LFP-A	41.53	3.37	2.53
LFP-B	38.21	3.37	2.60
LFP-C	38.87	3.37	2.60
LFP-W	46.34	3.37	2.38

图 7.17(a) 为四组样品在不同倍率下的放电曲线。分散剂 KD-1 的加入对电池的放电性能有较大影响。从图中可以看出，LFP-W 电池放电容量从 0.2C 到 5C 倍率下的放电容量从 504.5mAh 下降到 346.2mAh。LFP-W 颗粒分散程度较差，颗粒团聚严重，进而导致倍率性能较差。LFP-A 电池放电容量从 0.2C 到 5C 倍率由 539.6mAh 下降到 461.2mAh。由于分散剂 KD-1 的加入，磷酸铁锂正极材料的分散程度增加，Li^+ 和电子的传输路径相对缩短，进而倍率性能得到提升。LFP-B 电池在 0.2C、0.5C、1C、2C 和 5C 倍率下放电容量

分别为 578.4mAh、565.1mAh、550.5mAh、538.5mAh 和 522.5mAh。
LFP-B 最高的放电容量可以归因于超细粉最佳的分散程度，对应极片具有最
高的压实密度（2.60g/cm³），见表 7.6。经计算，LFP-B 在 0.2C 倍率下体积
能量密度为 241.6Wh/L，较无添加分散剂样品提升 13.7%。LFP-C 在 0.2C
下放电容量为 548.5mAh，5C 下放电容量降至 480.1mAh。LFP-C 和 LFP-B
的颗粒分散程度接近，但是 LFP-C 样品的容量和倍率性能相对 LFP-B 而言有
所降低，这可能是 KD-1 加入量过多，占据了部分活性物质的位置，且分散剂
的不导电性阻碍了电极中电子的传输。

　　图 7.17（b）为四组 LiFePO₄/C 样品所制备的圆柱钢壳电池 1C 循环性能
曲线。从图中可以看出，LFP-B 的循环性能最好，其初始放电容量为
550.5mAh，经 2000 次循环后容量下降到 512.8mAh，循环保持率为
93.1%。LFP-A 和 LFP-C 的初始放电容量比较接近，分别为 508.6mAh 和
518.8mAh，在 2000 次循环过后两者容量保持率分别为 83.9% 和 86.4%。
LFP-A 偏低的容量及容量保持率可以归因于活性物质的分散程度低，较大的
二次团聚体与电解液浸润不充分。循环性能最差的 LFP-W 初始放电容量为
481.6mAh，其在前 200 次循环后容量即开始骤减，在 2000 次循环完成后容
量保持率只有 68.3%。亚微米超细粉严重团聚导致二次颗粒内部无法充分
接触到电解液，且使电极的结构不稳定，是导致 LFP-W 电池容量低和循环
性能差的主要原因。

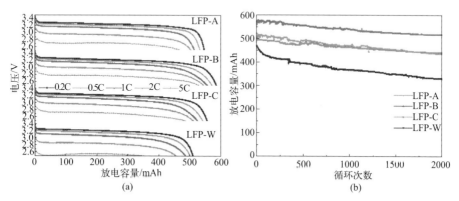

图 7.17　（a）LiFePO₄/C 样品全电池倍率放电曲线；（b）LiFePO₄/C 样品
全电池 1C 循环曲线

　　由此可见分散剂 KD-1 增加了 LiFePO₄/C 的均匀分散程度。LiFePO₄/C
在获得充分分散之后，因其本身极小的粒径而使颗粒与颗粒之间排列紧密，极

片表面平整，对应电极展示出较高的压实密度。LiFePO$_4$/C 均匀的分散程度明显提高了电极的倍率性能和循环稳定性。

参考文献

［1］ 李淼，于永利，吴剑扬，等. 高能量密度磷酸铁锂正极设计［J］. 储能科学与技术，2023，12（07）：2045-2058.

［2］ Chen L，Chen Z，Liu S，et al. Study on highly compacted LiFePO$_4$/C cathode materials for high performance 18650 Li-ion batteries［J］. International Journal of Electrochemical Science，2018，13 (6)：5413-5424.

［3］ Chen L，Chen Z，Liu S，et al. Effects of particle size distribution on compacted density of lithium iron phosphate 18650 battery［J］. Journal of Electrochemical Energy Conversion and Storage，2018，15 (4)：041011.

［4］ Wang Y，Zhang J，Xue J，et al. LiFePO$_4$/C composites with high compaction density as cathode materials for lithium-ion batteries with high volumetric energy density［J］. Ionics，2021，27（11）：4687-4694.

［5］ Liu T F，Tong C J，Wang B，et al. Trifunctional electrode additive for high active material content and volumetric lithium-ion electrode densities［J］. Advanced Energy Material，2019，9（10）：1803390.

［6］ Wang J，Shen Z，Yi M. Hydraulic compaction on electrode to improve the volumetric energy density of LiFePO$_4$/graphite batteries［J］. Industrial & Engineering Chemistry Research，2019，58（34）：15407-15415.

［7］ 陈子丹，王伟伟. 基于高密度磷酸铁合成高压实密度磷酸铁锂正极材料研究［J］. 当代化工研究，2024，(19)：174-176.

［8］ Suh S，Choi K，Yang S，et al. Adsorption mechanism of alkyl polyglucoside (APG) on calcite nanoparticles in aqueous medium at varying pH［J］. Journal of Solid State Chemistry，2017，251：122-130.

［9］ Liu Z，Du G，Zhou Y，et al. Freeze-casting preparation of three-dimensional directional porous LiFePO$_4$-graphene composite aerogel for lithium-ion battery［J］. Diamond and Related Materials，2023，137：110074.

［10］ Chandra G，Kashyap S J，Sreedhara S S，et al. Enhanced stability and high-yield LiFePO$_4$/C derived from low-cost iron precursors for high-energy Li-ion batteries［J］. Journal of Energy torage，2023，72：108453.

［11］ Huang X，Yao Y，Liang F，et al. Concentration-controlled morphology of LiFePO$_4$ crystals with an exposed (100) facet and their enhanced performance for use in lithium-ion batteries［J］. Journal of Alloys and Compounds，2018，743：763-772.

［12］ Ren X，Li Z，Cao J，et al. Enhanced rate performance of the mortar-like LiFePO$_4$/C composites combined with the evenly coated of carbon aerogel［J］. Journal of Alloys and Compounds，2021，

867: 158776.

[13] Sun Z K, Yang L J, Wu H, et al. Agglomeration and removal characteristics of fine particles from coal combustion under different turbulent flow fields [J]. Journal of Environmental Sciences, 2020, 89 (3): 116-127.

[14] Li P, Hwang J Y, Sun Y K. Nano/micro-structured silicon-graphite composite anode for high-energy density Li-ion battery [J]. ACS Nano, 2019, 13 (2): 2624-2633.

第 8 章

磷酸铁锂低温性能改进技术

8.1 磷酸铁锂材料低温性能测试与评价

　　锂离子电池在不同环境下的性能和使用寿命受到的制约更加明显，尤其是应用于高纬度、高海拔和超低温地区的供电设备。研究表明，锂离子电池在低温环境中的倍率性能以及循环寿命大幅降低，特别是在－40℃下的容量保持率仅有室温下的 12%[1-4]。因此，开发在极端条件下具有高能量密度的可充电锂电池及其评价具有重要的实际意义。

8.1.1 锂离子电池低温测试标准及方法

　　针对锂离子电池低温环境的适应性评估，国内外相关机构对电池的低温环境适应性制定了相应的评估标准。如国家标准化管理委员会颁布的 GB/T 36276—2023《电力储能用锂离子电池》和 GB/T 31486—2024《电动汽车用动力蓄电池电性能要求及试验方法》以及国际电工委员会颁布的 IEC62620：2014《含碱性或其他非酸性电解质的二次电池和蓄电池组　工业设备用锂蓄电池和蓄电池组》和 IEC 61960-3：2017《含碱性或其他非酸性电解质的蓄电池和蓄电池组便携式产品用锂蓄电池和蓄电池组》第 3 部分：方形或圆柱形锂电池及锂电池组等。现行标准对低温环境中锂离子电池的能量效率要求越来越严苛，因此，王等[5]调研了不同标准中锂离子电池在低温下的环境适应性要求，见表 8.1。在 GB/T 36276—2018《电力储能用锂离子电池》低温充放电性能试验要求电池在(25±2)℃环境下进行充放电，并要求电池单体和模块的能量效率不低于 75％。然而，在 GB/T 36276—2023《电力储能用锂离子电池》修订版中删除了低温充放电性能试验要求，新增了低温环境适应性试验，标准要求电池首先在(−30±2)℃环境中搁置 24h，然后将电池置于(25±2)℃环境中进行充放电，要求电池单体能量效率不低于 93％，电池模块能量效率不低于 92％。新版标准的发布对于电池低温性能的要求更为严格，给低温锂离子电池的发展设置了更高的门槛，有利于推动锂离子电池技术的革新。

表 8.1　不同标准对锂离子电池在低温下的环境适应性要求

标准名称	试验名称	检验对象	技术要求	检验条件要求	检验方法及步骤
GB/T 36276—2023《电力储能用锂离子电池》	低温适应性	电池单体	① 充电能量不小于额定充电能量；② 放电能量不小于额定放电能量；③ 能量效率不小于 93.0％	环境温度：(25±2)℃	① 电池初始化充电；② 在(−30±2)℃静置 24h；③ 在(25±2)℃静置 24h；④ 在(25±2)℃下以额定放电功率进行恒功率放电至放电终止电压，静置 10min；⑤ 在(25±2)℃下以额定充电功率进行恒功率充电至充电终止电压，静置 10min；⑥ 同第④步放电
		电池模块	① 能量保持率不小于 90％；② 充电能量恢复率不小于 92％；③ 放电能量恢复率不小于 92％	环境温度：(25±2)℃	
GB/T 31486—2024《电动汽车用动力蓄电池电性能要求及试验方法》	低温放电试验	电池模块	锂离子蓄电池模块放电容量应不低于初始容量的 70％	环境温度为(25±5)℃，相对湿度为 15％～90％，大气压力为 86～106kPa	① 电池模块按 GB/T 31486—2024 中 6.3.4 方法充电；② 电池模块在(−20±2)℃下搁置 24h；③ 电池模块在(−20±2)℃下以 1C 放电电流放电至任一单体蓄电池电压达到企业提供的放电终止电压(该电压值不低于室温放电终止电压的 80％)；④ 计量放电容量(Ah)

标准名称	试验名称	检验对象	技术要求	检验条件要求	检验方法及步骤
IEC62620:2014《含碱性或其他非酸性电解质的二次电池和蓄电池组 工业设备用锂蓄电池和蓄电池组》	低温放电试验	电池或电池组	对应低温下的容量不低于额度容量的70%	环境温度为(25±5)℃	① 按照 IEC 62620 中6.2的要求对电芯或蓄电池充满电；② 电芯或蓄电池应在制造商指定的环境"目标"测试温度下存放不少于16h,不超过24h；③ 电芯或蓄电池按规定的放电速率恒流放电,直至截止电压
IEC61960-3:2017《含碱性或其他非酸性电解质的蓄电池和蓄电池组便携式产品用锂蓄电池和蓄电池组》	20℃放电试验		放电容量不得小于制造商宣称的额定容量的30%	环境温度为(25±5)℃	① 电池或电池组按标准要求充电；② 电池或电池组在(-20±5)℃下放置大于16h但不超过24h；③ 用0.2C恒流放电,直至截止电压

在锂电池低温评测中，一般采取的步骤及测试项目还包括：

① 电池预处理。选择全新的单体电池作为实验对象，将其置于恒温箱中，设置为室温 25℃，静置 2h，然后使用 1C 恒流放电将电池放电至截止电压 2.5V。

② 低温存储和充电。将电池置于设定的低温环境（如-20℃）中存储一定时间（例如 20h），然后进行恒流恒压（CCCV）充电，充电电流通常为 0.5C，恒压充电电压为 3.65V，截止电流为 0.01C。

③ 低温放电测试。在低温环境下对电池进行放电测试，通常采用 1C 恒流放电，放电截止电压为 2.5V。记录放电过程中的电压、电流和温度等参数，以评估电池的低温放电容量和性能。还有一些特殊应用的低温测试，包括低温浮充测试等。具体的充放电设置流程为：首先将电池放至恒温箱并装配好静置 10min，其次在倍率为 0.05C 下持续充电 1h，随后在倍率为 0.1C 时持续充电 1h，最后在倍率为 0.2C 时持续充电 3h。浮充测试工步较多，具体见表 8.2。

表 8.2 浮充测试工步

序号	工步
1	搁置 5min
2	0.5C 恒流恒压充电至 3.65V
3	搁置 5min

序号	工步
4	0.25C 恒流放电至 2.0V
5	搁置 5min
6	0.5C 恒流恒压充电至 3.65V
7	搁置 12h
8	0.25C 恒流放电至 2.0V
9	搁置 10min
10	0.05C 恒流恒压充电至 3.65V,时间 48h(不设置截止电流)
11	0.25C 恒流放电至 2.0V

④ 动态特性测试。在不同温度下重复上述实验步骤,以比较电池在不同温度下的性能。通常在 -15℃、0℃、10℃、25℃ 和 40℃ 等温度下进行测试,以获取电池在不同温度下的充放电曲线。测试温度对电池性能影响很大,为了消除这种影响,应用电池恒温箱来控制被测电池的环境温度,使得电池的测试环境温度在 85.0℃、25.0℃、-20.0℃、-40.0℃ 等温度条件,误差为 ±0.5℃。对于扣式电池,采用的电池测试系统为深 LAND CT2001A,在 2.3～4.2V 的测试电压范围内对电池进行充放电性能测试。具体的充放电设置流程为:首先将电池放至恒温箱并装配好静置 10min;其次以恒定电流密度对电池充电至 4.2V;再次以 4.2V 恒压条件充电至电流密度降为设置值(对应倍率设置的 1/10)停止;随后恒温箱内静置 10min;最后以恒电流放电至截止电压 2.5V。对于不同倍率测试,只需要在保持上述步骤相同的前提下对充放电流密度进行调整即可。

⑤ 电化学阻抗谱(EIS)和循环伏安法(CV)。使用这些技术来确定电池在低温下的性能限制因素。EIS 可以分析电池的内阻和界面稳定性,而 CV 可以评估电池的充放电行为和反应动力学。电池的电化学交流阻抗谱(electrochemical impedance spectrum,简称 EIS),应用电化学分析仪进行测试,可采用德国札纳 Zennium 型号电化学工作站。测试的频率规定为 $10^{-2} \sim 10^{5}$ Hz 以及 5mV 的振幅,测试的环境温度为 25℃。EIS 测试在倍率为 1C、充放电循环 5 次后、SOC=50% 时进行测试,得到的交流阻抗数据应用 Zview2 软件进行等效电路拟合。

⑥ 直流内阻(DCIR)。IEC62620 标准也对电池直流内阻的测试做出了规定。电池满充后,以 0.2C 放电 10s,测试电压为 U_1,电流为 I_1;然后以 1C 放电 10s,此时电压为 U_2,电流为 I_2,那么电流直流内阻为:

$$R_{DC} = \frac{U_1 - U_2}{I_1 - I_2} \qquad (8.1)$$

⑦ 交流内阻（ACIR）。一般采用交流频率为1000Hz(图8.1)。

⑧ 标准和判定。根据 GB/T 31486 标准，磷酸铁锂电池的低温性能测试还包括外观、极性、尺寸和质量的检测以及常温放电容量的测试。对于－20℃放电容量的测试，判定标准是计算容量不低于额定值的70％。

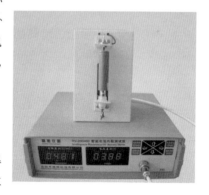

图8.1 交流内阻测试仪

8.1.2 锂离子电池低温评价

通过以上测试，可以系统、全面地获得磷酸铁锂电池的低温特性，为其在电动汽车等领域的应用提供理论基础。不同品牌和型号的磷酸铁锂电池在低温性能上可能会有所不同，因此这些测试对于评估和比较不同电池的性能至关重要。磷酸铁锂电池因其稳定的结构、良好的热稳定性和铁的丰富性而受到广泛关注。然而，其在低温条件下的性能下降是一个重要的技术挑战，常规的关于磷酸铁锂低温性能的检测数据和分析主要包括以下项目。

（1）内阻特性

在不同温度下，磷酸铁锂电池的内阻会随着温度的下降而逐渐增大。当电池的 SOC(state of charge)在 50％以上时，总内阻变化较平稳。在 40～80℃时，不同 SOC 电池的直流内阻波动较小。在温度低于 10℃时，不同 SOC 直流内阻逐渐变大。通过图8.2可以看出这一规律。温度和直流内阻的关系式可以用式(8.2)表示：

$$y = 344.4 - 13.42x + 0.2492x^2 - 0.001515x^3 \qquad (8.2)$$

式中，x 为温度，单位为℃；y 为直流内阻，单位为 $m\Omega$。

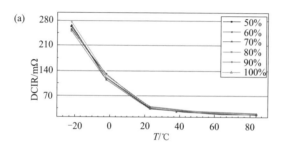

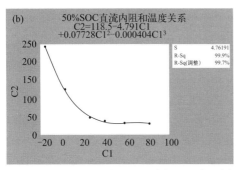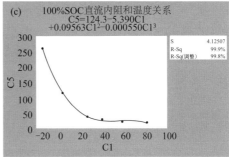

图 8.2　不同 SOC 在不同温度下的直流内阻（DCIR）

进一步通过图 8.3 可以看出，随着温度的升高，直流内阻增大，并在 85℃老化后，依然存在此规律，且温度越低，阻抗增大的速率越快。其中，交流内阻老化 420 天后内阻增长 5mΩ，直流内阻由 60mΩ 增长至 130mΩ，并且随着老化时间的延长，直流内阻先线性增大后平缓，并在老化 120 天左右时出现浮动，表现为 14～20 天为一个周期，直流内阻呈现增大减小交互的正弦波形变化。这可能是高温条件下，负极 SEI 膜出现了分裂增长的过程，同时出现溶解后导致，表现为内阻的波形变化。通过分析 25℃条件下测试的数据可知，随着老化时间的延长，直流内阻增加的速率先增加后减小。因此，通过直流内阻的变化更能显著评估电池的体系变化。

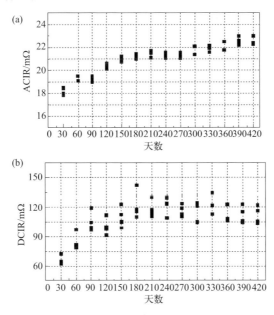

图 8.3

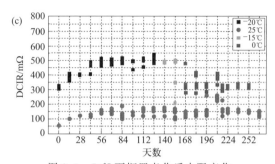

图 8.3　70℃下搁置老化后内阻变化

（a）交流内阻；（b）直流内阻；（c）不同温度直流内阻

　　在电芯实际使用过程中，在低温环境下，电池的化学反应速率降低，导致电池的充电效率下降。这是因为低温会减缓锂离子在电池内部的移动速度。电池在低温下充电时，可能会产生更多的热量，这可能会导致电池管理系统限制充电电流，以防止过热，从而影响充电效率。高温可以提高化学反应速率，理论上可以提高充电效率。但是，过高的温度可能会导致电池材料的退化，影响电池的寿命和安全性。电池在高温下充电时，可能会因为电池材料的热稳定性下降而增加安全风险，如电池膨胀或热失控。电池通常有一个最佳工作温度范围，在这个范围内，电池的充电效率最高。对于磷酸铁锂电池来说，这个最佳温度范围通常在 20～40℃。长期在极端温度下充电会加速电池老化，降低电池的总寿命。为了适应不同温度下充电效率的变化，电池管理系统（BMS）可能会调整充电策略，比如在低温时增加预加热，以提高电池温度至最佳充电温度，而在高温时则可能限制充电电流，以防止过热。在低温下，为了达到相同的充电量，可能需要更长的充电时间，因为充电电流被限制以保护电池。

（2）容量特性

　　磷酸铁锂电池的容量随着温度的下降而减少。在不同温度下，磷酸铁锂的容量变化率随温度的降低而增大。显然，随着正极磷酸铁锂一次粒径的增大，锂离子扩散路径变长，也不利于低温性能的发挥，即锂离子在较大一次粒径表面上以及内部扩散时产生更高的浓度极化，而在较小一次粒径表面上以及内部扩散时产生的浓度极化较低。较高的浓差极化降低了电池电压，在每颗粒子达到其可用容量之前就达到了下限截止电压，缩短了放电时间，低温下可利用的容量降低。实验数据显示，低温下容量下降比例较大，说明正极活性材料的一次粒径对电池低温放电性能起关键作用[6]。

　　在不同温度条件下，磷酸铁锂电池的放电平台电压会随着温度的降低而降低。通常情况下，磷酸铁锂电池的设计放电平台电压为 3.2V。然而，当电池的放电平台电压降至这一阈值以下时，其放电功率特性将会受到显著影响。

以图 8.4 所示的 1600mAh 磷酸铁锂电池为例，可以观察到在不同温度下的放电曲线。当放电温度降至 0℃ 以下时，电池的电压平台会降至大约 3.2V。进一步降低温度至 −10℃ 时，电压平台会进一步降至 3.0V 以下。随着温度的继续下降，当温度达到 −20℃ 时，电压平台降至大约 2.5V，并且会出现起始电压低于平台电压的现象。这可能是由于在极低温度下，电池的内阻急剧增加所致。随着放电过程的进行，电池温度逐渐上升，内阻随之降低，从而导致电压回升。磷酸铁锂电池在低温下出现电压回弹的现象，除了磷酸铁锂材料本身的电子导电率较弱、锂离子扩散系数也较低之外，还有一些因素共同作用导致低温下电池性能的下降。主要原因可以归结如下。

随着温度的降低，电池的内阻会增加，这会导致电池在放电过程中电压下降。但当电池开始放电，电池内部温度逐渐上升时，内阻随之降低，从而导致电压回升，即所谓的电压回弹现象。这种电压回弹在大电流放电时更为显著，因为此时电芯内阻和浓差极化更大。低温环境下，锂离子在电池内部的扩散系数会显著下降，导致电池的充放电性能下降。磷酸铁锂电池的本征电导率和锂离子的扩散系数都很低，这使得其在低温下的性能表现比其他材料更差。低温下，电解质中的锂离子与溶剂的结合能会发生变化，影响界面电荷转移能垒，进而影响电池的放电性能。例如 NVP 正极在 PC/EC 基电解质中的低温电压振荡现象可归因于由缓慢的界面机制导致的交换电流密度增大，这会使材料表现出不均匀相转变并伴随中间相的生成，最终导致电压振荡。

从放电容量的角度来看，随着温度的降低，电池的放电容量也会随之减少。例如，在 −30℃ 的极端低温条件下，电池的放电容量会从 1.6Ah 降低至 0.85Ah。结合平台电压的下降，电池的整体功率特性衰减更为严重。这一现象对于需要在低温环境下工作的电池系统来说，是一个重要的考虑因素。

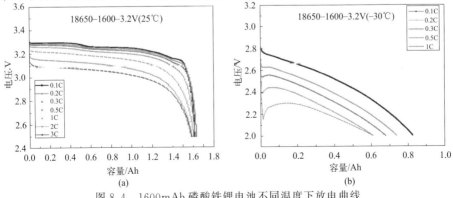

图 8.4　1600mAh 磷酸铁锂电池不同温度下放电曲线

掺杂一定量的钛、钒离子对磷酸铁锂正极材料的晶体结构影响较小，但能显著改善其电化学性能。当钛、钒离子的掺杂量均为 0.3% 时，磷酸铁锂的电化学性能表现最佳，在循环 50 周后容量保持率仍高达 99%。改性后的充放电曲线具有很平坦的电压平台，且 0.5C 常温放电容量和 −20℃ 低温性能都得到了提高，常温放电比容量由原来的 156mAh/g 提高至 160mAh/g，低温放电比容量由原来的 100mAh/g 提高至 112mAh/g[7]。

(3) OCV 曲线特性

图 8.5 展示了不同温度下搁置后放电到不同 SOC 对应的 OCV 曲线。从曲线上可以看出在 25～85℃ 区间，当 SOC 大于 10% 时，OCV 曲线趋向一致，且随着温度升高，10%～100%SOC 时，温度越高 OCV 值越大。在低于 10% SOC 时，电池受温度影响，干扰放电能力，造成 OCV 值有一定的压差。当温度在 0℃ 以下 （−20～0℃），SOC-OCV 曲线较为一致，主要是低温下放电能力差，实际放电 SOC 会在 60% 左右（与 25℃ 相比），这样就缩小了因为 SOC 的偏差引起的 OCV 值波动。从图 8.5 中不同温度放电曲线也可以看出，温度对放电量的影响，BMS 在部分情况下可能会用到 OCV 曲线进行一个初步的 SOC 估算，所以在 0℃ 以下时需要考虑温度的影响，从而保证基于 OCV 的 SOC 估算精度。

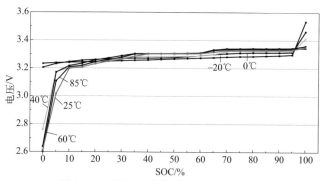

图 8.5 不同温度条件下 SOC-OCV 曲线

采用电压微分容量 （dQ/dV） 可以动态直观确认电池动力学特征。dQ/dV 是指在微小电压变化范围内，电池充放电过程中电荷量 Q 的变化率，这个值可以通过对充放电曲线进行微分计算得到，在数学上表示为电荷量对电压的导数，其中 Q 是电荷量，V 是电压，$I(t)$ 是时间 t 下的电流。而电池的充放电曲线通常表现为电压随电荷量变化的函数，在充放电过程中，电压的变化可能不是线性的，而是电池内部多种电化学反应的叠加。因此，通过对充放电曲线进行微分，可以得到 dQ/dV 曲线，这个曲线可以揭示电池内部不同电化学反应的活化能和反应速率。

$$\frac{\mathrm{d}Q}{\mathrm{d}V}=\frac{\mathrm{d}}{\mathrm{d}V}\int I(t)\mathrm{d}t \tag{8.3}$$

dQ/dV 曲线测试过程中控制的是电流，电流变化导致电量和电势发生改变，然后做电量对电势的变化曲线。图 8.6 为 25℃和−20℃条件下不同倍率的 dQ/dV 曲线对比。在 25℃条件下，在 0.2C 时峰值接近 3.3V，4C 峰值也在 3.15V 左右。在−20℃条件下，0.2C 放电 dQ/dV 峰值为 3.2V。随着倍率的提高，峰值逐渐下降，4C 时分别为 2.65V 和 2.73V。由于 dQ/dV 曲线需要电池的氧化还原反应进行完全时才能显现出氧化还原峰，而且由于该过程电流恒定，因此扩散速率恒定，整个电池体系在进行充分的氧化还原反应后，电池电量和电压的相关性较为突出。在高倍率放电时，小峰的比例明显增多，主要由锂离子浓差极化增强而引起。

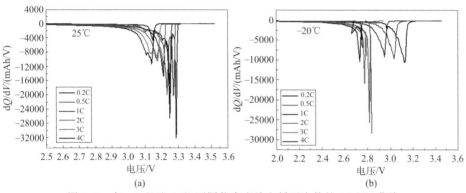

图 8.6 在−20℃和 25℃不同倍率充放电循环次数的 dQ/dV 曲线

（4）锂离子扩散系数

低温下，锂离子在磷酸铁锂材料中的扩散系数显著下降，这是限制其低温性能的关键因素之一。例如，在 20℃时，磷酸铁锂材料的锂离子扩散系数为 $1.70\times10^{-12}\,\mathrm{cm^2/s}$；而在−40℃时，扩散系数下降了两个数量级，为 $2.12\times10^{-14}\,\mathrm{cm^2/s}$[8]。

为确认 Li^+ 的扩散动力学机制，分别用两种正极材料采用同样的配方和设计组装成 26650-3200mAh 电池，对电池进行了 25℃和−20℃的 EIS 分析，如图 8.6 所示。通过软件拟合计算了相应的锂离子扩散系数（D_{Li^+}），结果如图 8.7 及表 8.3、表 8.4 所示。图 8.7（a）中置入 26650 全电池的 EIS 图并包括等效电路插图，等效电路图适用于图 8.6 中涉及的 EIS 图谱拟合，并采用 Zview2 软件进行基于等效电路的曲线拟合。

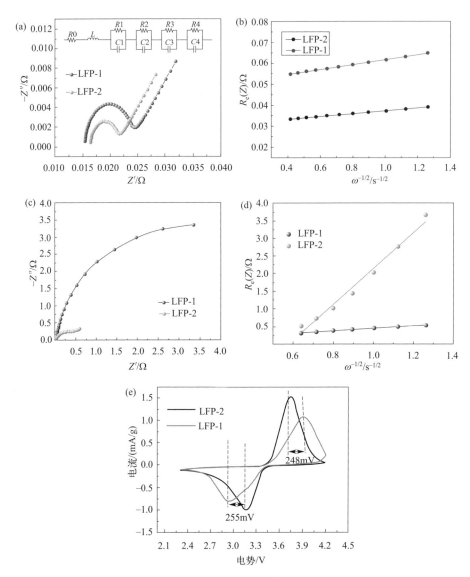

图 8.7　(a) 和 (b) 25℃条件下 Z' 与 $\omega^{-1/2}$；(c) 和 (d) −20℃条件

下 Z' 与 $\omega^{-1/2}$；(e) LFP-1 和 LFP-2 CV 曲线图

表 8.3　−20℃不同形貌 LFP 样品的电荷转移阻抗、δ 值和锂离子扩散系数（D_{Li^+}）

样品名称	R_e/mΩ	R_{ct}/mΩ	δ/(mΩ/s$^{1/2}$)	D_{Li^+}/(cm^2 s)
LFP-1	12.66	866.6	5.071	$7.75×10^{-16}$
LFP-2	11.89	277.3	0.088	$2.56×10^{-12}$

表 8.4　25℃下 LFP-1 和 LEP-2 的电荷转移阻抗、δ 值和锂离子扩散系数（D_{Li^+}）

样品名称	R_0/mΩ	R_2/mΩ	R_3/mΩ	δ/(mΩ/s$^{1/2}$)	D_{Li^+}/(cm^2/s)
LFP-1	13.78	25.21	4.57	12.58	1.26×10^{-10}
LFP-2	13.93	17.21	3.71	37.82	1.40×10^{-9}

从表 8.3 中可以看出，两个样品在 -20℃ 条件下的电荷转移阻抗（R_{ct}）分别为 866.6mΩ 和 277.3mΩ，LFP-2 这种棒球形的结构电荷转移阻抗有显著降低。两个样品在 -20℃ 条件下 D_{Li^+} 分别为 7.75×10^{-16}cm^2/s 和 2.56×10^{-12}cm^2/s。样品 LFP-2 的 D_{Li^+} 明显高于 LFP-1 样品，证明水热法合成的棒球形结构材料，更利于锂离子的扩散。为研究两个样品反应的动力学参数，图 8.7（e）CV 曲线显示，两样品在 3.0V 和 3.9V 均存在一对峰，包括一个氧化峰（充电过程）和一个还原峰（放电过程），对应电化学反应过程中正极活性物质内部 Li$^+$ 的脱出和嵌入。LFP-2 样品的 CV 曲线比 LFP-1 样品更对称和尖锐，表明 LFP-2 样品表现出更高的电化学反应活性。另外，LFP-2 和 LFP-1 样品氧化还原峰间的电压差值分别为 255mV 和 248mV，LFP-1 样品表现出较高的电池极化，这也是 -20℃ 和 -40℃ 条件下低温放电 LFP-2 制备的电池拥有更高、更宽的放电平台的原因，同时也具有更高的低温放电容量。

Warburg 系数（σ）表示拟合线的斜率，ω 表示低频区的角频率。Li$^+$ 扩散系数与 Warburg 系数（σ）密切相关[9]，其计算公式如下：

$$Z' = R_e + R_{ct} + \sigma\omega^{-0.5} \tag{8.4}$$

$$D_{Li^+} = R^2 T^2 / 2A^2 n^4 F^4 C^2 \sigma^2 \tag{8.5}$$

式中，R 为理想气体常数，T 为绝对温度，A 为电极的活性面积，n 为每个分子中丢失或减少的电子数，F 为法拉第常数，C 为插层在 LFP 粒子中锂离子的物质的量浓度，σ 为 Warburg 系数，通过对低频区 Z' 和 $\omega^{-0.5}$ 的线性拟合得到。

根据拟合出的等效电路图，25℃ 条件下同时存在四种阻抗，分别为电荷转移阻抗、正极阻抗、负极阻抗和修正阻抗（R_4）。两个样品在 25℃ 条件下的电池阻抗见表 8.4，R_0 分别为 13.78mΩ 和 13.93mΩ，两样品的阻抗值接近，主要是由电池极片中的导电碳的接触内阻偏大引起的。负极的阻抗值分别为 4.57mΩ 和 3.71mΩ，阻抗值较为接近。与此相比，正极阻抗值为 25.21mΩ 和 17.21mΩ，LFP-1 的阻抗值明显高于 LFP-2，因此可推断两个样品在 -20℃ 条件下电荷转移阻抗差异大主要由正极引起，这也是低温放电特性不同的原因。

(5) 再生材料低温性能

近年来，为了保护环境和节约资源，大量废旧锂离子电池正极材料的回收利用受到了越来越多的关注，通过直接再生回收废旧 $LiFePO_4$（LFP）得到了广泛的研究。大量文献深入研究了 LFP 的失效机制。该机制的特点是不可逆的相变，这主要归因于循环过程中锂离子的缓慢扩散。此外，铁离子占据 Li^+ 位点的迁移进一步阻碍了 Li^+ 的扩散。因此，锂缺陷现象降低了直接再生 LFP 的电化学性能。在这里，开发了一种基于掺杂策略的 LFP 直接再生方法，该方法使用环保且经济高效的天然生物质氨基酸，通过构建氮掺杂碳涂层来抑制铁离子迁移，并改善 Li^+ 和电子的扩散动力学。再生 LFP 阴极表现出优异的循环稳定性和倍率性能（在 1C 电流密度下 100 次循环的容量保持率为 98.7%，在 1C 下 500 次循环的高容量保持率达到 87.9%）。

在一项研究中，尽管在 $-20℃$ 条件下磷酸铁锂电池的放电容量会有所下降，但通过优化电解液配方和使用特定的表面涂层技术，电池的低温性能得到了显著提升。例如，通过在电解液中添加特定的磷化合物，可以提高电池在低温环境下的离子导电性，从而改善其性能。另一项实验研究了在 $-10℃$、过充电状态下 $LiFePO_4$ 电池的降解特性。结果表明，$LiFePO_4$ 电池的容量随着循环次数的增加而线性下降。$LiFePO_4$ 电池的降解主要是由活性物质损失（LAM）和锂库存损失（LLi）引起的，其中 LLi 在阳极发生，并且是导致电池性能下降的主要副反应[10]。

这些研究表明，通过材料改性、电解液优化和界面工程，可以显著提高磷酸铁锂电池在低温条件下的性能。尽管在极端低温环境下放电容量会有所下降，但通过不断地研究和开发，磷酸铁锂电池的低温性能正在逐步改善[11]。

8.2　磷酸铁锂材料低温性能改善方法

正极材料是锂离子电池的关键部分，与其他正极材料相比，$LiFePO_4$ 电极材料具有许多优点，比如理论比容量较高、工作电压稳定、结构稳定、循环性好、原料成本低和环境友好等。许多科研工作者对 LIBs 低温下性能加速衰减现象进行了机理研究，认为主要是活性锂的沉积及其催化生长的固态电解质界面（SEI），导致了电解质中离子电导率的降低和电子迁移速率的下降，这种下降导致 LIBs 容量和功率的降低，有时甚至导致电池故障。LIBs 的低温工作环境主要发生在冬季以及高纬度、高海拔地区，那里的低温环境会影响 LIBs 的性能和寿命，甚至引发极为严重的安全问题。橄榄石结构的 $LiFePO_4$ 放电比容量高，放电平台平稳，结构稳定，但是 $LiFePO_4$ 属于 $Pnma$ 空间群，P 占据四面体位置，过渡金属 M 占据八面体位置，Li 原子沿

[010] 轴一维方向形成迁移通道，这种一维的离子通道导致了锂离子只能有序地以单一方式脱出或者嵌入，严重影响了锂离子在该材料中的扩散能力。尤其在低温下本体中锂离子的扩散进一步受阻，造成阻抗增大，导致极化更加严重，低温性能较差。可通过金属氧化物的添加、减小 LFP 颗粒尺寸、包覆多孔碳层和多元素共掺杂等途径来提高 LFP 的电导率和离子迁移率，改善 LFP 低温性能[12]。

8.2.1　纳米化结构调整

LiFePO$_4$ 属于橄榄石结构的锂正磷酸盐，具有斜方晶格结构。该结构由角共享的 FeO$_6$ 八面体和沿 b 轴平行的边共享的 LiO$_6$ 八面体组成，它们通过 PO$_4$ 四面体连接在一起[13]。Li$^+$ 在 LiFePO$_4$ 中的传输发生在一维通道上，当扩散通道中存在两个或多个点缺陷时，Li$^+$ 不能通过隧道开口的任何一侧进入材料，导致活性材料的利用率低。纳米化的颗粒可以减小扩散距离，从而达到促进 Li$^+$ 传输的目的，并且能够平滑扩散路径，提高锂离子活性，以确保高容量和倍率性能[14,15]。粒径减小还有利于导电黏合剂的紧密接触，这对于优化材料的电化学性能，构建高能量密度、高功率的锂离子电池正极有利[16]。纳米粒子可以对充放电过程中电极材料的膨胀和收缩起到缓冲作用，有助于增加电极稳定性和使用寿命。伴随着水热法、溶剂热法等纳米材料合成方法的发展，LiFePO$_4$ 纳米化的形态多样，如纳米球[17]、纳米链[18]、纳米片[19] 等。然而部分研究表明，在 50～400nm 范围内，LiFePO$_4$ 的比容量并非总是与粒径存在显著的相关性[20]。过度追求材料纳米尺寸最小化带来的收益可能不足以抵消其潜在的负面影响，如：①纳米化的颗粒比表面积较大容易聚集和坍塌，造成加工性比较差，电极结构不稳定；②电极电解液界面增大，增加了发生副反应的风险；③电极材料振实密度下降，造成体积能量密度降低。

LiFePO$_4$/石墨烯复合材料是通过搅拌和滴加方法制备的具有较低的电位差、较小的极化和电荷转移阻抗的材料。这种结构因扩大了层间距、Fe-Li 反位缺陷较少、电导率较高而获得了较小的电势差、较小的电荷转移电阻和较低的极化，此种材料-30℃下可达到 93.6mAh/g（0.5C）的放电容量和低温性能。在水热法下，已经采用了许多策略来提高 LiFePO$_4$ 的电导率和锂离子扩散速率[21]。另一项研究应用原子模拟技术来检查缺陷能量学、锂离子扩散和掺杂行为，最低能量的缺陷过程是 Li-Nb 反位缺陷。表明在运行温度下，Li 位点上会有一小部分 Nb 存在，二维长程锂离子扩散路径的最低总迁移能量为 1.13eV[22]。

8.2.2　表面包覆技术

电池电极材料的表面改性已成为提高性能和保护表面免受温度、压力和应力影响的重要手段。多种多功能材料已被用于稳定 LFP，包括碳材料、聚合物、合金、无机盐、氮化物和过渡金属氧化物等。特别是碳纳米材料，因其改善了 LFP 晶体的电特性、普遍性和易于实施而受到关注。先进碳材料应用于碳包覆是目前研究的热点，主要是由于它具有的电子电导性和柔韧性非常优异，力学性能、化学及热力学稳定性好和高比表面积等优点，所以被用于磷酸铁锂材料的碳包覆材料。先进碳材料有石墨烯[23,24]、碳纳米管[25] 等。

石墨烯作为包覆材料，可以使正极材料的导电性得到提高，使锂离子的扩散能力得到增强，在电池电极材料应用领域得到了极大的关注，在 LiFePO$_4$ 材料电化学改性中得到应用[26]。Fei 等[27] 先合成出纳米铁颗粒，再通过化学气相沉积技术，在纳米铁颗粒表面生长出石墨烯层，最终合成出 LiFePO$_4$@石墨烯材料，从而实现了石墨烯直接包覆在 LiFePO$_4$ 晶体表面上。该复合材料 1C 倍率的放电容量为 122mAh/g，循环 1000 次后容量保持率为 95.3%。Hu 等[28] 采用石墨烯修饰碳包覆 LiFePO$_4$ 材料，在 10C 倍率下的比容量为 120mAh/g。

将氧化石墨（GO）和功能化碳纳米管（f-CNTs）相结合，制备"线-平面"的异质结构导热材料 GO@f-CNTs，然后通过基于草酸的自我牺牲模板方法构建了可控的 3DGO@f-CNTs 导热网络，具有优异的热稳定性，经过 500 次热循环（20～200℃）后，其 λ 偏差仅为 3% 左右[29]。采用有机碳源和碳纳米管共同修饰 LiFePO$_4$ 材料[30]，如图 8.8 所示，合成出的 LiFePO$_4$@C/CNT 材料具有优异的电化学倍率性能：在 120C 倍率下，该复合材料的容量保持率接近 60%。这得益于 CNT 的加入，进一步改善了电子在复合材料中的传递路径，提高了复合材料的电导率以及有机碳源限制了 LiFePO$_4$ 颗粒尺寸变大。

8.2.3　双重优化

通过锰替代和混合锂化 Nafion 改性的 PEDOT：PSS 涂层对 LiFePO$_4$ 正极性能进行了双重优化。锰替代提高了 LiFePO$_4$ 的比容量和在较高电压下的操作性，但循环过程中 Fe/Mn 离子的溶解导致了容量衰减。通过在各种比例（0、0.1、0.2、0.3 和 0.4）的铁位置进行锰替代，研究人员增强了 LFP 的比容量。涂层提高了 Mn 替代 LFP 的容量保持率，有效减轻了充放电过程中活性材料的损失[7]。表 8.5 为 Mn-x-LFP（x=0～0.4）晶胞参数。

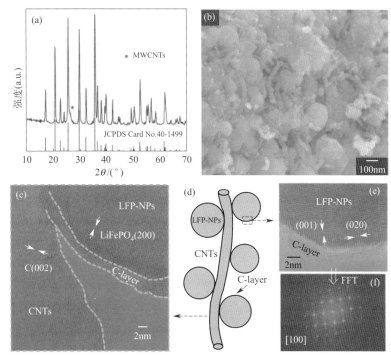

图 8.8　LFP@C/CNT 纳米复合材料的表征及效果示意图

（a）XRD 图；（b）SEM 图；（c）HRTEM 图；

（d）合成效果示意图；（e）HRTEM 图；（f）高分辨衍射图[31]

表 8.5　Mn-x-LFP（x＝0～0.4）晶胞参数

x	a/nm	b/nm	c/nm	V/nm^3	R_{wp}/%	GoF
0.0	1.03815	0.605558	0.472260	0.296890	7.71	1.18
0.1	1.03828	0.605619	0.472256	0.296955	7.78	1.10
0.2	1.03823	0.605933	0.472279	0.297110	7.18	1.06
0.3	1.0741	0.6047	0.4704	0.3055	7.75	1.33
0.4	1.0821	0.6032	0.4704	0.3070	6.90	1.36

　　锰离子置换提高了 LFP 的比容量，通过在高压下引入氧化还原偶联反应提高了内部电导率。不同比例的 Mn 离子在铁位置被掺入 LFP 橄榄石结构中，通过促进锂离子运动，导致更高的离子电导率。这归因于 Mn 离子置换后晶格的膨胀。LiFe$_{0.6}$Mn$_{0.4}$PO$_4$ 在 0.1C 下表现出 159.1mAh/g 的最高比容量，接近 LFP 的理论比容量，即 170mAh/g。然而，在 0.2C 的循环稳定性测试中，由于放电-充电反应过程中 Fe/Mn 离子的损失，它也表现出快速衰减。PEDOT：PSS-LN 被应用于 LiFe$_{0.6}$Mn$_{0.4}$PO$_4$ 的表面，以防止离子损失。PEDOT：PSS 提高了锰替代 LFP 的电导率，而 LN 促进了循环过程中锂离子的运动。因此，PEDOT：

PSS：LN 涂层 LiFe$_{0.6}$Mn$_{0.4}$PO$_4$ 在 0.1C 和 5.0C 下分别提供了 168mAh/g 和 96mAh/g 的比容量。尽管 EIS 显示循环后的 CEI 层阻抗，但它不影响循环性能，在 0.2C 下 100 次循环后容量保持率为 90.1%。此外，在 5C 下，它在 500 次循环中表现出稳定的性能，容量保持率为 97.8%。这种具有优异性能的混合涂层可以在循环过程中保护其他材料，并提高电子电导率和离子电导率[13]。

8.2.4 体相掺杂

离子掺杂可以在 LiFePO$_4$ 橄榄石晶格结构中形成空位，提高锂离子在材料中的扩散速率，从而提高 LiFePO$_4$ 电池的电化学性能。提高磷酸铁锂材料的本征电导率一直是一个重要的研究方向，掺杂改性是一种常见的材料改性方法，通过金属离子掺杂进入到相应的晶格位，使晶格局部发生畸变，从而提高材料的本体导电能力，在磷酸铁锂中可以通过掺杂取代 FeO$_6$ 和 PO$_4^{3-}$ 形成骨架结构中的阳离子或阴离子，起到提升电导率的作用，还能通过掺杂取代锂位，提升锂离子扩散能力。以 LiOH·H$_2$O、FeSO$_4$·7H$_2$O、H$_3$PO$_4$、ZnSO$_4$·7H$_2$O 为原料制备了掺杂 Zn 的 LiFe$_{1-x}$Zn$_x$PO$_4$（x = 0、0.025、0.05、0.075）材料。纳米球形 LiFe$_{0.075}$Zn$_{0.025}$PO$_4$ 在 0.2C 下初始放电比容量为 153.6mAh/g。在 0.2C 电流密度下循环 100 次后容量保持率为 96.7%[31]。利用葡萄糖作为还原剂，将废 LiFePO$_4$/C 中的大量 Fe^{3+} 还原为 Fe^{2+}，Cu 掺杂增加了再生材料的振实密度和电导率，扩展了离子扩散通道，再生 LiFePO$_4$/C(Cu@R-LFP)在 0.05C 时比容量为 160.15mAh/g，约为新 LiFePO$_4$/C(N-LFP)的 97.65%。在 1C 倍率下循环 1000 次后，Cu@R-LFP 的容量保持率高达 81.19%。此方法为废弃 LiFePO$_4$/C 正极材料的回收提供了一种简单且可扩展的策略[32]。

Ni、Co、Mn、La、Nd 等不同程度地掺杂可提高产品电导率 1～3 个数量级[33]。掺杂会引起晶格畸变或结构中缺陷的产生，较低掺杂量时，利于降低两相转变的相变能，改善电化学性能，但掺杂量过大时，对晶格结构的破坏太大，从而造成性能的衰减。

8.3 磷酸铁锂电池体系的低温影响因素

低温增加了锂离子在电池中的传导阻力，降低锂离子的传输效率，从而降低电池的低温性能[34]。锂离子从电极中脱嵌穿过电极与电解质界面的阻力与电子转移电阻（R_{ct}）有关，在 SEI 膜中的传输阻力与界面膜电阻（R_{SEI}）有关，在电极中的扩散阻力与瓦尔堡阻抗（W）有关，在电解液、隔膜、电极中的传导阻力与内阻（R_b）有关[35]。大量研究表明，锂离子从电极中脱嵌穿过电极与电解质界面过程与在 SEI 膜中的传输过程为电池低温性能的控制步骤。在 -30℃下 R_{SEI} 增加 27 倍[36]，低温下锂离子反应动力学受限（反应动力学即为发生在电极与电解质界面的氧化还原反应速率和反应的完全程度）[37]，导致能量转换效率降低。阻抗测试可有效分析锂离子在电池各部分中传输的阻力。此外，商用锂电池电解液中碳酸乙烯酯（EC）和碳酸甲乙酯（EMC）的凝固点很低，在 -30℃下会凝固，从而降低了锂离子在电解质中的传导率，严重限制了锂电池的低温性能。

锂电池低温性能退化的主要原因是低温严重减缓了锂离子在充放电过程中的转移和传输。低温对于电池性能的影响大多是可逆的，温度恢复到常温电池又可以正常工作。提高锂离子电池低温性能的关键在于减小锂离子在转移和传输过程中的阻力[22]：①增加电解质和 SEI 膜的电导率；②降低锂离子在电极/电解质界面的电子转移电阻和电极中的扩散速度。最主要的方法为优化电解质和电极材料。

8.3.1　电解液的离子电导率

在低温下，电解液的离子电导率会迅速下降，如果电解液结晶或凝固，锂离子的传递将直接中断，导致电池无法继续工作。因此，提高电解液的低温电导率是改善电池低温性能的关键。目前，研究者们对造成锂离子电池低温性能差的主要因素尚有争论，但究其原因有以下 3 个方面：低温下电解液的黏度增大，电导率降低；电解液/电极界面膜阻抗和电荷转移阻抗增大；锂离子在活性物质本体中的迁移速率降低。由此造成低温下电极极化加剧，充放电容量减小。另外，低温充电过程中，尤其是低温大倍率充电时，负极将出现锂金属析出与沉积，沉积的金属锂易与电解液发生不可逆反应，消耗大量的电解液，同时使 SEI 膜厚度进一步增加，导致电池负极表面膜的阻抗进一步增大，电池极化再次增强，最终将会极大破坏电池的低温性能、循环寿命及安全性能。

（1）优化溶剂组成

电解液的低温性能主要由其低温共熔点决定，若熔点过高，电解液易在低温下结晶析出，严重影响电解液的电导率。碳酸乙烯酯（EC）是电解液主要溶剂组分，但其熔点为 36℃，低温下在电解液中溶解度降低甚至析出，对电池的低温性能影响较大。通过加入低熔点和低黏度的组分，降低溶剂 EC 含量，可以有效降低低温下电解液的黏度和共熔点，提高电解液的电导率。Kasprzyk 等通过 EC 和聚（乙二醇）二甲醚两种溶剂混合获得非晶态电解液，仅在 −90℃ 附近出现了一个玻璃化转变温度点，这种非晶态的电解液极大地提高了电解液在低温下的性能；在 −60℃ 下，其电导率仍然能够达到 0.014mS/cm，为锂离子电池在极低温度下的使用提供了一个良好的解决措施。链状羧酸酯类溶剂具有较低的熔点和黏度，同时它们的介电常数适中，对电解液的低温性能具有较好的影响[38]。通过调整电解液的溶剂组成和添加成膜添加剂，可以显著提高电池的低温性能。例如，添加低熔点、低黏度的丙酸乙酯（EP）作为溶剂，可以提高电解液在低温（如 −40℃）下的离子电导率。同时，引入氟代碳酸乙烯酯（FEC）和硫酸乙烯酯（DTD）等成膜添加剂，有助于形成薄而均匀的固体电解质界面（SEI）膜，从而提高电池在低温条件下的容量和循环寿命[39]。

（2）新型电解质盐

电解质盐是电解液的重要组成之一，也是获得优良低温性能的关键因素。目前，商用电解质盐是六氟磷酸锂，形成的 SEI 膜阻抗较大，导致其低温性能较差，新型锂盐的开发迫在眉睫。四氟硼酸锂阴离子半径小，易缔合，电导率较 $LiPF_6$ 低，但是低温下电荷转移阻抗小，作为电解质盐具有良好的低温性能。

研究者们正在开发新型的非易燃电解液系统，以增强电池的安全性，并促进在 $LiFePO_4$ 电极表面形成具有高离子导电率的界面。这些非易燃溶剂主要包括磷化合物、二元腈、砜类化合物、氟化溶剂和离子液体。例如，基于砜类的电解液因其宽广的电化学窗口和卓越的安全性能而受到关注[40]。

通常认为，固态电解质相（SEI）形成剂（例如碳酸亚乙烯酯、砜和环状硫酸盐）是锂离子电池中有助于增强石墨阳极稳定性的成膜添加剂。但成膜效果和生成的 SEI 可能不是增强石墨稳定性的唯一原因，这是因为一旦从电解质中去除了添加剂，形成的 SEI 就无法抑制 Li^+ 溶剂的共嵌入，有些添加剂修饰的 Li^+ 溶剂化结构在实现可逆 Li^+ 中起着关键作用。通过添加硫酸亚乙酯调节 Li^+ 配位结构，可以减轻由 Li^+ 溶剂共插层引起的石墨剥落问题[41]。

作为电解质的主要成分，许多强极性溶剂与锂离子电池中商业化的石墨负极不相容。通过调节离子-溶剂配位（ISC）结构来调节电解质的电化学兼容性。基于此规则，将低配位数溶剂（LCNSs）引入高配位数溶剂（HCNS）电解质中，以诱导阴离子进入 Li^+ 的第一个溶剂化壳层，形成阴离子诱导的 ISC（AI-ISC）结构。具有 AI-ISC 结构的 HCNS-LCNS 电解质显示出增强的还原稳定性，使石墨阳极的可逆锂化/脱锂成为可能。红外分析和理论计算证实了基于 CN 规则的 HCNS-LCNS 电解质中电化学相容性的工作机制。因此，CN 规则为设计高稳定性和多功能电解质以开发下一代锂二次电池提供了指导[42]。

　　电解液的电导率和成膜阻抗对锂离子电池的低温性能有重要的影响。对于低温型电解液，应从电解液溶剂体系、锂盐和添加剂三方面综合进行优化。低温下适当提高锂盐浓度能提高电解液的电导率，提高低温性能。计算不同锂盐浓度下的电导率，RDF 用来解释电解液组分中的配位关系：

$$G_{ab}(r)=\int_0^r dr' 4\pi r'^2 g_{ab}(r') \tag{8.6}$$

$$N_{ab}(r)=\rho G_{ab}(r) \tag{8.7}$$

　　在电解质溶液中，锂离子的配位环境随着浓度的变化而变化。溶剂分子与锂离子的相互作用与阴离子对锂离子的束缚力相互竞争。因此随着体系浓度的动态变化，锂离子与溶剂分子或阴离子的配位数呈现动态平衡。现有理论普遍认为，锂离子间的静电排斥作用显著强于阴离子对锂离子的吸附作用，这种差异化的相互作用机制使得阴阳离子在空间上实现有效的解离。在此动态平衡过程中，溶剂分子通过协同作用形成溶剂化鞘层结构，进而实现锂离子在溶液中的定向迁移。从图 8.9 中的计算结果看，锂

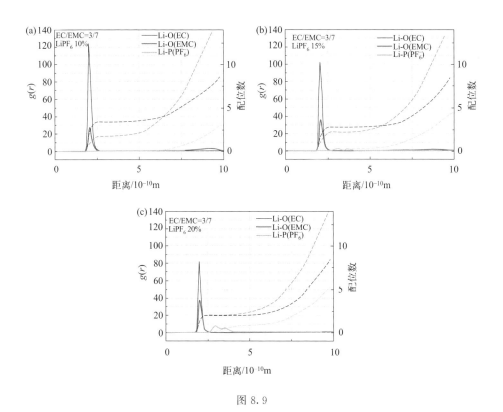

图 8.9

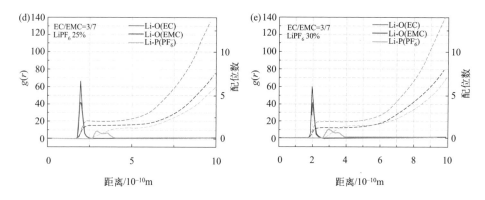

图 8.9　不同 LiPF$_6$ 浓度下锂离子的配位情况

（a）LiPF$_6$ 含量 10％；（b）LiPF$_6$ 含量 15％；（c）LiPF$_6$ 含量 20％；

（d）LiPF$_6$ 含量 25％；（e）LiPF$_6$ 含量 30％

盐（LiPF$_6$）浓度从 10％ 到 30％ 逐渐提高时，配位数逐渐增加，浓度为 25％ 时，配位数显著提高，进一步提高浓度至 30％ 时，配位数增长不明显，体系设计采用 25％ 浓度。

（3）添加剂

由于 SEI 膜对电池的低温性能有很重要的影响，它是离子导体和电子的绝缘体，是 Li$^+$ 从液相到达电极表面的通道。低温时，SEI 膜阻抗变大，Li$^+$ 在 SEI 膜中的扩散速率急剧降低，使得电极表面电荷累积程度加深，导致石墨嵌锂能力下降，极化增强。通过优化 SEI 膜的组成及成膜条件，提高 SEI 膜在低温下的离子导电性有利于电池低温性能的提高，因此开发低温性能优异的成膜添加剂是目前的研究热点。添加剂与负极所形成的 SEI 膜阻抗的降低是提高电池低温性能的关键。

为快速选取适合低温充放电的电解液，采用软件 LAMMPS，力场为 OPLS-AA，电解液组分见表 8.6，分子个数见表 8.7。计算流程：

NPT　400K 2ns

NPT　298K 5ns

NVT　298K 5ns

根据 MSD 计算扩散系数：

$$D = \lim_{t \to \infty} \frac{1}{6t} \left[\left| r(t) - r(0) \right|^2 \right] \tag{8.8}$$

进一步通过公式计算离子电导率：

$$\sigma = n \times q \times D \frac{q}{K_B T} \tag{8.9}$$

表 8.6　电解液样品组分

样品编号	LiPF$_6$	EC	DMC	EMC	VC	FEC	LiFSI
1$^\#$	13.5%	20.6%	45.4%	16.5%	2%	2%	—
2$^\#$	13.5%	20.1%	44.3%	16.1%	2%	2%	2%

表 8.7　分子动力学计算的分子个数

组分	DMC	EC	EMC	VC	FEC	LiPF$_6$	LiFSI
1	567	264	178	26	21	100	—
2	553	257	174	26	21	100	26

低温下，$LiN(SO_2F)_2$（即 LiFSI）具有和 LiPF$_6$ 相近的电导率，氧化稳定性和热稳定性好，而且不易水解，其熔点为 236～237℃，电导率为 4.0×10^{-3} S/cm，是与高度石墨化电极中间相碳微球最具吸引力的电解质锂盐，即使在反复循环时，都能够确保稳定的几乎接近最大容量的放电能量，从 2 种盐本身结构来看，的确 LiFSI 的结合能更负，更难解离，其溶剂化程度更高，有利于锂离子扩散。通过换算，引入 FSI 后电导率从 3.36mS/cm 提高至 3.72mS/cm，1$^\#$ 和 2$^\#$ 两个样品实际测试电导率分别为 11.09mS/cm 和 11.18mS/cm。电解质电导率的大小在一定程度上取决于锂盐形成离子对的难易程度，将电解质盐溶解在既有高介电常数（可以促进电解质盐的解离），又有低黏度（有利于离子的迁移）的有机溶剂中可以提高电解质的电导率。不同温度条件下分子动力学计算模型及结合能如图 8.10 所示。

8.3.2　负极材料

在低温型磷酸铁锂材料中，采用大比表面积的碳包覆和提高碳包覆中的石墨化程度，有利于改善电子电导率，提高材料的低温放电特性。碳包覆层的厚度、比表面积和石墨化程度都会影响电池的低温性能[43]。锂离子在碳负极材料中的扩散动力学条件变差是限制锂离子电池低温性能的主要原因，因此在充电过程中负极的电化学极化明显加剧，很容易导致负极表面析出金

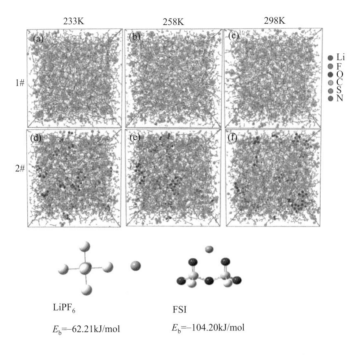

图 8.10   不同温度条件下分子动力学计算模型及结合能

属锂。选择合适的负极材料是提高电池低温性能的关键因素，目前主要通过负极表面处理、表面包覆、掺杂增大层间距、控制颗粒大小等途径进行低温性能的优化。

（1）表面处理

表面处理包括表面氧化和氟化。表面处理可以减少石墨表面的活性位点，降低不可逆容量损失，同时可以生成更多的微纳结构孔道，有利于 Li^+ 传输，降低阻抗。表面包覆，如碳包覆、金属包覆不但能够避免负极与电解液的直接接触，改善电解液与负极的相容性，同时可以增加石墨的导电性，提供更多的嵌入锂位点，使不可逆容量降低。另外，软碳或硬碳材料的层间距比石墨大，在负极上包覆一层软碳或硬碳材料有利于锂离子的扩散，降低SEI膜阻抗，从而提高电池的低温性能。通过少量 Ag 的表面包覆提高了负极材料的导电性，使其在低温下具有优异的电化学性能。研究不同负极材料对锂离子电池性能的影响，发现无论是碳包覆人造石墨还是天然石墨，其不可逆容量相比未包覆的都大大降低。同时碳包覆石墨负极能够有效改善电池的低温性能。

（2）增大石墨层间距

石墨负极的层间距小，低温下锂离子在石墨层间的扩散速率降低，导致极化增大，在石墨制备过程中引入 B、N、S、K 等元素可以对石墨进行结构改性，增加石墨的层间距，提高其脱/嵌锂能力，P（0.106pm）的原子半径比 C（0.077pm）大，掺 P 可增加石墨的层间距，增强锂离子的扩散能力，同时有可能提高碳材料中石墨微晶的含量。K 引入到碳材料中会形成插入化合物 KC_8，当钾脱出后碳材料的层间距增大，有利于 Li^+ 的快速插入，进而提高电池的低温性能。

（3）控制负极颗粒大小

负极粒径越大，锂离子扩散路径越长，扩散阻抗越大，导致浓差极化增大，低温性能变差。因此适当减小负极材料颗粒尺寸，可以有效缩短锂离子在石墨层间的迁移距离，降低扩散阻抗，增加电解液浸润面积，进而改善电池的低温性能。另外，通过小粒径单颗粒造粒的石墨负极，具有较高的各向同性，能够提供更多的嵌锂位点，减小极化，也能使电池低温性能变好。

（4）采用锂金属负极

锂金属电池有望在超低温（低于−30℃）下运行时将电池级能量密度提高到 300Wh/kg 以上。能够在这些极端温度下充电和放电的电池非常受欢迎，因为它们固有地减少了外部变暖的需要。研究证明电解质的局部溶剂化结构决定了超低温下的电荷转移行为，这对于实现高锂金属库仑效率和避免枝晶生长至关重要。这些观点被应用于锂金属全电池，其中高负载 3.5mAh/cm² 硫化聚丙烯腈（SPAN）阴极与单倍过量的锂金属阳极配对。该电池在−40℃ 和−60℃ 循环时分别保留了 84% 和 76% 的室温容量，在 50 次循环后表现出稳定的性能。这项工作为超低温锂金属电池电解质提供了设计标准，并代表了低温电池性能的决定性一步[44]。

由于在−20℃ 下工作，Li^+ 传输和电荷转移受到阻碍，相关动力学研究不断深入。通过各种表征技术描述了析锂过程中温度依赖性的 Li^+ 行为，表明通过固体电解质界面（SEI）层的扩散是关键的速率决定步骤。降低温度不仅会减慢 Li^+ 的传输，还会改变电解质分解的热力学反应，导致不同的反应途径并形成由富含有机物质的中间产物组成的亚稳态 SEI 层，不适合高效的 Li^+ 传输。通过调整具有最低未占分子轨道（LMMO）能级和极性基团的电解质的溶剂化结构，例如氟化电解质——三氟乙酸甲酯（MTFA）中的 1mol/L 双（氟磺酰基）亚胺锂（LiFSI）∶氟代碳酸乙烯酯（FEC）（8∶2，质量比）更容易形成富含无机物的 SEI 层，其对工作温度变化（热力学）的耐受性增强，并改善了 Li^+ 传输动力学瓶颈，并为通过构建富含无机物的界面来增强反应动力学/热力学和低温性能提供了方向[45]。图 8.11 描述了 25℃ 和 −20℃ 锂离子扩散及 SEI 形成示意图。

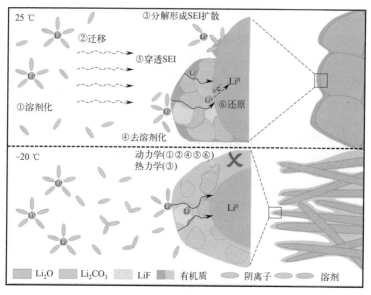

图 8.11　25℃ 和 −20℃ Li^+ 扩散及 SEI 形成示意图

电解质电导率低和电极中固态扩散缓慢会阻碍锂离子电池在 −20℃ 以下的运行。锂金属阳极显示了在低温下运行的希望，但是很少有电解质组合物在较低的温度下显示出高电导率，同时还允许以高库仑效率进行锂电沉积/剥离。有研究表明，通过使用两类电解质溶剂——环状碳酸酯和醚类，调整固体-电解质中间相（SEI）结构，可以在低温（−60℃）下显著提高锂金属阳极的库仑效率。低温透射电子显微镜和其他方法表明，氟代碳酸乙烯酯（FEC）诱导 SEI 膜化学成分和结构组成随温度的变化而变化，因此 LiF 和 Li_2CO_3 含量高。而核磁共振和分子动力学计算表明，FEC 影响了这种新电解质系统的溶剂化行为和 SEI 形成过程。结果表明，可充电锂金属电池有望在较宽的温度范围内进行能量存储[46]。图 8.12 显示了氟代碳酸乙烯酯溶剂化行为和 SEI 形成结构图。

8.3.3　正负极材料和电解液的匹配

电池体系反应过程主要包括 Li^+ 在电解液中的传输、穿越电解液/电极界面膜、电荷转移以及 Li^+ 在活性物质本体中扩散等 4 个步骤。低温下，各个步骤的速率下降，由此造成各个步骤阻抗增大，带来电极极化的加剧，引发低温放电容量减小、负极析锂等问题。提高锂电池的低温性能应综合考虑电池中正

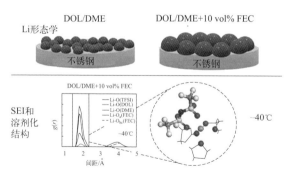

图 8.12　氟代碳酸乙烯酯（FEC）溶剂化行为和 SEI 形成结构图

极、负极、电解液等综合因素的影响，可通过优化电解液溶剂、添加剂和锂盐组成来提高电解液的电导率，同时降低成膜阻抗；对正负极材料进行掺杂、包覆、小颗粒化等改性处理，优化材料结构，也可降低界面阻抗和 Li$^+$ 在活性物质本体中的扩散阻抗。通过对电池体系整体的优化，减小锂电池低温下的极化，可使电池的低温性能得到进一步提高。通过增大磷酸铁锂 ab 平面轴向尺寸、减小其粒径、增大石墨层间距、降低电解液黏度等方法，可以提高电池的低温充放电性能、倍率性能和循环性能[47]。

8.3.4　充放电模式

可充电锂电池（RLB），包括锂离子电池和锂金属电池，应用都很广泛。大多数 RLB 仅在常规环境中使用，而不是在海洋探索、热带地区、高空无人机和极地探险等极端气候/条件下使用。当长期或定期暴露在恶劣环境中时，传统的 RLB 将无法工作，尤其是在低温和高温区域（即低于 0℃ 和高于 60℃）。构建具有较强耐温性的替代电极材料和电解质系统为开发全气候 RLB 奠定了技术基础[48]。

锂电池充电过程中，电解液中离子运动与极化会促使电池内部产生热量。这种生热机制可有效地用于提高电池在低温下的使用性能。脉冲电流是指方向不变，电流强度或电压随时间周期性改变的电流。为了在低温下快速安全地升高电池温度，Zhao 等研究了脉冲电流对 LiFePO$_4$/MCNB 电池的激发作用，研究发现脉冲电流激发结束后，电池表面温度从 −10℃ 上升到 3℃，并且与传统充电模式相比，整个充电时间减少了 36min（23.4%），在相同的放电速率下容量增加了 7.1%。因此，该种充电模式有利于低温 LiFePO$_4$ 电池快速充电。他们通过研究电池容量保持率和电化学阻抗来评估脉冲电流加热后的 LIBs 健康状态（SOH），并通过扫描电镜和能量色散、X-射线光谱研究了电池负极表面形貌变化，结果表明脉冲电流加热不会增加锂离子在负极表面的沉积，因此脉冲加热不会加剧锂沉积带来的容量衰减与锂枝晶生长的风险[49]。这种技术为锂电池的低温应用开辟了一个新技术路线。

8.4 小结

本章首先介绍了锂离子电池低温环境适应性评估中的标准方法，包括电池容量、内阻、扩散系数、SOC-OCV 曲线、低温充电等多种评估方法。磷酸铁锂材料主要通过多相掺杂，纳米化、碳包覆、可再生材料等解决磷酸铁锂材料本征电导率低和锂离子一维扩散通道造成的低温性能差的问题。锂电池的低温性能很大程度上取决于电解液和负极材料。磷酸铁锂电池在低温性能上的差异可能源于电池设计、材料选择、界面控制和电池管理系统的优化程度以及是否采用了特殊的技术来提高低温性能。受低温影响，石墨等负极嵌锂速度降低，容易在负极表面析出金属锂形成锂枝晶，穿刺隔膜，造成电池失效或内部短路，是锂电池在低温下性能不佳的主要原因。

提高锂离子电池的低温性能，对我国在更广泛的地区推广使用锂离子电池具有重要意义。根据中国汽车行业协会数据，我国 2024 年生产销售电动汽车达到了 1000 万辆左右，其中 70% 以上都采用了磷酸铁锂电池。2024 年，我国的电动两轮车也达到 6000 万辆，对磷酸铁锂电池的需求很大。但是磷酸铁锂电池的"低温焦虑"问题一直存在。在冬季的北方，特别是东北、西北等地区，锂电池交通工具的使用量一直不高，低温问题一直是让生产厂家头疼的技术难题。如果能有效解决磷酸铁锂电池体系的低温问题，磷酸铁锂电池将在电动汽车、电动两轮车、电动三轮车、储能电站、基站储能等领域得到更广泛的应用。

参考文献

[1] 韩鑫. 低温环境下锂离子电池析锂特性及其影响研究 [D]. 北京：北京交通大学，2021.

[2] 赵世玺，郭双桃，赵建伟，等. 锂离子电池低温特性研究进展 [J]. 硅酸盐学报，2016，44 (1)：19-28.

[3] Plichta E J, Behl W K. A low-temperature electrolyte for lithium and lithium-ion batteries [J]. Journal of Power Sources, 2000, 88 (2)：192-196.

[4] 雷治国，张承宁，李军求，等. 电动车用锂离子电池低温性能研究 [J]. 汽车工程，2013，35 (10)：927-933.

[5] 王文涛，魏一凡，黄鲲，等. 低温锂离子电池测试标准及研究进展 [J]. 储能科学与技术，2024，13 (7)：2301-2307.

[6]　Zhang W J. Structure and performance of LiFePO₄ cathode materials: A review [J]. Journal of Power Sources, 2011, 196 (6): 2962-2970.

[7]　Abdelaal M M, Alkhedher M. Dual optimization of LiFePO₄ cathode performance using manganese substitution and a hybrid lithiated Nafion-modified PEDOT: PSS coating layer for lithium-ion batteries [J]. Electrochimica Acta, 2024, 506: 145050.

[8]　Rui X H, Jin Y, Feng X Y, et al. A comparative study on the low-temperature performance of LiFePO₄/C and Li₃V₂(PO₄)₃/C cathodes for lithium-ion batteries [J]. Journal of Power Sources, 2011, 196 (4): 2109-2114.

[9]　Hoffman Z J, Mistry A, Srinivasan V, et al. Comparing experimentally-measured sand's times with concentrated solution theory predictions in a polymer electrolyte [J]. Journal of the Electrochemical Society, 2023, 170 (12): 120524

[10]　Wang J W, Ji S J, Han Q, et al. High performance of regenerated LiFePO₄ from spent cathodes via an in situ coating and heteroatom-doping strategy using amino acids [J]. Journal of Materials Chemistry A, 2024, 12 (25): 15311-15320.

[11]　Zhu X, Ren X, Chen J, et al. One-step regeneration and upgrading of spent LiFePO₄ cathodes with phytic acid [J]. Nanoscale, 2024, 16 (7): 3417-3421.

[12]　Ramasubramanian B, Sundarrajan S, Chellappan V, et al. Recent development in carbon-LiFePO₄ cathodes for lithium-ion batteries [J]. A Mini Review Batteries, 2022, 8: 133.

[13]　Chang W, Kim S J, Park I T, et al. Low temperature performance of LiFePO₄ cathode material for Li-ion batteries [J]. Journal of alloys and compounds, 2013, 563: 249-253.

[14]　Jin M, Gao R, Sun G, et al. Dual-function LiFePO₄ modified separator for low-overpotential and stable Li-S battery [J]. Journal of Alloys and Compounds, 2021, 873: 159798.

[15]　Yan C, Wu K, Jing P, et al. Mg-doped porous spherical LiFePO₄/C with high tap-density and enhanced electrochemical performance [J]. Materials Chemistry and Physics, 2022, 280: 125711.

[16]　Kanagaraj A B, Chaturvedi P, Kim H J, et al. Controllable synthesis of LiFePO₄ microrods and its superior electrochemical performance [J]. Materials Letters, 2021, 283: 128737.

[17]　Alsamet M M, Burgaz E. Synthesis and characterization of nano-sized LiFePO₄ by using consecutive combination of sol-gel and hydrothermal methods [J]. Electrochimica Acta, 2021, 367: 137530.

[18]　Wang J, Wang M, Liang Y, et al. Effects of N-doping and oxygen vacancies on electronic structure of LiFePO₄ [J]. Physica B: Condensed Matter, 2023, 648: 414437.

[19]　Wang J, Wang M, Liang Y, et al. Effects of S doping and S/N co-doping on electronic structure and ion diffusion of LiFePO₄ [J]. Chemical Physics, 2022, 508: 111687.

[20]　Nie X, Xiong J. Electrochemical properties of Mn-doped nanosphere LiFePO₄ [J]. The Journal of the Minerals, Metals & Materials Society, 2021, 73 (8): 2525-2530.

[21]　Zhang B F, Xu Y L, Wang J, et al. Electrochemical performance of LiFePO₄/graphene composites at low temperature affected by preparation technology [J]. Electrochimica Acta, 2021, 368: 137575.

[22]　Navaratnarajah K C A, Apostolos K, Nikolaos K, et al. Defects lithium mobility and tetravalent dopants in the Li₃NbO₄ cathode material [J]. Scientific Reports, 2019, 9 (1): 2192.

［23］ Zhang Y, Wang W C, Li P H, et al. A simple solvothermal route to synthesize graphene-modified LiFePO$_4$ cathode for high power lithium ion batteries [J]. Journal of Power Sources, 2012, 210：47-53.

［24］ Ha J, Park S K, Yu S H, et al. Chemically activated graphene-encapsulated LiFePO$_4$ composite for high performance lithium ion batteries [J]. Nanoscale, 2013, 5：8647.

［25］ Wang B, Wang X C, Liu K, et al. Construction of multiwall carbon nanotubes/biomass-derived nitrogen-doped carbon@regenerated LiFePO$_4$ cathode materials for lithium-ion batteries [J]. Journal of Materials Science：Materials in Electronics, 2024, 35 (17)：1-10.

［26］ Kucinskis G, Bajars G, Kleperis J. Graphene in lithiμm ion battery cathode materials：A review [J]. Journal of Power Sources, 2013, 240：66-79.

［27］ Fei H, Peng Z, Yang Y, et al. LiFePO$_4$ nanoparticles encapsulated in graphene nanoshells for high-performance lithium-ion battery cathodes [J]. Chemical Communications, 2014, 50：7117-7119.

［28］ Hu L H, Wu F Y, Lin C T, et al. Graphene-modified LiFePO$_4$ cathode for lithium ion battery beyond theoretical capacity [J]. Nature Communications, 2013, 4：1687.

［29］ Wang S, Feng D, Zhang Z, et al. Highly thermally conductive polydimethylsiloxane composites with controllable 3D GO@f-CNTs networks via self-sacrificing template method [J]. Chinese Journal of Polymer Science, 2024, 42 (07)：897-906.

［30］ Wu X L, Guo Y G, Su J, et al. Carbon-nanotube-decorated nano-LiFePO$_4$@C cathode material with superior high-rate and low-temperature performances for lithium-ion batteries [J]. Advanced Energy Materials, 2013, 3：1155-1160.

［31］ Pan C Y, Yin H Y, Pan F Z, et al. In situ doping of lithium iron phosphate with excellent water-soluble zinc salt was used to improve its magnification performance [J]. Solid State Ionics, 2023, 403：116404.

［32］ Yao T S, Zhang H, Qi C, et al. Effective regeneration of waste LiFePO$_4$ cathode material by Cu doping modification [J]. Applied Surface Science, 2024, 659：159920.

［33］ Hu J Z, Xie J, Zhao X B, et al. Doping effects on electronic conductivity and electrochemical performance of LiFePO$_4$ [J]. Journal of Material Science Technology, 2009, 25：405-409.

［34］ Liao X Z, Ma Z F, Gong Q, et al. Low-temperature performance of LiFePO$_4$/C cathode in a quaternary carbonate-based electrolyte [J]. Electrochemistry Communications, 2008, 10 (5)：691-694.

［35］ Smart M C, Ratnakumar B V, Surampudi S. Electrolytes for low-temperature lithium batteries based on ternary mixtures of aliphatic carbonates [J]. Journal of the Electrochemical Society, 1999, 146 (2)：486-492.

［36］ Wang C, Appleby A J, Little F E. Low-temperature characterization of lithium-ion carbon anodes via micro perturbation measurement [J]. Journal of the Electrochemical Society, 2002, 149 (6)：A754-A760.

［37］ Zhang S S, Xu K, Jow T R. The low temperature performance of Li-ion batteries [J]. Journal of Power Sources, 2003, 115 (1)：137-140.

［38］ Sazhin S V, Khimchenko M Y, Tritenichenko Y N, et al. Performance of Li-ion cells with new electrolytes conceived for low-temperature applications [J]. Journal of Power Sources, 2000, 87 (1)：112-117.

［39］　Ma C, Qiu Z, Shan B, et al. The optimization of the electrolyte for low temperature LiFePO$_4$-graphite battery ［J］. Materials Letters, 2024, 356: 135594.

［40］　Tang Z Y, Xie Z T, Cai Q Q, et al. Unlocking superior safety, rate capability, and low-temperature performances in LiFePO$_4$ power batteries ［J］. Energy Storage Materials, 2024, 67: 103309.

［41］　Ming J, Cao Z, Wu Y, et al. New insight on the role of electrolyte additives in rechargeable lithium ion batteries ［J］. ACS Energy Letters, 2019, 4 (11): 2613-2622.

［42］　Liu X, Shen X, Luo L, et al. Designing advanced electrolytes for lithium secondary batteries based on the coordination number rule ［J］. ACS Energy Letters, 2021, 6 (12): 4282-4290.

［43］　Holoubek J, Liu H, Wu Z, et al. Tailoring electrolyte solvation for Li metal batteries cycled at ultra-low temperature ［J］. Nature Energy, 2021, 6 (3): 303-313.

［44］　曹贺, 闻雷, 郭震强, 等. 炭材料在低温型磷酸铁锂材料中的应用分析及展望 ［J］. 新型炭材料, 2022, 37 (1): 46-58

［45］　Weng S, Zhang X, Yang G, et al. Temperature-dependent interphase formation and Li$^+$ transport in lithium metal batteries ［J］. Nature Communications, 2023, 14 (1): 4474.

［46］　Thenuwara A C, Shetty P P, Kondekar N, et al. Efficient low-temperature cycling of lithium metal anodes by tailoring the solid-electrolyte interphase ［J］. ACS Energy Letters, 2020, 5 (7): 2411-2420.

［47］　饶睦敏, 焦奇方, 杨泛明, 等. LiFePO$_4$ 动力电池低温性能的影响因素研究 ［J］. 电源技术, 2018, 42 (10): 1434-1437+1476.

［48］　Feng Y, Zhou L, Ma H, et al. Challenges and advances in wide-temperature rechargeable lithium batteries ［J］. Energy & Environmental Science, 2022, 15 (5): 1711-1759.

［49］　Hubble D, Brown D E, Zhao Y, et al. Liquid electrolyte development for low-temperature lithium-ion batteries ［J］. Energy & Environmental Science, 2022, 15 (2): 550-578.

第 9 章

新型正极材料技术发展展望

在目前的技术体系下，锂离子电池的容量主要由正极材料决定。与负极材料相比，正极材料的克容量较低。因此，发展高比能量的正极材料是锂离子电池产业的关键技术方向。新型正极材料的主要研发方向是提升电压平台或者提升放电克容量。在提升电压平台方面，磷酸锰铁锂材料、镍锰酸锂材料都进行了有益的尝试。在提升克容量方面，富锂锰基正极材料已经达到了 300mAh/g 的克容量，远远超过了常规的正极材料体系。但是新型的正极材料还存在循环寿命短、容易产气等诸多问题，需要进一步研发解决。本章介绍一些有应用潜力的正极材料，供行业内的研发人员参考。

9.1 磷酸锰铁锂的研发与产业发展

磷酸锰铁锂（$LiFe_{0.5}Mn_{0.5}PO_4$，LFMP）材料作为磷酸铁锂材料的下一代产品，不仅继承了磷酸铁锂的长循环、安全可靠、资源性好、环保性能佳等优点，还弥补了其平台电压低的缺陷，是一种很有前景的锂离子动力电池正极材料。目前，研究者们针对磷酸锰铁锂材料的结构和性能优化进行了广泛的研究，这也是实现其实际应用的关键。

在磷酸锰铁锂材料的制备中，锰铁比是影响材料性能的重要因素，不同的锰铁比会使材料的电化学性能有差异，而合成方法的不同也会使性能最佳材料的锰铁比有所不同。因此在实际材料制备中需根据合成方法与条件调整出适宜的铁锰比。Deng 等[1] 总结近几年以不同锰铁比制备 LFMP 材料的研究与应用进展，发现在低电流下 $LiMn_{0.75}Fe_{0.25}PO_4/C$ 显示出最高的能量密度和功率。然而从功率和能量密度、快速充放电能力和耐久性方面来看，$LiMn_{0.5}Fe_{0.5}PO_4/C$ 或者 $LiMn_{0.6}Fe_{0.4}PO_4/C$ 可能才是实现大规模应用的理想选择。

形貌是影响正极材料电化学性能的关键因素。Wang 等[2] 报道了锰基过渡金属磷酸锂（manganese-based lithium transition-metal phosphate，MLTP）正极材料的晶体尺寸与电化学性能之间的关系。研究者通过控制合成了不同形貌和尺寸的 MLTP 纳米颗粒。研究发现，随着乙二醇和去离子水的体积比逐渐增大，颗粒的尺寸随之减小，而晶体的尺寸逐渐增大。材料颗粒尺寸较小，缩短了 Li^+ 的扩散距离，有利于 Li^+ 脱嵌迁移。且由于小颗粒有较大的比表面积，增加了反应界面，提高了正极材料的电化学反应活性，使得材料有更优良的电化学性能。颗粒的晶粒大，可以使颗粒由最少的晶体组成，减少每个颗粒内部的晶界数量，避免可能会使材料发生断裂的晶界缺陷发生。不同乙二醇与去离子水体积比合成 MLTP 材料的电化学性能见表 9.1。

由表 9.1 可以看出，随着颗粒尺寸的减小和晶体尺寸的增大，材料的电化学性能均得到了提高。同时针对磷酸锰铁锂材料低电导率和离子迁移速率慢等缺点，采用离子掺杂和表面包覆两种改性方法对材料进行优化改性。其中离子掺杂通过将过渡金属离子引入晶格中，诱导晶格发生改变形成缺陷，拓宽 Li^+ 迁移通道，提高电导率和离子迁移速率[3]。相比于单元素掺杂，多元素共掺杂可能会产生协同效应，可显著提高材料性能[4]，然而对于掺杂位点与协同机理的理论研究还需更深入。表面包覆主要在颗粒表面包覆导电性良好的碳层来改善电导率，同时作为屏障抑制颗粒及锂枝晶的生长，还能隔绝电解质对电极的侵蚀。

表 9.1　不同形貌 MLTP 材料的电化学性能比较

材料	形貌	初始放电容量/(mAh/g)	放电容量/(mAh/g)	循环容量/(mAh/g)
MLTP-EG6	大尺寸颗粒 小尺寸颗粒	139.5(0.1C) 130.6(0.5C) 117.2(0.1C)	83.0(5C) 60.1(10C) 38.7(20C)	105.0(0.5C110 次)
MLTP-EG9	中等尺寸颗粒 中等尺寸晶体	144.7(0.5C)	—	130.2(0.5C100 次)
MLTP-EG12	小尺寸颗粒 大尺寸颗粒	163.2(0.1C) 158.0(0.5C) 153.3(1C)	137.6(5C) 123.4(10C) 101.6(20C)	150.7(0.5C100 次)

Yan 等[5] 报道了一种氟掺杂碳包覆的 LMFP 正极材料，使用蔗糖和聚偏二氟乙烯作为碳源和氟源，通过热处理对 LMFP 进行包覆修饰。氟掺杂碳层

提供了充足的电子传输通道，同时在 LMFP 材料表面与氟掺杂碳层之间的界面与 Mn 部分形成了金属氟化物，有效降低了电荷转移电阻。LMFP/C-F 与 LMFP/C 碳层结构设想图如图 9.1 所示。

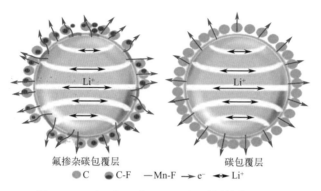

氟掺杂碳包覆层　　　　　碳包覆层
●C　●C-F　—Mn-F　→ e⁻　↔ Li⁺

图 9.1　LMFP/C-F 与 LMFP/C 碳层结构设想图

这种独特的碳层结构极大地改善了材料的电化学性能，在 1C 倍率下放电容量达到了 162.2mAh/g，在 200 次循环后仍能保持 94.8% 的容量，在 20C 的高倍率下放电容量仍高达 130.3mAh/g。

因此，进一步开展优化合成工艺、控制颗粒形貌与尺寸以及材料离子掺杂和表面包覆等方面的研究，是提高该材料综合电化学性能必要的工作。下一步的研究还应当从以下三个方面加以重视：第一方面是深入研究工业化合成晶体形态良好的多孔小粒径圆球颗粒，以实现产业化应用；第二方面是对磷酸锰铁锂材料离子掺杂的理论研究需要进一步探究，同时开发新的包覆方法及包覆材料，优化改性方法以适应工业化生产需求；第三方面是优化磷酸锰铁锂材料高低温性能。随着对磷酸锰铁锂材料的研究逐渐深入，相信其在锂离子动力电池领域的实际应用也必将迅速普及。

9.2　磷酸钒锂技术与产业化

磷酸钒锂 $[Li_3V_2(PO_4)_3$，简写 LVP$]$ 是一种新型锂离子电池正极材料，因其独特的晶体结构和优异的电化学性能而备受关注。相比于传统的正极材料（如磷酸铁锂或三元材料），磷酸钒锂凭借高能量密度、高电压平台和良好的低温性能，在高性能储能和动力系统中具有较大的优势。

磷酸钒锂的理论比容量高达 197mAh/g，且具备 3.8V 和 4.1V 的高电压平台，能量密度高于磷酸铁锂。其具有 NASICON（钠超离子导体）型结构，拥有较宽的离子通道，提供了优异的锂离子扩散性，支持更快的放电速率和长期循环稳定性。其快充性能突出，具有良好的容量保持率，在高温、高电压等条件下稳定性强，安全性较高。但 LVP 因自身结构存在一定的缺陷，导致其离子电导率、电子电导率较低和不可逆的固溶反应[6]，限制了该材料在实际中的应用。

为了提高其电化学性能，研究人员对其不同的制备方法和改性方法进行了大量研究。在制备方法方面，固相法因具有制备工艺简单、成本低廉等优势，成为了最适合工业化生产的选择。Pan 等[7] 采用高温固相法制备的 LVP 正极材料在 3.0~4.3V、1C 倍率条件下的首次充放电比容量为 131mAh/g，在 8C 倍率下的放电比容量仍达 110mAh/g。但固相合成前须将物料进行粉碎混合，配料不易准确控制，可能会出现物料混合不均匀现象，且所合成的 LVP 正极材料颗粒较大，分布也不均匀，电化学性能稳定性较差。

在改性方面，纳米化、表面包覆、掺杂等改性方法均能有效提高磷酸钒锂正极材料的电化学性能。与传统同类材料相比，纳米结构化的 LVP 可提供一系列独特的优势，如较大的电极/电解质接触面积以及较短的 Li^+ 和电子传输路径，从而导致高电荷放电速率。同时容易适应 Li^+ 嵌入/脱嵌的应变，提高了电池的充电耐受性。在反应体系中，极性溶液分散在非极性相中，形成大量的纳米级液滴。这些液滴在此过程中充当纳米反应器，也可以抑制粒子的聚集和生长。碳涂层隔离了 LVP 晶粒并阻碍了其生长。球形样品实际上是较小颗粒的聚集体，其大小约为几百纳米。Sun 等[8] 使用 N_2H_4 作为还原剂成功合成了单相、球形且分散良好的纳米颗粒 LVP。在 3.0~4.3V 电压范围放电容量为 123mAh/g，3.0~4.8V 电压范围为 132mAh/g。表面包覆可提高材料的导电性，有效减少电解液与磷酸钒锂材料发生的副反应。一维碳纳米管（CNT）表现出优异的电子和力学性能[9]，在增强电极材料的电导率方面起积极作用，有利于 LVP 的倍率性能和循环稳定性的提高。Qiao 等[10] 采用多壁碳纳米管（MWCNTs）结合聚乙烯醇（PVA）基碳热还原法制备改性的 LVP 复合材料。其中，PVA 主要提供还原气氛以还原 V^{5+}，并抑制 LVP 颗粒的聚集，MWCNTs 则利于在 LVP 颗粒之间的表面形成导电网络。所制备的无定形碳和 MWCNTs 共改性 LVP 复合材料表现出优异的高速 Li^+ 脱嵌性能。

离子掺杂是一种通过在原子尺寸上改变晶格结构来调节 LVP 正极材料的有效方法。合适的阴离子掺杂可减少电极材料极化，降低电荷转移电阻，有效增加材料的稳定性[11]。锂位掺杂能提高材料的导电性，但只有离子半径合适才能有效占据锂位，且掺杂离子的价态对 LVP 材料的电化学性能影响很大。钒位掺杂可稳定 LVP 正极材料结构，提高其电导率，但掺杂不同价态的离子可能会引起电荷不平衡，最终影响离子扩散，不利于材料性能的提升。相比于钒位掺杂，多位掺杂能有效解决电荷不平衡的问题。多位掺杂不但能提高 LVP 正极材料的电化学性能，还有利于第 3 个 Li^+ 的脱出和嵌入，是一种非常有潜力的掺杂技术。孙孝飞等[12] 研究了采用溶胶-凝胶法合成 LVP 正极材料和三元掺杂体系 $Li_{2.85}Na_{0.15}V_{1.9}Al_{0.1}(PO_4)_{2.9}F_{0.1}$。结果表明，三元掺杂后的 LVP 正极材料在 1C 倍率下的放电比容量为 139mAh/g，相比未掺杂的 LVP 正极材料有明显提高。在 1C 倍率下循环 300 圈后，放电比容量仍高达 118mAh/g，表现出良好的循环稳定性能。Zhu 等[13] 成功制备了 Bi^{3+}、Cl^- 共掺杂的 LVP 正极材料，在 $3.0 \sim 4.8V$、0.1C 倍率条件下首次充放电比容量为 172mAh/g，循环 300 圈后容量保持率为 77.23%。

不同改性方法对 LVP 正极材料的电化学性能的影响也不同。离子掺杂是从 LVP 正极材料自身结构去改性，使其结构更加稳定，降低转移电阻，增强其导电性。但由于其并未改变形貌，可能很难抵抗高电位下电解液在界面处的分解。为了克服这一挑战，研究者们对 LVP 进行了多种改性研究，其中表面包覆是一种重要策略。表面包覆的效果主要取决于包覆物质的性质，目前主要采用碳作为包覆材料。碳材料因其导电性好，可有效增强 LVP 正极材料的导电性，从而改善其电化学性能。此外，LVP 表面的碳涂层还能限制其颗粒的生长，使其粒径纳米化。纳米化的颗粒与碳之间能紧密结合，增强电荷的转移速度，减小粒径，缩短离子扩散的路程。因此，碳包覆与纳米化两种改性方法的结合能显著提高 LVP 正极材料的电化学性能，而离子掺杂、碳包覆与纳米化三种改性方法的结合将具有广阔的应用前景。这种综合改性方法能进一步改善 LVP 正极材料的性能，如提高比容量、增强循环稳定性、优化倍率性能等，从而为 LVP 正极材料在锂离子电池中的广泛应用提供强有力的支持。将三种改性方法相结合能进一步发挥各方法优势，从而显著提升 LVP 正极材料性能。有望在未来为 LVP 材料在锂离子电池中的应用开辟更广阔的前景。

目前磷酸钒锂还处于从实验室研究走向规模化应用的过渡阶段，其性能已在实验室中得到了验证，在高性能储能领域（如高倍率电池和特种储能模块）已有小批量推广，随着产业链的逐步完善，部分企业和高校、研究机构进行合作共同研发的磷酸钒锂材料的制备工艺将在电池中得到配套应用。

9.3　磷酸铁锂的高容量化

众所周知，橄榄石型的 $LiFePO_4$（LFP）作为锂离子电池中最受欢迎的正极材料之一，具有安全性、使用寿命和成本方面的诸多优势。但是磷酸铁锂的克容量较低（理论克容量为 170mAh/g，全电池体系下，一般在 140mAh/g）。为了获得更高的能量密度，人们已经做出了诸多努力来提高 LFP 的比容量，以增加电动汽车的续航里程。主要表现在以下四个方面。

① 通过有效调整磷酸铁锂（LFP）的形貌和粒度，可显著提高其高倍率容量和循环寿命。原因在于电极/电解质接触面积增大、锂离子扩散距离缩短以及应力释放效果更佳。Chen 等[14] 通过溶剂热途径合成了多孔微纳米结构的海星状 LFP/C，其在 1C、10C 和 20C 的比容量分别为 157.5mAh/g、113.7mAh/g、86.7mAh/g；Yang 等[15] 合成的空心 LFP 在 20C 下的可逆容量为 101mAh/g，2000 次循环后的容量保持率为 80%。

② 在 LFP 颗粒表面涂覆纳米结构碳，有助于提高电子和离子电导率，并通过提供锂离子的界面存储位点增加额外容量。Zhang 等[16] 通过生物模板和碳热还原方法（使用高能生物分子 ATP）制备了嵌入介孔生物碳涂层 LFP 纳米片中的高能量子点。在 0.1C 条件下，最高的第一次可逆容量为 197mAh/g，超过了 LFP 的理论值，超高库仑效率约为 100%。即使经过 100 次循环，它仍然在 0.1C、1C、5C 和 10C 不同电流速率下提供了 180mAh/g 的高可逆容量。这种优异的性能归功于 LFP 纳米颗粒中高能量子点的量子隧穿和涂层网络结构的渗透。

③ 通过掺杂增强电子和离子电导率以及降低电荷转移电阻来改善 LFP 的电化学性能，特别是通过共掺杂 LFP 进行的结构改性，可以开发出一种具有增强电化学性能的新橄榄石结构正极材料。Yuan 等[17] 研究了 Ni 和 Mn 掺杂对 LFP 阴极材料的结构、形貌和电化学性能的单独和联合影响。Ni 和 Mn 共掺杂的 $LiNi_{0.02}Mn_{0.03}Fe_{0.95}PO_4$/C 样品在 0.1C 的电流速率下提供了更高的初始放电容量，为 164.3mAh/g，循环稳定性更好，在 100 次循环后，容量保持率为 98.7%。

④ 添加正极预锂化添加剂可以补偿由 SEI 层形成导致的锂损失，并显著提高比容量，使其超过理论值。通过增加锂离子的界面活性存储，可以获得比理论值 170mAh/g 更大的容量[18]。此外，LFP 纳米颗粒与纳米碳涂层的结合可以增强电子的传输，从而提高速率容量性能。预锂化策略是补偿固体电解质

间相（SEI）形成造成的第一圈循环活性锂损失的好方法。使用正极预锂添加剂可以显著提高比容量。

为了在高电流密度下放电时达到并超过其 170mAh/g 的理论容量，需要大量的努力来调整 LFP 材料的颗粒尺寸和形状、纳米结构混合涂层和新的正极预锂添加剂。今后应强调以下研究方向。

① 粒径减小。通过一次粒径减小 Li^+ 扩散距离，是一种非常重要的方法。通过 Li^+ 扩散路径优化提高比容量/倍率容量以及动力学性能。纳米结构 LFP 是关键。

② 混合涂层和界面结构需要探索。杂化涂层材料改善了电解质与 LFP 表面之间的界面接触。理想的界面结构可以提供更活跃的量子点，可以导致容量超过理论值。

③ 需要开发最适合 LFP 材料的新型正极造粒添加剂，用于开发高压实磷酸铁锂。

④ 开发补锂剂。正极预锂化将补偿在第一次充放电循环中损失的活性锂，提高 LFP 材料性能，将有利于全电池体系下提高电池的能量密度。

⑤ 全固态或准固态电池的结合。探索磷酸铁锂在全固态或准固态电池中的应用，借助固态电解质提高电池的电压范围和能量密度。

通过以上技术的综合改进，磷酸铁锂电池将在未来继续提高其综合性能，同时保持其优异的安全性能和循环寿命。

9.4 铁基钠离子电池的发展未来

锂资源全球储量有限且分布不均，钠元素与锂元素处于同一主族，其化学性质与锂元素相似，且占地壳丰度的 2.64%，远远高于锂元素（0.006%）。因此开发资源丰富、环境友好的钠离子电池技术对发展大规模储能技术具有重要的战略意义和实际价值[19]。铁是地球上储量丰富的金属元素。由于铁的 3d 轨道电子与钠离子外层电子轨道能量相近，又由于铁的价态多变，铁基正极材料的理论比电位可高达 3.5V，为实现高能量密度输出提供了可能。因此铁成为了钠离子电池活性中心的首选元素。铁基钠离子电池体系主要依托 Fe^{2+}/Fe^{3+} 的可逆氧化还原反应实现电荷存储。这些卓越的化学特性直接推动了该领域的研究热潮和技术突破[20]。

经过多年的研究，一些有前途的高性能铁基钠离子电池正极材料体系已经出现，其中过渡金属层状氧化物、聚阴离子型化合物、普鲁士蓝化合物及无钠正极材料均具有了一定的产业化应用前景。表 9.2 系统总结了这些铁基正极材料的电化学性能特征[21]。值得注意的是，铁基正极材料作为钠离子电池核心组件已取得显著进展。如表 9.2 所示，这些电极材料相对于 Na/Na^+ 的标准电极电位分布范围较广（2.0～3.4V），理论比容量跨度极大（60～600mAh/g），展现出卓越的应用发展潜力。

表 9.2　典型铁基钠离子电池电极材料的电化学特性概述[21]

正极材料	工作电压 （vs. Na/Na^+）/V	电化学性能
O_3-$NaFeO_2$	3.3	12～80mAh/g 0.1C 下 160mAh/g,20C 下 100mAh/g,0.1C 下循环 50 次后容量保持率为 85%； 0.1C 下 149mAh/g,0.1C 下循环 50 次后容量保持率为 86%； 0.1C 下 100mAh/g,5C 下 60mAh/g,0.1C 时循环 100 次后容量保持率为 97%； 13mAh/g 下 190mAh/g,260mAh/g 下 133mAh/g,12mAh/g 下循环 30 次后容量保持率为 70%
$NaFePO_4$（马氏体相）	2.6	0.2C 下 145mAh/g,50C 下 61mAh/g,5C 下循环 6300 次后容量保持率为 89%； 0.05C 下 87mAh/g,1C 下 65mAh/g,0.05C 下循环 80 次后容量保持率为 95%
Na_2FePO_4F	3.1	0.5C 下 90.3mAh/g,4C 下 66.8mAh/g,4C 下循环 1000 次后容量保持率为 85%
$Na_2Fe_{0.5}Mn_{0.5}PO_4F$	3.2	6.2mAh/g 下 110mAh/g,124mAh/g 下 78mAh/g
$Na_3Fe_2(PO_4)_3$	3.5	24mAh/g 下 120mAh/g,24mAh/g 下循环 300 次后容量保持率为 90%； 0.1C 下 65mAh/g,5C 下 63mAh/g,5C 下循环 500 次后容量保持率为 98%； 0.1C 下 150mAh/g,0.1C 下循环 200 次后容量保持率为 90%
$NaNiFe(CN)_6$	3.4	100mAh/g 下 55mAh/g,500mAh/g 下 52mAh/g,100mAh/g 下循环 100 次后没有容量损失
$Na_{1.40}MnFe(CN)_6$	3.3	0.1C 下 134mAh/g,40C 下 45mAh/g； 0.1C 下 285mAh/g,2C 下 155mAh/g,0.1C 下循环 100 次后容量保持率为 67%； 0.1C 下 600mAh/g,0.1C 下循环 100 次后容量保持率为 70%
$FePO_4$	2.4	0.1C 下 168mAh/g,10C 下 77mAh/g,1C 下循环 1000 次后容量保持率为 92.1%

在这些正极材料中，层状 Na_xMO_2 材料由于层间距更大，使得 Na^+ 的嵌入/脱出更为容易，最高比容量达到 200mAh/g，但表现出较差的耐水性，易

引起结构坍塌。通过金属掺杂后可显著提升层状氧化物的耐水性。以 O_3-$Na_{0.9}Cu_{0.22}Fe_{0.30}Mn_{0.48}O_2$ 为例[22]，该材料因掺杂微量铜元素后展现出可逆容量达 100mAh/g（经 100 次循环后容量保持率达 97%）的优异循环性能，又由于不含钴、镍等贵金属而有效降低了成本，已成为钠离子电池领域最具潜力的实用化正极材料之一。尽管钠离子电池长期以来被视为与新能源车辆适配性较差的储能技术，但改性 O_3 相铁基层状氧化物有望突破这一瓶颈，实现在低速电动车辆领域的规模化应用。

铁基普鲁士蓝材料由于其独特的开放晶体结构能够保证钠离子的快速迁移而表现出出色的倍率性能。虽然水系普鲁士蓝材料放电比容量不足，但有机普鲁士蓝材料能提供 3.2V 工作电压，能量密度高达 400～520Wh/kg。另外，其全电池的原材料成本只有磷酸铁锂电池的 80%，合成工艺简便。因此综合来看，铁基六氰合铁酸盐电池有望成为钠离子电池的理想选择[23]，在部分领域具有替代商用磷酸铁锂电池的价值。然而，普鲁士蓝材料的特殊结构导致其在高温下不稳定，应用于钠离子电池时可能引发安全隐患，这一点还要加强研发改进，引起重视。

在众多铁基多阴离子材料中，橄榄石和马氏体相 $NaFePO_4$ 的电压相对较低，且其合成方法难以实现工业化大规模生产。近年来，通过磷酸铁钠和焦磷酸铁钠复合，可以实现磷酸盐钠电正极材料的突破，成为目前产业的热点方向。尽管氟磷酸盐基钠离子电池电压较高，但其商业化应用可能受限于氟的毒性。此外，块体材料的热力学和动力学特性与电化学性能之间的关联性仍需进一步优化。NASICON 材料的典型代表是 $Na_3Fe_2(PO_4)_3$，其既可作为正极材料也可作为负极材料。$Na_3Fe_2(PO_4)_3$ 在 0.1C 倍率下可提供 100mAh/g 的比容量，并在约 2.5V 处呈现极平坦的平台[24]。由于 NASICON 材料兼具优异的循环性能、无毒性及不含贵金属，$Na_3Fe_2(PO_4)_3$ 作为商业钠离子电池正极材料具有广阔前景。此外，$Na_3Fe_2(PO_4)_3$ 可通过简单的固相反应法合成，适合工业化大规模生产。然而，该材料的放电比容量仍不够理想。因此，未来研究需重点关注提升其放电比容量的策略。一旦 $Na_3Fe_2(PO_4)_3$ 的放电比容量进一步提升，预计其将替代 $LiFePO_4$ 在基站、数据中心为代表的大规模储能项目上的应用。硫酸铁钠[$Na_{2.4}Fe_{1.2}(SO_4)_3$]材料由于具有较高的电压特性、最低的制造成本也得到了行业的广泛认可，并已经实现了初步的产业化。

以氟化铁（FeF_3）为正极材料的钠离子电池具有高放电容量、高理论比容量和低成本的显著优势。然而，其固有的低导电性严重制约了其产业化应用进程。二硫化铁（FeS_2）则展现出资源丰富、成本低廉、环境友好及理论比容量高等特点，是发展大规模电化学储能的理想候选材料。但该材料在反应过程中与钠离子作用时会产生显著的体积膨胀，并伴随导电性差等问题，导致容量衰减迅速且倍率性能不佳，进一步阻碍了其实际应用。随着电解液体系等关键组件的持续优化，FeS_2 正极材料的综合性能将获得显著提升，为钠离子电池的后续发展奠定重要的基础。然而，此类无钠正极材料（如硫化物、氟化物及非晶态磷酸铁）在应用于钠离子电池时均面临许多共同挑战。另外，钠金属负极或含钠复合负极材料是钠离子电池体系不可或缺的核心组件。尽管近年来在钠金属负极研究方面已取得一系列突破性进展，但要实现其规模化应用仍需攻克诸多关键技术瓶颈。

总之，在已开发的铁基钠离子电池正极材料中，普鲁士蓝体系材料、多阴离子化合物及 O_3 型层状氧化物因具备低成本与优异电化学性能，展现出显著的电网级应用潜力。然而，其商业化进程仍受限于以下关键问题：结构稳定性差、工作电压平台低、理论比容量有限及电子导电性不足等固有缺陷。相信通过纳米颗粒化改性、表面包覆改性和元素掺杂等手段优化改进后，这些材料将在大规模储能领域相较于锂离子电池具有更强的市场竞争力。

参考文献

［1］ Deng Y F, Yang C X, Zou K X, et al. Recent advances of Mn-rich $LiFe_{1-y}Mn_yPO_4$ （$0.5 \leqslant y <$ 1.0）cathode materials for high energy density lithium ion batteries ［J］. Advanced Energy Materials, 2017, 7 (13): 1601958.

［2］ Wang Y, Yu F Q. Probing the morphology dependence, size preference and electron/ion conductance of manganese-based lithium transition-metal phosphate as cathode materials for high-performance lithium-ion battery ［J］. Journal of Alloys and Compounds, 2021, 850: 156773.

［3］ Kim J K, Hwang G C, Kim S H, et al. Comparison of the structural and electrochemical properties of $LiMn_{0.4}Fe_{0.6}PO_4$ cathode materials with different synthetic routes ［J］. Journal of Industrial and Engineering Chemistry, 2018, 66: 94-99.

［4］ Hu H, Li H, Lei Y, et al. Mg-doped $LiMn_{0.8}Fe_{0.2}PO_4$/C nano-plate as a high-performance cathode material for lithium-ion batteries ［J］. Journal of Energy Storage, 2023, 73: 109006.

［5］ Yan X, Sun D, Wang Y Q, et al. Enhanced electrochemical performance of $LiMn_{0.75}Fe_{0.25}PO_4$ nanoplates from multiple interface modification by using fluorine-doped carbon coating ［J］. ACS Sustainable Chemistry & Engineering, 2017, 5 (6): 4637-4644.

［6］ Gao L B, Xu Z R, Zhang S. The co-doping effects of Zr and Co on structure and electrochemical properties of $LiFePO_4$ cathode materials ［J］. Journal of Alloys and Compounds, 2018, 739: 529-535.

［7］ Pan A, Choi D, Zheng J G, et al. High-rate cathodes based on $Li_3V_2(PO_4)_3$ nanobelts prepared via surfactant-assisted fabrication ［J］. Journal of Power Sources, 2011, 196 (7): 3646-3649.

［8］ Sun P, Su N, Wang Y, et al. Synthesizing nonstoichiometric $Li_{3-3x}V_{2+x}(PO_4)_3$/C as cathode materials for high-performance lithium-ion batteries by solid state reaction [J]. RSC Advances, 2017, 7 (52): 32721-32726.

[9] De Volder M F, Michael F L, Tawfick S H, et al. Carbon nanotubes: Present and future commercial applications [J]. Science, 2013, 339 (6119): 535-539.

[10] Qiao Y Q, Tu J P, Mai Y J, et al. Enhanced electrochemical performances of multi-walled carbon nanotubes modified $Li_3V_2(PO_4)_3$/C cathode material for lithium-ion batteries [J]. Journal of Alloys & Compounds, 2011, 509 (25): 7181-7185.

[11] Wang X, Yin S, Zhang K, et al. Preparation and characteristic of spherical LVP [J]. Journal of Alloys & Compounds, 2009, 486 (1-2): 5-7.

[12] 孙孝飞, 徐友龙, 郑晓玉, 等. 三元掺杂改性锂离子电池正极材料 $Li_3V_2(PO_4)_3$ [J]. 物理化学学报, 2015, 31(8): 1513-1520.

[13] Zhu D Z, Di Y L, Chai Z J, et al. High performance of Bi^{3+} and Cl-co-doped $Li_3V_2(PO_4)_3$ as cathode for lithium-ion batteries [J]. Surface Innovations, 2020, 8 (5): 270-278.

[14] Chen M, Wang X Y, Shu H B, et al. Solvothermal synthesis of monodisperse micro- nanostructure starfish-like porous $LiFePO_4$ as cathode material for lithium-ion batteries [J]. Journal of Alloys and Compounds, 2015, 652: 213-219.

[15] Yang S L, Hu M M, Xi L J, et al. Solvothermal synthesis of monodisperse $LiFePO_4$ micro hollow spheres as high performance cathode material for lithium ion batteries [J]. ACS Applied Materials & Interfaces, 2013, 5 (18): 8961-8967.

[16] Zhang X D, Bi Z Y, He W, et al. Fabricating high-energy quantum dots in ultra-thin $LiFePO_4$ nanosheets using a multifunctional high-energy biomolecule-ATP [J]. Energy & Environmental Science, 2014, 7 (7): 2285-2294.

[17] Yuan H, Wang X, Wu Q, et al. Effects of Ni and Mn doping on physicochemical and electrochemical performances of $LiFePO_4$/C [J]. Journal of Alloys and Compounds, 2016, 675: 187-194.

[18] Sun Y, Lee H W, Seh Z W, et al. In situ chemical synthesis of lithium fluoride/metal nanocomposite for high capacity prelithiation of cathodes [J]. Nano Letter, 2016, 16: 1497-1501.

[19] Nayak P K, Yang L, Brehm W, et al. From lithium-ion to sodium-ion batteries: Advantages, challenges, and surprises [J]. Angew. Chem. Int. Ed. , 2018, 57: 102-120.

[20] Fang Y J, Chen Z X, Xiao L F, et al. Recent progress in iron-based electrode materials for grid-scale sodium-ion batteries [J]. Small, 2018, 14: 1703116.

[21] Wang X, Roy S, Shi Q H, et al. Progress in and application prospects of advanced and cost-effective iron (Fe) -based cathode materials for sodium-ion batteries [J]. J. Mater. Chem. A, 2021, 9: 1938-1969.

[22] Mu L, Xu S, Li Y, et al. Prototype sodium-ion batteries using air-stable and Co/Ni-free O_3-layered metal oxide cathode [J]. Adv. Mater. , 2015, 27: 6928-6933.

[23] Zeng X Q, Li M, El-Hady D A, et al. Commercialization of lithium battery technologies for electric vehicles [J]. Adv. Energy Material, 2019, 9 (27): 1900161.

[24] Cao Y J, Liu Y, Zhao D Q, et al. Highly stable $Na_3Fe_2(PO_4)_3$@hard carbon sodium-ion full cell for low-cost energy storage [J]. ACS Sustainable Chemistry & Engineering, 2020, 8 (3): 1380-1387.